JN271645

幾何光学的回折理論

Ph.D. 白井 宏 著

コロナ社

まえがき

　本書では電磁波解析手法の一つである幾何光学的回折理論について，その考え方，使い方について，最近の応用例を含めて解説する．幾何光学的回折理論は，geometrical theory of diffraction の日本語訳であり，GTD という略称で呼ばれることが多い．本理論は使用する電磁波の波長が，取り扱っている物体の寸法に比べて十分小さいという前提で解析する高周波漸近解析手法の一つであり，偉大な先人たちの発見した電磁波に関する物理的な諸法則・原理と巧みな数学的取扱いによって導かれている．

　幾何光学的回折理論によれば，幾何光学的な表現を拡張することにより回折波を表すが，その最終的な定式化の結果は，回折現象が局所的な形状や媒質で決定でき，物理的に明確な解釈を可能とする形に表現できる．こうして求めた表現は，後で詳しく調べるように幾何光学的な影との境界付近で発散する．これは任意の観測方向では使えないという意味では欠点であるが，影境界付近では簡単な幾何光学的表現では表現できない遷移領域であるという注意を喚起しているともいえる．もし最初から一様漸近解を使って電磁界を表現していたら，明解で美しい表現に気が付かなかったかもしれない．この点で幾何光学的回折理論の提唱者であるケラー (Keller, J. B.) が導いた回折波の簡明な一般表現は，素晴らしい業績である．

　高周波漸近解の利点は，局所的な現象の組合せで界を組み立てることができることである．例えば，厳密な解析が困難となる複雑な形状をした物体による散乱問題を取り扱うとき，反射・透過・回折現象それぞれを局所的に抽出し，必要に応じてそれらの組合せで合成界を表すことができる．また，計算精度や計算時間を考えながら解析も可能である．もちろん使用に当たっては，波数の逆べき級数展開を用いた発散級数であることを念頭において解析を進める必要が

ある．

　現在の無線通信は，技術発展に伴って大容量の通信データを効率よく搬送するため，搬送周波数を高くし，高度化した変調方式を使用している．こうした無線通信環境における高周波電磁波の放射・散乱現象の解析には，電子計算機の大容量化，処理速度の高速化，ならびに低価格化に伴って有限要素法やFDTD法などに代表される電磁界の数値解法によるシミュレーションが，手軽に行えるようになってきた．しかし，こうしたシミュレータによる解析結果は，通常単なる数字の羅列で出力されるだけであり，その結果が妥当な計算結果であることを見分けるのはなかなか難しく，豊富な知識と経験を基にした正しい物理現象の理解が必要である．

　こうした物理的な現象の理解には，GTDのような漸近解は欠かせない．今後の電磁界解析は，万能な解析手法を見つけてそれを用いるというより，いろいろな手法の長所を組み合わせた混成解析手法の考案が必要になると思われる．幾何光学的回折理論の考え方を基に，今回本書で取り上げることのできなかったさまざまな拡張，改良や混成解法も報告されており，今後もさらなる展開が期待できることであろう．

　本書をまとめるに当たり，多くの文献を参考にさせていただいた．特に学生時代からお世話になった元静岡大学の本郷廣平先生からは，正式に発表されていない先生の研究ノートや貴重な文献資料をいただいた．ここに厚くお礼申し上げる．本書は，電子情報通信学会 アンテナ・伝播研究専門委員会が主催する，アンテナ・伝搬における設計・解析手法ワークショップのために書き下ろしたテキストを基に，加筆修正したものである．この講習会の開催ならびに本書の作成に当たり，ワークショップ実行委員会の委員の方々からは，いろいろなご意見をいただいた．ここに感謝申し上げる．

　2015年2月

白　井　　宏

目　　　次

1. 序　　　論

1.1 光　学　理　論 …………………………………………… *1*
1.2 波動の散乱理論 …………………………………………… *2*
1.3 幾何光学的回折理論の提唱 ……………………………… *4*
1.4 幾何光学的回折理論の展開 ……………………………… *5*
1.5 本 書 の 構 成 …………………………………………… *7*

2. 漸　近　展　開

2.1 関数の級数展開 …………………………………………… *9*
2.2 部分積分による漸近展開 ………………………………… *11*
2.3 鞍部点法による漸近展開 ………………………………… *13*
　2.3.1 鞍　部　点 …………………………………………… *14*
　2.3.2 ハンケル関数の漸近解 ……………………………… *19*
2.4 ま　　と　　め …………………………………………… *22*

3. 幾何光学（GO）

3.1 波 源 の 表 現 …………………………………………… *24*
　3.1.1 線波源からの放射 …………………………………… *24*
　3.1.2 点波源からの放射 …………………………………… *28*

3.2 ルーネバーグ・クライン級数展開 ……………………………… 30
3.3 幾何光学波の反射・透過 …………………………………………… 36
   3.3.1 フェルマーの原理 ………………………………………… 36
   3.3.2 2媒質平面境界の場合 …………………………………… 37
   3.3.3 2媒質境界面が曲率をもつ場合 ………………………… 43
3.4 ま と め ……………………………………………………………… 47

4. 物理光学（PO）

4.1 キルヒホッフ・ホイヘンスの積分表示 ………………………… 49
4.2 等 価 定 理 …………………………………………………………… 51
4.3 キルヒホッフ（物理光学）近似 ………………………………… 54
4.4 ま と め ……………………………………………………………… 67

5. 幾何光学的回折理論（エッジ回折）

5.1 規範問題：導体楔による散乱 …………………………………… 69
   5.1.1 線波源に対する散乱界 …………………………………… 70
   5.1.2 高周波近似界の導出 ……………………………………… 71
   5.1.3 エッジ回折波 ……………………………………………… 73
   5.1.4 点波源に対する散乱界 …………………………………… 75
5.2 エッジ回折波の表現の一般化 …………………………………… 79
   5.2.1 ケラーの仮定 ……………………………………………… 79
   5.2.2 多重回折波の表現 ………………………………………… 84
5.3 導体以外のウェッジによる回折 ………………………………… 85
5.4 ま と め ……………………………………………………………… 86

6. 幾何光学的回折理論（表面回折）

6.1 規範問題：導体円筒による散乱 ……………………………………… 88
   6.1.1 高周波近似界の導出 ……………………………………………… 90
   6.1.2 クリーピング波 …………………………………………………… 98
6.2 クリーピング波の表現の一般化 ………………………………………… 104
6.3 ま と め ……………………………………………………………… 105

7. GTDの問題点とその拡張

7.1 回折係数の発散 …………………………………………………………… 107
   7.1.1 一様漸近表現の利用 ……………………………………………… 108
   7.1.2 UAT（一様漸近回折理論）……………………………………… 111
   7.1.3 UTD（一様幾何光学的回折理論）……………………………… 112
   7.1.4 その他の一様漸近表現 …………………………………………… 114
7.2 振 幅 の 発 散 …………………………………………………………… 115
   7.2.1 焦線近くの光線 …………………………………………………… 115
   7.2.2 等価端部電磁流法 ………………………………………………… 116
7.3 高次の回折波（スロープ回折波）……………………………………… 119
7.4 ま と め ……………………………………………………………… 124

8. GTDの応用例

8.1 導体ストリップによる散乱問題 ………………………………………… 125
   8.1.1 散乱界の定式化 …………………………………………………… 126
   8.1.2 導体ストリップの全散乱幅 ……………………………………… 135
8.2 厚みのある半平板による回折 …………………………………………… 140

8.3 多角柱による散乱 ………………………………………… *142*
8.4 円柱による散乱 …………………………………………… *145*
   8.4.1 クリーピング波による結果 ……………………………… *145*
   8.4.2 多角形近似による円筒散乱 ……………………………… *147*
8.5 3次元多面体による散乱 …………………………………… *152*
8.6 導波・共振構造の取扱い ………………………………… *154*
   8.6.1 光線・導波管モード変換 ………………………………… *154*
   8.6.2 方形溝による散乱 ………………………………………… *156*
   8.6.3 有限長平行平板導波管キャビティによる散乱 …………… *159*
8.7 ストリートセル伝搬予測 …………………………………… *161*
8.8 ま　と　め ………………………………………………… *166*

付　　録 ……………………………………………………… *167*

A.1 デ ル タ 関 数 ……………………………………………… *167*
   A.1.1 超関数の定義 ……………………………………………… *168*
   A.1.2 超関数のフーリエ変換 …………………………………… *170*
A.2 幾何光学波面の近軸近似 …………………………………… *172*
   A.2.1 曲線の曲率半径 …………………………………………… *172*
   A.2.2 波面の近軸近似の方程式 ………………………………… *173*
A.3 キルヒホッフ近似積分の漸近評価 ………………………… *174*
   A.3.1 積分（式 (4.23)）の漸近評価 ……………………………… *175*
   A.3.2 積分（式 (4.33)）の漸近評価 ……………………………… *180*
   A.3.3 積分（式 (4.40)）の漸近評価 ……………………………… *181*
   A.3.4 積分（式 (4.46)）の漸近評価 ……………………………… *183*
A.4 ダイアド計算 ……………………………………………… *184*

引用・参考文献 ………………………………………………… *187*
索　　　引 ……………………………………………………… *195*

1 序　論

Dixitque Deus: 'Fiat lux!' Et facta est lux.
神は言われた.「光あれ！」すると光ができた. (旧約聖書 創世記)

　幾何光学的回折理論は，幾何光学的な解釈を回折した波動にも使えるように拡張した理論である．光も電磁波の一部であることが，**マクスウェル** (Maxwell, J. C.) によって 19 世紀に示されるまで，両者はそれぞれ異なるものとして扱われ，可視光線に代表される光学の理論は，電磁波の理論よりも早くから発展してきた経緯がある．望遠鏡に使われたレンズの理論等は，もし光が電磁波ということがわかっていたら，これほど発展しなかったであろうといわれている.

1.1　光　学　理　論

　古典的な光学は，大別して幾何光学と波動光学に分けられる．人間の眼にどのように像が映るのかといった視覚の研究に関連して，紀元前 400 年頃の古代ギリシャ時代には，眼から炎のような光が出ているという能動的な考え方がプラトン (Plato) によって提唱された．その後**ユークリッド** (Euclid)（紀元前 300 年頃）や**プトレマイオス** (Ptolemy)（2 世紀頃）らにより，視線が直進，反射，屈折するとした**幾何光学** (geometric optics あるいは geometrical optics; GO) が作られた.

　幾何光学では，まさに光を粒子と考えて，その粒子が飛んでいく軌跡を**光線**と

考えている．ユークリッドらの考え方を反転し，眼に像が映るのは，外部の光線が眼に入ることによって受動的に起きることを示したのは，アラビアの**イブン・アル=ハイサム**（アルハゼン）(Alhazen) であり（11 世紀），彼は幾何光学のその後の発展に大きく寄与した．この幾何光学によって，レンズを通過する光線のように，空気中で直進し，レンズ表面で反射・屈折したりする様子を表すことができたが，二つ以上の波源からの干渉や回折は説明できなかった．

それに対して，光線に光の波動性を考慮し，位相や波面の振幅について導入したのが**波動光学** (wave optics) である．この波動光学と同様な用語として用いられるものに**物理光学** (physical optics; PO) がある．物理光学は，どちらかというと波動光学ほど厳密な式を用いることなく，高周波の近似式を導入して解くときに使われる光学として使われることが多い．

電磁波の近似解析手法としては，大きく分けて**幾何光学近似**と**物理光学近似**の二つの用語がよく用いられる．いま使われている幾何光学近似においては，光線の位相や振幅を考慮することにより，干渉も説明できるが，反射，透過量の計算はそれが生じている点近傍だけで求めることになる．したがって幾何学的な局所的な形状がわかれば，その点の近傍の情報を基に位相や振幅を計算する．その局所的な形状による反射・透過を考えるためには，表面の曲率のような情報，いわゆる**微分幾何**の知識が必要になる．

一方，物理光学の場合には，波動の反射，透過現象を一度等価的な波源に置き換え，それらの和で近似表現する．したがって，幾何光学が微分（幾何）表現を用いるのに対し，対照的に物理光学では積分表現がかかわることが多い．物理光学近似については，後の 4.3 節で幾何光学的な手法との違いについて紹介する．

1.2　波動の散乱理論

波動の散乱理論は，電磁波より 200 年ほど前に音波について始まっている．波動一般の伝搬原理は，**フェルマー** (Fermat, P.)，そして直進性は**ホイヘンス**

(Huygens, C.) によってすでに17世紀に示されているが，いわゆるスカラー波動方程式を用いた波動の理論的な展開は，19世紀になって**フレネル** (Fresnel, A. J.)，**ヘルムホルツ** (Helmholtz, H. L. F.)，**キルヒホッフ** (Kirchhoff, G. R.) によって大きく飛躍した．

一方で光が電磁波であることを示したのはマクスウェルであり，光の伝搬理論や光学機械の発展は，電磁波の理論とは別の形で発展してきたのは先に述べたとおりである．マクスウェルによって電磁波の存在が理論的に示され，電界と磁界が満足すべき式がベクトル波動方程式で表され，電磁波の伝搬，散乱理論は，微分方程式の解法や特殊関数の導出とともに発展してきた．

1881年に**レイリー卿** (Lord Rayleigh) によって導体円柱による平面波の散乱界が，ベッセル関数と三角関数を用いた級数解で表されることが示されて以来，球，放物筒，円板，円孔等，各種の規範形状による電磁波の散乱界が求められている[1]†．これらの解は，いわゆる変数分離法によって得られた各座標成分に対する固有関数を用いた級数展開による表現であり，波数 k が小さなときには級数の収束が速く，級数和を計算しやすい．しかしながら扱う物体が波長に比べて大きくなると，級数の収束が悪くなり解の精度が落ちる．

波長に比べて大きな散乱体に対する電磁波散乱界の収束性の改善については，**ワトソン変換**と呼ばれる方法が考案されている．ワトソン (Watson, G. N.) は，地球の周りの電波伝搬を取り扱うために，地球を導体球で近似したうえで，導体球近くの伝搬波の級数表現から積分表現を求め，その積分経路の変更により，被積分関数のもつ複素平面内の特異点における留数和表現を導出した．

この新たな留数和表現は，個々の留数項が大地曲面に沿って伝搬するクリーピング波に対応していること，また元の級数表現と対照的な収束特性をもつこともわかっている．さらにワトソン変換に基づく積分表示から，鞍部点法を用いた漸近近似解を導出すれば，幾何光学的な反射波に対応する物理的な解釈が可能となることも示された．

こうした幾何光学的な表現の導出によって，それまで各項を苦労して計算し

---

† 肩付き数字は，巻末の引用・参考文献の番号を表す．

て級数和を求めることなく，直観的で簡単な表現式が得られ，大きな物体による散乱解析もできるようになった．この表現はその解から物理的な解釈が可能であり，現在のような高速，大容量の電子計算機のない，数表と手回しの機械式計算機で解析していた頃には，非常に歓迎された．

1.3 幾何光学的回折理論の提唱

幾何光学的回折理論は，幾何光学波の考え方を回折波にも適用しようとしたものである．幾何光学波が散乱体表面で反射・透過する際に満足するスネルの法則は，フェルマーの原理を基に導かれ，観測される波は伝搬径路に沿った位相，振幅の情報と，反射・透過点近くの情報（例えば反射・透過点近くの境界面の曲率や媒質の電気定数）だけで計算できる．これは反射・透過が局所的な現象であることを示している．回折波に対しても，その伝搬径路が極値（停留値）を取ると考えることによって回折点を決定し，回折波はその回折点からの放射として扱うことができる．

光学，音波等の分野では「波動は波面の各点を点波源とする二次波の集合として表される」というホイヘンスの原理 (1690) が知られ，光の回折現象はフレネルによって開口部の二次波源の和として表現された (1818)．さらにキルヒホッフは，等価波源の積分表示へと一般化している (1883)．

この等価波源の表現は，後に**キルヒホッフ近似**あるいは**物理光学近似**と呼ばれるが，入射波を用いた散乱界の積分表現の導出に役立ち，この積分から導かれた高周波漸近解の位相は，回折波の伝搬径路を示していた．幾何光学的回折理論の提唱者であるケラー (Keller, J. B.) は，こうした物理光学近似から導出した漸近界表現[2),3)]と，ゾンマーフェルト (Sommerfeld, A. J. W.) が導出した半平板による光の回折波の厳密界表現[4)]や導体楔の回折界を基にして，回折波の表現法を一般化して **geometrical theory of diffraction (GTD)** としてまとめた[5)〜8)]．

ケラーは，従来からあった幾何光学波の直進，反射，屈折に次いで，幾何光

学的に回折波の考え方を拡張した．その際「光は最小光路長となるところを伝搬する」というフェルマーの原理は，停留値を取る経路で進むと拡張して考えた[5]．彼は，ニューヨーク大学を 1943 年に卒業して，プリンストン大学で一時期ソナーの研究をしていたが，その際に円板による音波の回折波の計算において，キルヒホッフ積分表現の二つの停留点における漸近評価と同様な結果が，幾何光学的な回折表現からも得られることを見つけた．

その後楔によるパルス波の回折の研究を行うに当たり**ルーネバーグ**[†](Luneburg)の幾何光学波の波数による逆べき級数展開を知り，同様な展開を回折波にも施した結果を 1953 年に発表した[8]．これが GTD の始まりであり，その物理的に明快で直観的な回折波の表現は，多くの研究者に受け入れられた．彼は，その後ニューヨーク大学のクーラン (Courant) 研究所において，多くの研究者と共同で，さまざまな物体による散乱解析に対して GTD を適用している[9),10]．

日本での紹介は，米国イリノイ州立大学で在外研究の機会を得た本郷が，電子通信学会（現在の電子情報通信学会）の会誌に海外研究動向として「エッジ回折の漸近解」を紹介したものが始めであろう[11]．GTD の日本語名である**幾何光学的回折理論**は，この文献中にも紹介されている**ウフィムツェフ** (Ufimtsev, P. Y.) によって提唱された **physical theory of diffraction (PTD)**[12] の日本語名である**物理光学的回折理論**とともに，本郷の命名による．

1.4　幾何光学的回折理論の展開

GTD の欠点といわれるのは，回折波を励振する入射波並びに表面反射波が，幾何学的な散乱体の形状により作られる**影境界** (shadow boundary, SB) の近くで界が発散することである．この影境界に対して入射，反射波がある・ないという不連続が起こるため，この境界近くの遷移領域では界のふるまいが複雑になり，全体界を簡単な波数の逆べき級数の展開では表現できなくなるためである．

---

† ルーネバーグはルーネベルグとも呼ばれる．

数学的には回折界のスペクトル積分表示において，被積分関数の特異点（極）が幾何光学界を，鞍部点（停留点）が回折界をそれぞれ表しており，観測点が遷移領域にないときは，両者の寄与が孤立していると考えて分離して計算できる．しかし観測点が遷移領域にあるときは，特異点が近くにあることを考えた鞍部点法による近似計算が必要となる．この場合にはフレネル積分と呼ばれる特殊関数を使った一様漸近解の表現が必要となる．この一様漸近解の導出は，その回折波の積分表示からの導出手法により異なる展開が存在する．代表的な表現に **uniform asymptotic theory of diffraction (UAT)** [13]~[16] と **uniform geometrical theory of diffraction (UTD)** [17],[18] がある．

UAT はボーズマ (Boersma, J.)，アルワリア (Ahluwalia, D. S)，デシャン (Deschamps, G. A.)，リー (Lee, S. W.) らによって数学的には厳密な展開により求められる方法として提案されているが，その厳密性のゆえにやや応用性が狭い．UAT による導出の場合，結果として回折波の表現は GTD の表現を，また遷移領域においては入射波・反射波が発散する表現となり，遷移領域では両方が発散する特異性が相殺するように表現される[13]．

これに対してクユムジャン (Kouyoumjian, R. G) とパサック (Pathak, P. H.) によって提唱された UTD は入射・反射波の表現は影境界で不連続となるが，回折波にフレネル積分を使い遷移領域でも発散しない表現を用いて，最終的には回折波のみでも，入射・反射波を加えた合成界でも発散しない表現が得られている[17]．その回折波の表現に用いたフレネル積分は，その引数が遷移領域からどのくらい観測点が遠いかを表す指標となっており，引数が大きなときはフレネル積分の漸近展開の初項から GTD の結果を得ることができる．

この表現によると，数学的には高次項を含めた界が，厳密な漸近展開にはなっていないとの指摘はあるが，GTD の回折係数を形式的に UTD のそれに置き換えて表現が可能であること，また入射波の種類（例えば平面波，円筒波，球面波等）が変わっても回折波が容易に表現できることから，数値計算に適した形をしており，広く用いられている．本書ではこうした一様漸近界の導出は紙面の都合上割愛し，考え方を紹介するのにとどめる．

1.5 本書の構成

　GTD の大まかな歴史に沿った本書の構成は，図 1.1 のようになる．続く第 2 章では，波数 k を用いた漸近展開と呼ばれる級数展開について，その性質を調べる．この展開は波数 k が大きいとき，いわゆる高周波においては初項だけ，あるいは数項の和を用いるとかなり精度の高い近似となっているが，さらに項を加えていくと，正しい解からしだいに離れ，発散する性質をもつ．この高周波漸近展開を得るために使われる鞍部点法と呼ばれる積分の近似解法について学ぶ．

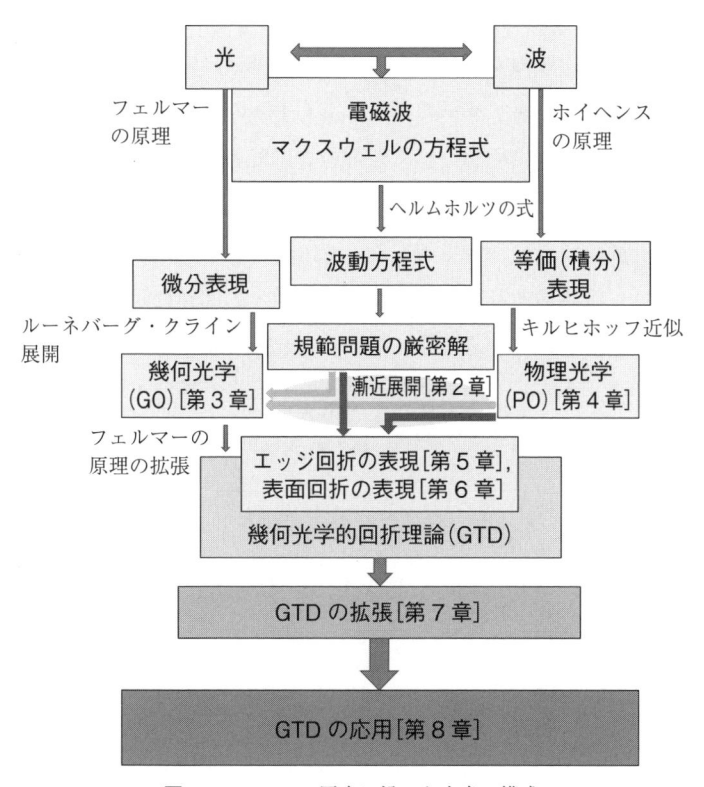

図 1.1　GTD の歴史に沿った本書の構成

第3章では,幾何光学について解説する.電磁波が満足するマクスウェルの方程式から,漸近展開を利用して高周波の電磁波が満足すべき近似式を求め,その初項が従来の幾何光学と呼ばれる光の性質と同様な性質をもち,光学の伝搬,反射,透過等の知識との関連で電磁界を表現する方法について調べる.続く第4章では GTD よりも歴史が古い物理光学(キルヒホッフ)近似について調べる.具体的に二次元導体楔による平面波の散乱について,等価電磁流からの放射積分の形で表された散乱界を定式化し,その積分表示から漸近解を導出することによって,幾何光学波や回折波の導出について考察する.

第5,6章は,幾何光学を回折現象にも適用できるように拡張するために,厳密に解くことのできる基本形状である導体楔と導体円筒による電磁波の回折問題を調べる.エッジで励振されるエッジ回折波,ならびに滑らかな表面に沿って伝搬する表面回折波の表現が,その波の伝搬経路に沿った局所的な情報から求められることを示し,ケラーの提唱した GTD の基本について考える.

第7章では,物理的に明解な解釈が可能な形で表現できる GTD の問題点について調べ,それらの解決法となり得る拡張された UTD,等価端部電磁流法や高次の回折波の表現について調べる.

第8章では,電磁波散乱や伝搬についての種々の問題に対して GTD を応用して適用した例について紹介する.近年,GTD についての多くの文献が出版されているので,こうした文献も参考にされたい[19]~[26].

以下,本文では,電気工学系の記述に倣い,虚数単位は j を,時間因子 $\exp(j\omega t)$ を用いる.

'Mehr Licht!'

もっと光を!(Johann Wolfgang von Goethe, 1749–1832)

2 漸近展開

本章では,波数 k を用いた**漸近展開** (asymptotic expansion) と呼ばれる級数展開について,その性質を調べる.この展開は波数 k が大きいとき,いわゆる高周波においては初項だけ,あるいは数項の和を用いるとかなり精度の高い近似となっているが,さらに項を加えていくと正しい解からしだいに離れ,発散する性質をもつ.この高周波漸近展開を求めるためによく使われる**鞍部点法**と呼ばれる積分の近似解法について学ぶ.

2.1 関数の級数展開

複素関数論では,ある複素関数 $f(z)$ がある領域で正則な関数[†] であれば,その領域の任意の点 z_0 を中心とした**テイラー展開** (Taylor expansion):

$$f(z) = \sum_{n=0}^{\infty} A_n (z - z_0)^n, \quad A_n = \frac{f^{(n)}(z_0)}{n!} \qquad (2.1)$$

と呼ばれる**べき級数展開** が可能である.ここで $f^{(n)}(z)$ は,関数 $f(z)$ の n 階微分を意味しており,$f^{(0)}(z)$ は,$f(z)$ 自身を表すとする.このべき級数は,点 z_0 から複素平面内のいちばん近い特異点までの範囲で収束するが,求めたい点 z が展開の中心である点 z_0 に近いほど級数の収束は早い.特に展開の中心を原点 $z_0 = 0$ にとった場合を**マクローリン展開** (Maclaurin expansion):

[†] 正則 (regular) とは,その領域の各点において,その関数が微分可能であることをいう.微分可能でない点を特異点 (singular point) という.

2. 漸近展開

$$f(z) = \sum_{n=0}^{\infty} A_n z^n, \quad A_n = \frac{f^{(n)}(0)}{n!} \tag{2.2}$$

という.

この展開に対して, 関数 $f(z)$ を, 変数 z の逆べきで展開した形：

$$f(z) \sim \sum_{n=0}^{\infty} A_n z^{-n} = \sum_{n=0}^{\infty} \frac{A_n}{z^n} = A_0 + \frac{A_1}{z} + \frac{A_2}{z^2} + \frac{A_3}{z^3} + \cdots \tag{2.3}$$

を考える. この**逆べき級数展開**が収束するかどうかは, 具体的に A_n を調べる必要があるので, ここでは等号 '=' の代わりに記号 '∼' を使用している. 変数 z が大きいほど, 高次項の寄与は小さくなり, 収束しそうにみえるが, 後で調べるようにじつは収束しない, いわゆる**発散級数**であることが多い. こうした変数 z による逆べき級数展開を変数 z に対する**漸近展開**という. '漸近' とは字のごとくしだいにある値に近づくことを意味している. 読者は, 双曲線関数 $y = \dfrac{1}{x-a} + b$ の漸近線は $x = a$ と $y = b$ であることを思い出すかもしれない.

より一般的には, 点 $z = a$ の近くで定義された関数列 $\{\varphi_n(z)\} = \{\varphi_0(z), \varphi_1(z), \varphi_2(z), \cdots, \varphi_m(z), \cdots\}$ があり, 係数 a_m を用いて

1) $\displaystyle\lim_{z \to a} \frac{\varphi_{m+1}(z)}{\varphi_m(z)} = 0,$ \hfill (2.4)

2) $f(z) = \displaystyle\sum_{m=0}^{n} a_m \varphi_m(z) + E_n(z)$ とするとき, 任意の整数 n に対して

$$\lim_{z \to a} \frac{E_n(z)}{\varphi_n(z)} = 0 \tag{2.5}$$

が満足されるとき

$$f(z) \sim \sum_{m=0}^{\infty} a_m \varphi_m(z) \quad (z \to a) \tag{2.6}$$

と書き, $f(z)$ の関数列 $\{\varphi(z)\}$ による漸近展開という[27]. またランダウ (Landau) の記号 $\mathcal{O}$ を用いれば

$$\lim_{z \to a} \sup \left| \frac{f(z)}{\varphi(z)} \right| < \infty \iff f(z) = \mathcal{O}(\varphi(z)) \quad z \to a \tag{2.7}$$

と表すこともできる[†1].

　例えば,**ガンマ関数** $\Gamma(z)$ と呼ばれる特殊関数は,変数 z が整数 n のとき,$\Gamma(n+1) = n! = n(n-1)!$ となる階乗関数を拡張した関数である.この関数は,変数 $z(|\arg z| < \pi)$ が大きなときに成り立つ**スターリン** (Stirling)[†2] の公式[28]:

$$\Gamma(z) \sim e^{-z} z^{z-1/2} (2\pi)^{1/2}$$
$$\cdot \left[1 + \frac{1}{12z} + \frac{1}{288z^2} - \frac{139}{51840z^3} - \frac{571}{2488320z^4} + \cdots \right] \quad (2.8)$$

という漸近展開式が知られている.このガンマ関数に対するスターリンの公式 (2.8) は,関数列 $\{\varphi_m(z)\} = \{z^{-k}\}$ による漸近展開の例である.こうした漸近展開は通常,求めたい関数の積分表示から求めることが多い.次に代表的な求め方を説明しよう.

2.2　部分積分による漸近展開

　関数の積分表示から部分積分を用いて漸近展開を導出してみよう.確率・統計でしばしば用いられる関数に**誤差関数** (error function):

$$\mathrm{erf}(z) = \frac{2}{\sqrt{\pi}} \int_0^z e^{-t^2} dt \quad (2.9)$$

がある.よく知られた $\mathrm{erf}(\infty) = \frac{2}{\sqrt{\pi}} \int_0^\infty e^{-t^2} dt = 1$ の性質を使うと,$\mathrm{erf}(\infty)$ までの**相補誤差関数** (complementary error function) として

$$\mathrm{erfc}(z) = \frac{2}{\sqrt{\pi}} \int_z^\infty e^{-t^2} dt = \frac{2}{\sqrt{\pi}} \left[\int_0^\infty e^{-t^2} dt - \int_0^z e^{-t^2} dt \right]$$
$$= \mathrm{erf}(\infty) - \mathrm{erf}(z) = 1 - \mathrm{erf}(z) \quad (2.10)$$

が定義できる[28].

　この相補誤差関数 $\mathrm{erfc}(z)$ は,被積分関数 e^{-t^2} について

[†1] 数学的な定義に興味のない読者は,式 (2.7) を特に気にしなくてもよい.
[†2] スターリングと呼ばれることもある.

2. 漸近展開

$$e^{-t^2} = \frac{d}{dt}\left(\frac{-1}{2t}e^{-t^2}\right) - \frac{1}{2t^2}e^{-t^2} \tag{2.11}$$

であることを利用して，部分積分を行うと

$$\begin{aligned}
\mathrm{erfc}(z) &= \frac{2}{\sqrt{\pi}}\int_z^\infty e^{-t^2}dt = \frac{2}{\sqrt{\pi}}\left\{\left[\frac{-1}{2t}e^{-t^2}\right]_z^\infty - \int_z^\infty \frac{1}{2t^2}e^{-t^2}dt\right\} \\
&= \cdots \\
&= \frac{2}{\sqrt{\pi}}\left\{\frac{1}{2z}e^{-z^2} - \frac{1}{4z^3}e^{-z^2} + \int_z^\infty \frac{3}{4t^4}e^{-t^2}dt\right\} \\
&= \cdots \\
&= \frac{e^{-z^2}}{\sqrt{\pi}z}\left\{1 - \frac{1}{2z^2} + \frac{1\cdot 3}{(2z^2)^2} - \frac{1\cdot 3\cdot 5}{(2z^2)^3}\cdots\right\} \\
&= \frac{e^{-z^2}}{\sqrt{\pi}z}\left\{1 + \sum_{m=1}^\infty (-1)^m \frac{1\cdot 3\cdots(2m-1)}{(2z^2)^m}\right\} \tag{2.12}
\end{aligned}$$

を得る．m 項と $m+1$ 項の展開係数の比 $\dfrac{a_{m+1}}{a_m}$ をとると

$$\frac{a_{m+1}}{a_m} = -\frac{1\cdot 3\cdot 5\cdots(2m-1)(2m+1)}{1\cdot 3\cdot 5\cdots(2m-1)}\frac{2^m}{2^{m+1}} = -\frac{(2m+1)}{2} \tag{2.13}$$

となり，展開係数は m に対して発散することがわかる．例えば $z = 1.1, 1.5, 2.0$ に対して，最初の数項和による結果と厳密な値を比較したものが，**表 2.1** である．この表の結果から，引数が $z = 1.1$ のように，小さいときには精度自体も非常に悪く，項数を増やしても意味がない．しかし引数 z が大きい場合には，初項だけでもいい結果が出るが，項を加えるごとに符号が反対になっているので，

表 2.1 相補誤差関数 $\mathrm{erfc}(z)$ の漸近展開 (2.12) の精度
（括弧内は厳密値との誤差 % を表す）

	$z = 1.1$	$z = 1.5$	$z = 2.0$
初項のみ	0.15295 (27.7%)	0.03964 (17.0%)	0.00517 (10.5%)
$m = 1$ 項まで	0.08974 (−25.1%)	0.03083 (−9.0%)	0.00452 (−3.4%)
$m = 2$ 項まで	0.16809 (40.3%)	0.03671 (8.3%)	0.00476 (1.8%)
$m = 3$ 項まで	0.00622 (−94.8%)	0.03018 (−11.0%)	0.00461 (−1.4%)
$m = 4$ 項まで	0.47445 (296.1%)	0.04033 (19.0%)	0.00474 (1.4%)
$m = 5$ 項まで	1.15295 (862.4%)	0.02003 (−40.9%)	0.00460 (−1.8%)
...	...	...	...
厳密値	0.11979 ...	0.03389 ...	0.00468 ...

真値に振動しながら近づき,その後また振動しながら発散していくことがわかる.漸近展開を利用するときは,項数を取れば取るほど精度がよくなるわけではないので,逆べきの展開に使った引数 z がどれだけ大きいかにより,次の項を考えるべきか,検討する必要がある.上記のように,積分表示の端点から漸近展開を得るとき,通常初項だけを使うことが多いが,電磁界の問題の場合には波数 k の大きさが重要で,その展開の初項の精度が決まる.求める関数の漸近展開の初項をもってその関数の**漸近解**と呼ぶことがある.

2.3 鞍部点法による漸近展開

電磁波の散乱・放射問題を等価波源定理等を用いて解析するときには,求める電磁界を,ある曲面上に分布した二次波源からの放射問題として扱うことがある.この場合,次のような積分:

$$I(\Omega) = \int_C f(z) e^{j\Omega g(z)} dz \tag{2.14}$$

の形をしていることがある.ここで被積分関数は,便宜上,振幅を表す関数 $f(z)$ と位相を表す関数 $g(z)$ に分ける.Ω は大きな正実パラメータであり,電磁界の場合は波数 k となることが多い[†1].波数 k が大きいことは,使用している周波数が高いこと,すなわち高周波であることになるので,波数 k による漸近展開は**高周波漸近展開**ともいわれる[†2].変数 z は実変数で与えられていても,解析接続によって複素 z 平面内にある複素変数と考えることができる.積分経路 C についても同様であり,複素平面内に変更可能とする.

もし積分変数 z の変化に伴い,位相関数 $g(z)$ が変化すると,位相項:

$$e^{j\Omega g(z)} = \cos\{\Omega g(z)\} + j\sin\{\Omega g(z)\} \tag{2.15}$$

[†1] もしパラメータ Ω が複素数なら,$\Omega = |\Omega| e^{j \arg \Omega}$ と表して,偏角の部分を $g(z)$ に含めてもよい.また振幅関数 $f(z)$ を形式的に指数関数 $e^{\ln\{f(z)\}}$ と考えて位相項 $g(z)$ に含めて解析する方法もある.こうしたほうが解析はやや複雑になるが,近似の精度は高くなる.

[†2] 高周波漸近展開の場合,波数 k がもつ次元〔m^{-1}〕で展開するというより,散乱体の長さや距離 r〔m〕を掛けて無次元パラメータ kr として展開されるのが普通である.

は，振幅項 $f(z)$ に比べて激しい振動をするから，被積分関数は全体として $f(z)$ を包絡線とした振動関数となる．図 **2.1** (a) に被積分関数の変化の様子を示す．この振動は，パラメータ Ω が大きいほど顕著となるから，すぐ隣の半周期の寄与がほとんど同じ大きさで異符号となっているので，積分の評価として考えると，相殺されて寄与がほとんど残らないから評価しにくい．台形公式等を使った数値積分で評価しにくい理由である．したがって，最終的な積分の寄与は相殺するペアのない積分端点付近から生じる．この積分区間の端点からの寄与は，2.2 節で説明した部分積分を用いて計算できることもある．

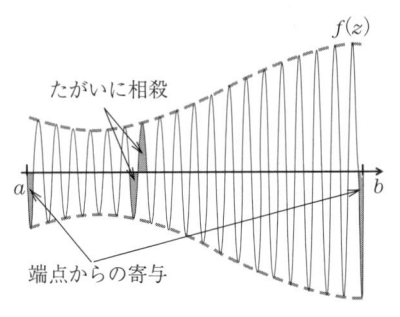

(a) 位相関数 $g(z)$ の変化がほぼ一定のとき

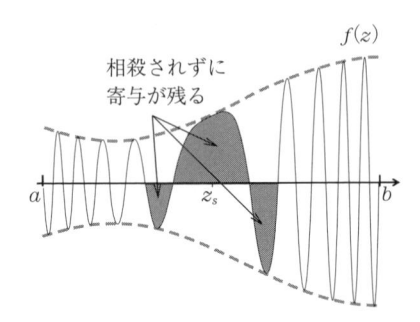

(b) 位相関数 $g(z)$ が停留点(鞍部点) z_s をもつとき

図 **2.1** 振動関数の積分評価

2.3.1 鞍　部　点

もし位相関数 $g(z)$ が積分区間で微分係数がゼロ，すなわち $g'(z_s) = 0$ となる点 z_s が存在するとき，その点近くでは，$g(z)$ の変化が緩やかになる（停留する）ために，隣接する振動の相殺が起きないで，積分に寄与する可能性がある．図 2.1 (b) にその様子を示す．そこでこうした位相関数の変化の緩やかになる点を**停留点** (stationary point)，または**鞍部点** (saddle point) といい，この点の周りで積分を近似評価する方法を**停留点法**，または**鞍部点法**という．鞍部点の名前の由来については後述する．以下の議論では鞍部点の近くには被積分関数のもつ特異点は存在しない場合，すなわち**孤立した鞍部点**に対する近似評価

について考える.

いま振動項を表す複素関数 $g(z)$ を実部 $u(x,y)$ と虚部 $v(x,y)$ に分けて

$$g(z) = u(x,y) + jv(x,y) \tag{2.16}$$

とおけば,$j\Omega g(z) = -\Omega v(x,y) + j\Omega u(x,y)$ となる.指数関数において,$j\Omega u(x,y)$ の項が振動項を表す部分であるので,積分路 C の近くで $j\Omega u(x,y)$ が一定となるような経路に変更できれば,被積分関数はその変化が緩やかになり,その結果,積分は指数関数の実部 $-\Omega v(x,y)$ の評価が可能となる.$g(z)$ の変化が緩やかになるという条件として,点 $z_s(= x_s + jy_s)$ で一次微分がゼロ,すなわち

$$\left.\frac{d}{dz}g(z)\right|_{z=z_s} = g'(z_s) = 0, \quad \left.\frac{d^2}{dz^2}g(z)\right|_{z=z_s} = g''(z_s) \neq 0 \tag{2.17}$$

を考える[†].複素関数 $g(z)$ は,特異点が近くにない正則領域において,コーシー・リーマンの関係式:

$$\frac{\partial u(x,y)}{\partial x} = \frac{\partial v(x,y)}{\partial y}, \quad \frac{\partial u(x,y)}{\partial y} = -\frac{\partial v(x,y)}{\partial x} \tag{2.18}$$

を満足し,かつ実部 $u(x,y)$,虚部 $v(x,y)$ は調和関数 (harmonic fuction):

$$\frac{\partial^2 u(x,y)}{\partial x^2} + \frac{\partial^2 u(x,y)}{\partial y^2} = 0, \quad \frac{\partial^2 v(x,y)}{\partial x^2} + \frac{\partial^2 v(x,y)}{\partial y^2} = 0 \tag{2.19}$$

となるから,u, v ともに x 方向と y 方向の二次偏微分係数(曲率)が各点で異符号になる.例えば,ある点 $z(= x + jy)$ で $\frac{\partial^2 u}{\partial x^2} > 0$ (x の変化に対して,u は下に凸に変化)であれば,$\frac{\partial^2 u}{\partial y^2} = -\frac{\partial^2 u}{\partial x^2} < 0$ (y の変化に対して,u は上に凸に変化)となり,複素 z 平面上では u も v も極大,極小をとることはない.

図 **2.2** に示すように,複素 z 平面上で z_s を通る経路のうち,$g(z)$ の実部 $u(x,y)$ が最も急激に変化する経路 $\bar{C}$ に沿って変数 z が動くとすれば,その経路上の変化 ds が x 軸から角度 φ だけ傾いていると考えると

[†] 関数 $g(z)$ の変化がさらに緩やかになる場合には,点 z_s で一次の微分係数ばかりでなく,さらに高次の微分係数がゼロと考えることもできる.こうした高次の場合の取り扱いには別の解析が必要になるので,ここでは割愛する.後の 2.4 節も参照のこと.

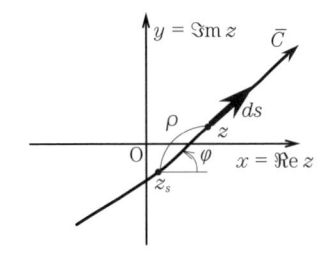

図 2.2 鞍部点 z_s を通る経路 $\bar{C}$ 上の変化 ds とその傾き φ

$$\frac{du}{ds} = \frac{\partial u}{\partial x}\frac{dx}{ds} + \frac{\partial u}{\partial y}\frac{dy}{ds} = \frac{\partial u}{\partial x}\cos\varphi + \frac{\partial u}{\partial y}\sin\varphi \tag{2.20}$$

であるから，$u(x,y)$ が最大変化をしていれば

$$\frac{d}{d\varphi}\left(\frac{du}{ds}\right) = \frac{d}{d\varphi}\left(\frac{\partial u}{\partial x}\cos\varphi + \frac{\partial u}{\partial y}\sin\varphi\right)$$
$$= -\frac{\partial u}{\partial x}\sin\varphi + \frac{\partial u}{\partial y}\cos\varphi = 0 \tag{2.21}$$

となる．このとき，虚部を表す関数 $v(x,y)$ の s 方向に対する変化は，コーシー・リーマンの関係式 (2.18) によって

$$\frac{dv}{ds} = \frac{\partial v}{\partial x}\frac{dx}{ds} + \frac{\partial v}{\partial y}\frac{dy}{ds} = -\frac{\partial u}{\partial y}\cos\varphi + \frac{\partial u}{\partial x}\sin\varphi$$
$$= -\frac{d}{d\varphi}\left(\frac{du}{ds}\right) = 0 \tag{2.22}$$

を得る．すなわち $g(z)$ の実部 $u(x,y)$ が最も急に変化する経路上で，$g(z)$ の虚部 $v(x,y)$ は変化がゼロとなる．同様にして，$g(z)$ の虚部 $v(x,y)$ が最も急に変化する経路上で，$g(z)$ の実部 $u(x,y)$ は変化しないで，一定値をとる．

積分評価で使いたいのは，$j\Omega u(x,y)$ が一定となり，$-\Omega v(x,y)$ が最大変化する経路である．いま，元の積分経路 C が点 z_s を通る，ある積分路 $\bar{C}$ に変更できて，その経路 $\bar{C}$ 上で $z_s(=x_s+jy_s)$ における $g(z_s)\{=u(x_s,y_s)+jv(x_s,y_s)\}$ の値を用いて $j\Omega u(x,y) = j\Omega u(x_s,y_s)(=$ 一定$)$ となれば，経路上で被積分関数の指数部の実部 $-\Omega v(x,y)$ は，点 z_s で最小となり点 z_s から離れると急激に増加する経路 (**最急上昇路**, steepest ascent path: SAP) と，点 z_s で最大となり点 z_s から離れると急激に減少する経路 (**最急降下路**, steepest descent path: SDP) のいずれかとなる．このうち SDP を選べば，被積分関数の指数部の実

2.3 鞍部点法による漸近展開

部 $-\Omega v(x,y)$ は点 z_s で最大となり，その点の近くで積分が評価できる．この点 z_s の周りで，図 **2.3** (a) に示すように，実関数 $-\Omega v(x,y)$ は SAP に沿って下に凸，SDP に沿っては上に凸であるから，点 z_s ではちょうど乗馬用の鞍の形となっている．そこで z_s を**鞍部点**という．

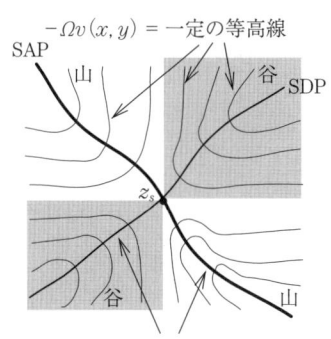

(a) 鞍部点の周りの $-\Omega v(x,y)$ の等高線分布

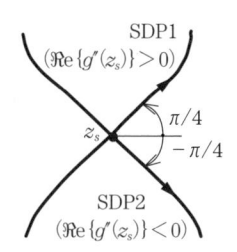

(b) $\Re\{g''(z_s)\} \gtreqless 0$ に対応する SDP

図 **2.3** 鞍部点 z_s とそれを通る最急降下路 (SDP) と最急上昇路 (SAP)

この鞍部点 z_s の周りにおける関数 $g(z)$ の変化を調べるために，点 z_s を中心としたテイラー展開を行い，二次の項までで近似すると，鞍部点の条件 (2.17) から一次の微分係数はゼロとなるので

$$\begin{aligned} g(z) &\approx g(z_s) + g'(z_s)(z-z_s) + \frac{1}{2}g''(z_s)(z-z_s)^2 \\ &= g(z_s) + \frac{1}{2}g''(z_s)(z-z_s)^2 \end{aligned} \tag{2.23}$$

と考えて

$$e^{j\Omega g(z)} \approx e^{j\Omega g(z_s) + j\Omega g''(z_s)(z-z_s)^2/2} \tag{2.24}$$

を得る．もし近くに特異点があるときについては，こうしたテイラー展開は使えなくて，後で述べるようにローラン展開が必要になる．$g(z_s), g''(z_s)$ は定数となるので，$z - z_s = \rho e^{j\varphi}$ とおけば，$\dfrac{dz}{d\rho} = e^{j\varphi}$ となり，φ は z と z_s を結ぶ

線分の偏角,すなわち $\varphi = \arg(z - z_s)$ であるから,鞍部点 z_s の近くで

$$e^{j\Omega g''(z_s)(z-z_s)^2/2} = e^{j\{\Omega g''(z_s)\}/2\rho^2 e^{2j\varphi}}$$
$$= e^{-\Omega g''(z_s)\rho^2(\sin 2\varphi - j\cos 2\varphi)/2} \tag{2.25}$$

と近似できる.$\cos 2\varphi = 0$,すなわち $\varphi = \pm\pi/4, \pm 3\pi/4$ のときに指数部の虚部はゼロとなる.

もし $\Re\{g''(z_s)\} > 0$ であれば,変数 ρ が z_s を中心に $-\infty$ から ∞ へ変化するとき,図 2.3(b) に示すように $\varphi = \pi/4$ と選ぶと,求める積分 (2.14) は SDP1 に沿った積分路に変更可能であれば

$$\begin{aligned} I(\Omega) &= \int_C f(z)e^{j\Omega g(z)}dz \sim \int_{\text{SDP}} f(z_s)e^{j\Omega g(z_s)+j\Omega g''(z_s)(z-z_s)^2/2}dz \\ &= f(z_s)e^{j\Omega g(z_s)} \int_{-\infty}^{\infty} e^{-\Omega g''(z_s)\rho^2/2} \frac{dz}{d\rho}d\rho \\ &= f(z_s)e^{j\Omega g(z_s)+j\pi/4} \int_{(-\infty)}^{(\infty)} e^{-\Omega g''(z_s)\rho^2/2}d\rho \\ &= \sqrt{\frac{2\pi}{\Omega g''(z_s)}} f(z_s)e^{j\Omega g(z_s)+j\pi/4} \end{aligned} \tag{2.26}$$

と近似される.最後の積分は誤差積分の結果を用いた.

一方 $\Re\{g''(z_s)\} < 0$ であれば,$\varphi = -\pi/4$ と SDP2 を選ぶことによって,変数 ρ が $-\infty$ から ∞ に変化するとき,$\sin 2\varphi = -1$ となり,式 (2.14) は

$$\begin{aligned} I(\Omega) &\sim \int_{\text{SDP}} f(z_s)e^{j\Omega g(z_s)+j\Omega g''(z_s)(z-z_s)^2/2}dz \\ &= f(z_s)e^{j\Omega g(z_s)} \int_{-\infty}^{\infty} e^{-\Omega g''(z_s)\rho^2/2}\frac{dz}{d\rho}d\rho \\ &= f(z_s)e^{j\Omega g(z_s)-j\pi/4} \int_{(-\infty)}^{(\infty)} e^{-\Omega|g''(z_s)|\rho^2/2}d\rho \\ &= \sqrt{\frac{-2\pi}{\Omega|g''(z_s)|}} f(z_s)e^{j\Omega g(z_s)-j\pi/4} \end{aligned} \tag{2.27}$$

となる.これらをまとめて

$$I(\Omega) \sim \sqrt{\frac{\pm 2\pi}{\Omega |g''(z_s)|}}\, f(z_s) e^{j\Omega g(z_s) \pm j\pi/4}, \quad \mathfrak{Re}\{g''(z_s)\} \gtrless 0 \quad (2.28)$$

となる．ここで積分の上下限に $(\pm\infty)$ を付けたのは，積分路 C について点 z_s の近くで正式な SDP を $z = z_s + \rho e^{j\varphi}$ と直線近似したために，形式的に無限大を代入して $z = z_s$ の近くで積分を評価したためである．被積分関数は，鞍部点 z_s から離れると急激に減衰するので，SDP を直線で近似するのは一次近似としては十分である．さらに精度の高い近似式を得るためには，鞍部点 z_s を中心として SDP に沿って新たな変数 s を用いて変数変換：

$$j\Omega g(z) = j\Omega g(z_s) - s^2 \quad (2.29)$$

を導入して積分を評価することにより，直線近似から離れる補正が漸近展開の高次項から得られる．もし積分区間が有限な場合には，端点の寄与として 2.2 節で調べた部分積分による漸近展開の結果を加える必要がある．また積分経路を SDP に変更するとき，被積分関数がもつ特異点（極や分岐点）を横切ることがあり，その場合には留数評価も加える必要がある．詳しくは文献[29]を参照してほしい．

2.3.2 ハンケル関数の漸近解

鞍部点法を用いた漸近展開の例として，ハンケル (Hankel) 関数の漸近解を導出してみよう．ハンケル関数は，ベッセル (Bessel) 関数の一つで，後の式 (3.12) で用いる線波源からの放射波を表すときに用いる電磁界理論や電波工学では重要な関数の一つである．第 2 種ゼロ次のハンケル関数 $H_0^{(2)}(\chi)$ の積分表示として[28]

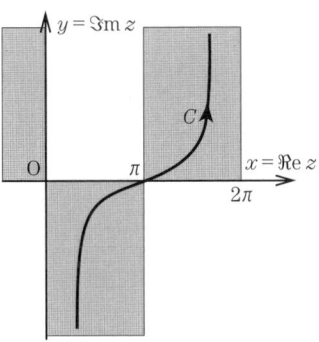

図 **2.4** 式 (2.30) で与えられたハンケル関数の積分路．原経路 C

$$\mathrm{H}_0^{(2)}(\chi) = \mathrm{J}_0(\chi) - j\mathrm{N}_0(\chi) = \frac{1}{\pi} \int_C e^{j\chi \cos z} dz \tag{2.30}$$

が知られている．ここで積分路 C は図 **2.4** に示すような複素 z 平面内の経路である．この表示を利用して引数 χ が十分大きな場合の漸近解を求めよう．

被積分関数は複素 z 平面内で正則であるが，収束範囲を調べるために $z = x+jy$ とおけば，指数部は

$$j\chi \cos z = j\chi \cos(x+jy) = j\chi\{\cos x \cos(jy) - \sin x \sin(jy)\}$$
$$= \chi \sin x \sinh y + j\chi \cos x \cosh y \tag{2.31}$$

であるから，被積分関数が収束するためには，$\chi > 0$ として，指数部 $e^{j\chi \cos z}$ の実部が負になるところ，すなわち $\sin x \sinh y < 0$ の条件から，$y > 0$ かつ $-\pi < x < 0$, $\pi < x < 2\pi$, または $y < 0$ かつ $0 < x < \pi$ を得る．この収束領域を図 2.4 内にアミで示す．積分路 C は被積分関数が収束する範囲内において変更可能であるから，$\pm j\infty$ の近くでこの斜線の領域に入っていれば，積分経路を変更しても経路変更に伴って特異点を横切らない限り積分値は同じである．

鞍部点を求めるために被積分関数の指数部を微分してゼロとおくと

$$\frac{d}{dz} j\chi \cos z = -j\chi \sin z = 0 \tag{2.32}$$

から，鞍部点は n を整数として $z_s = n\pi$ に存在する．このうち与えられた積分路を経路変更して通る可能性のある鞍部点は，図 2.4 から $z_s = x_s + jy_s = \pi + j0$ である．

図 **2.5** (a) は，鞍部点 π の近くにおいて，被積分関数の指数部の実部 $\sin x \sinh y$ の変化を示した．鞍部点の近くで，実部の変化が鞍の形になっていることがわかる．次に，この鞍部点 π を通る SDP を見つける．鞍部点を通り，指数部の虚部が一定の曲線は

$$\cos x \cosh y = \cos x_s \cosh y_s = \cos \pi \cosh 0 = -1 \tag{2.33}$$

で与えられる．この方程式を満足する曲線が SDP または SAP となる．SDP は図 2.5 (b) に示すように，被積分関数の指数部の実部が $-\infty$ から峠（鞍部点

2.3 鞍部点法による漸近展開

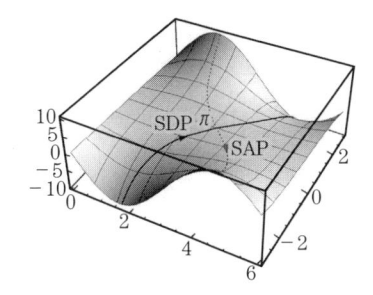

(a) 鞍部点 π の近くの被積分関数における指数部の実部 $\sin x \sinh y$ の変化

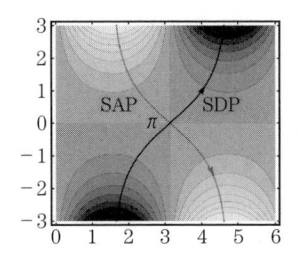

(b) 鞍部点法による積分評価のため SDP と SAP. 両曲線は $\cos x \cosh y = \cos \pi \cosh 0 = -1$ から得られる

図 **2.5** 式 (2.30) で与えられたハンケル関数の評価のための鞍部点と SDP

π）を通過し，再び $-\infty$ に変化する経路となる．この図から SDP は，鞍部点近くで実 (x) 軸から $45°$ 傾いている様子もわかる（図 2.3(b) も参照のこと）．

指数部を鞍部点 $z_s = \pi$ の周りでテイラー展開して二次までの項を取り，$z - \pi = \rho e^{j\pi/4}$ の変数変換を用いると，式 (2.26) と同様にして

$$H_0^{(2)}(\chi) = \frac{1}{\pi} \int_C e^{j\chi \cos z} dz \sim \frac{1}{\pi} \int_{\text{SDP}} e^{-j\chi + j\chi(z-\pi)^2/2} dz$$
$$= \frac{1}{\pi} e^{-j\chi + j\pi/4} \int_{-\infty}^{\infty} e^{-\chi \rho^2 /2} d\rho = \sqrt{\frac{2}{\pi \chi}} e^{-j\chi + j\pi/4} \quad (2.34)$$

となる．

ハンケル関数の厳密解と式 (2.34) で求めた漸近解の実部，虚部の比較を図 **2.6** に示した．引数 χ が 2 以上になれば，非常に近似精度が高いことがわかる．

上式の導出では，鞍部点を通る経路 SDP を実

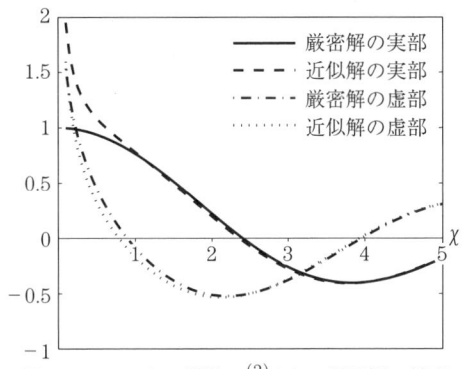

図 **2.6** ハンケル関数 $H_0^{(2)}(\chi)$ の漸近解の精度

軸から45°傾けた直線経路と近似して導出した．さらに精度の高い漸近展開の結果を得るためには，式 (2.29) で与えたような変数変換を導入して計算する必要がある．例えば ν 次の第2種ハンケル関数の漸近解は，$|\chi| \gg |\nu|$, $-2\pi < \arg z < \pi$ の範囲で使える表示として

$$H_\nu^{(2)}(\chi) \sim \sqrt{\frac{2}{\pi\chi}} e^{-j(\chi-\nu\pi/2-\pi/4)} \sum_{n=0} \frac{(\nu,n)}{(2j\chi)^n}, \tag{2.35}$$

$$(\nu,0) = 1, \quad (\nu,n) = \frac{[4\nu^2-1^2][4\nu^2-3^2]\cdots[4\nu^2-(2n-1)^2]}{2^{2n}n!} \tag{2.36}$$

が求められている．次数 ν と引数 χ の大小関係に応じてそれぞれ異なる漸近展開が，すでに詳しく求められており，詳細は文献29) を参照してほしい．

2.4 ま　と　め

本章では，漸近展開の性質について調べ，積分表示から漸近展開をする方法について調べた．本書では，4章において物理光学近似積分の具体的な漸近評価に用いる[†]．より高次の漸近展開を含めた詳細な解説は，文献29) を参照してほしい．

1. ある積分表示を鞍部点法で近似するためには，まず最初に鞍部点を探す必要がある．被積分関数中の振動項（通常は指数関数の指数部）がどのように変化するのか調べる．例えば式 (2.14) で表される被積分関数の指数部から，漸近展開に使う大きなパラメータ Ω（電磁界の場合は波数 k が普通）を探す．

2. **経路変更の注意**　鞍部点法を用いて積分を評価するとき，被積分関数のもつ極や分岐点などの特異点があるときには注意が必要である．鞍部点評価のために，積分路 C を最急降下路 SDP に変更する場合に，近くにある特異点を横切ることもある．そのときには鞍部点評価だけでなく，特

[†] 詳しい導出は，付録 A.3 にある．

異点における留数評価や分岐切断積分を考慮しなければならない．特に留数評価の寄与は鞍部点からの寄与よりも重要であることが多い．

3. **鞍部点の近くに特異点がある場合** 鞍部点の周りにおいて，被積分関数をテイラー展開を利用して展開できる範囲がいちばん近くにある特異点までに限られるため，極や分岐点などの特異点が近くにあると，鞍部点法の近似精度が劣化する．この場合には，近くにある特異性を考慮してローラン展開を利用すると，精度の高い近似解が求められる．7章で述べる一様漸近解はこうした結果を利用している．

4. **鞍部点の近くに積分の端点が存在する場合** 有限区間の積分路をもつ積分評価をする場合，鞍部点と端点が十分離れていれば，鞍部点の評価と端点評価を別々に行うことができる．しかし両者が近くに存在しているときには，注意が必要である．鞍部点と端点との距離をパラメータとした詳しい解析により，一様漸近表示を導くこともできる．もちろん端点と鞍部点が一致した場合には，鞍部点の評価を半分取ればよい．

5. **高次の鞍部点の場合** 被積分関数の指数部から鞍部点を導く条件として，式 (2.17) を用いた．この鞍部点においては，一次導関数がゼロで二次導関数はゼロでないので，一次の鞍部点といわれる．指数部の関数によっては鞍部点で高次の導関数までもゼロとなることもあり，こうした場合は高次の鞍部点という．例えば，もし二次の鞍部点 z_s の場合は被積分関数の指数部 $g(z)$ に対して，$g'(z_s) = g''(z_s) = 0$ かつ $g^{(3)}(z_s) \neq 0$ となるので，関数 $g(z)$ を鞍部点 z_s の周りでテイラー展開するときは，三次の項まで展開して

$$g(z) \sim g(z_s) + g'(z_s)(z-z_s) + \frac{g''(z_s)}{2!}(z-z_s)^2 + \frac{g^{(3)}(z_s)}{3!}(z-z_s)^3$$
$$= g(z_s) + \frac{g^{(3)}(z_s)}{6}(z-z_s)^3 \qquad (2.37)$$

と近似する必要がある．この場合の積分は，**エアリー関数** (Airy function) という特殊関数を使って近似評価できる[29]．

3 幾何光学（GO）

幾何光学的回折理論を説明する前に，本章では**幾何光学** (geometrical optics; GO) について説明する．最初に波源の表現を，線波源と点波源について，波動方程式に対するグリーン関数から導出する．そのあとでマクスウェルの方程式を波数の逆べき級数で展開した，いわゆるルーネバーグ・クライン展開により，波数が大きなときに有効な漸近展開の各項が満足する関係式を導く．こうして得られた漸近展開の初項が幾何光学項に相当するが，この幾何光学近似によって，波源から放射された電磁波がフェルマーの原理に基づいて伝搬し，そして異媒質との境界でスネルの法則に従って反射，透過する様子を考察する．

3.1 波源の表現

電磁波源からの放射問題を幾何光学的に取り扱うとき，放射点 P から放射される波の表現が必要になる．ここではマクスウェルの方程式から導いた波動方程式の厳密解から，幾何光学近似した波源からの放射波表現を導出しよう．

3.1.1 線波源からの放射

最初に，一様な媒質 (ε, μ) 内に置かれた角周波数 ω で振動する線電磁流源から放射された電磁波について考える．電流源 $\boldsymbol{J}$，磁流源 $\boldsymbol{M}$，電荷 ρ_e および磁荷 ρ_m が存在するとき，電磁界はマクスウェルの方程式：

$$\nabla \times \boldsymbol{E}(\boldsymbol{r}) = -j\omega\mu \boldsymbol{H}(\boldsymbol{r}) - \boldsymbol{M}, \tag{3.1}$$

$$\nabla \times \boldsymbol{H}(\boldsymbol{r}) = j\omega\varepsilon \boldsymbol{E}(\boldsymbol{r}) + \boldsymbol{J}, \tag{3.2}$$

$$\nabla \cdot \boldsymbol{E}(\boldsymbol{r}) = \frac{\rho_e}{\varepsilon}, \tag{3.3}$$

$$\nabla \cdot \boldsymbol{H}(\boldsymbol{r}) = \frac{\rho_m}{\mu} \tag{3.4}$$

を満足する.

いま図 **3.1** に示すように,z 方向に一様 $\left(\dfrac{\partial}{\partial z} \equiv 0\right)$ な電流源 $\boldsymbol{J}$,または磁流源 $\boldsymbol{M}$:

$$\boldsymbol{J} = I\delta(\boldsymbol{\rho} - \boldsymbol{\rho}_0)\hat{\boldsymbol{z}} = I\frac{\delta(\rho - \rho_0)\delta(\phi - \phi_0)}{\rho}\hat{\boldsymbol{z}}, \tag{3.5}$$

$$\boldsymbol{M} = M\delta(\boldsymbol{\rho} - \boldsymbol{\rho}_0)\hat{\boldsymbol{z}} = M\frac{\delta(\rho - \rho_0)\delta(\phi - \phi_0)}{\rho}\hat{\boldsymbol{z}} \tag{3.6}$$

が存在するとする.ここで上式右辺の $\delta(\boldsymbol{\rho} - \boldsymbol{\rho}_0)$ はディラックのデルタ関数 (Dirac's delta function) である(付録 A.1 参照).このとき,これらの波源から生じる電磁界も z 方向に一様となる.式 (3.1)〜(3.4) について $\dfrac{\partial}{\partial z} \equiv 0$ の条件のもとで,円筒座標を用いて展開し整理すると,各電磁界成分は,(H_ρ, H_ϕ, E_z) と (E_ρ, E_ϕ, H_z) の独立な二つの組に分けられる.前者は

$$\left(\frac{\partial^2}{\partial \rho^2} + \frac{1}{\rho}\frac{\partial}{\partial \rho} + \frac{1}{\rho^2}\frac{\partial^2}{\partial \phi^2} + k^2\right)E_z = j\omega\mu I\delta(\boldsymbol{\rho} - \boldsymbol{\rho}_0), \tag{3.7}$$

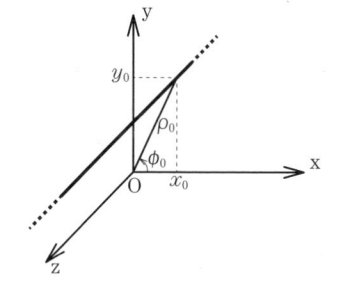

図 **3.1** 点 $(x = x_0, y = y_0)$ に置かれた z 方向に一様 $\left(\dfrac{\partial}{\partial z} \equiv 0\right)$ な線波源

$$H_\rho = \frac{-1}{j\omega\mu\rho}\frac{\partial E_z}{\partial \phi}, \quad H_\phi = \frac{1}{j\omega\mu}\frac{\partial E_z}{\partial \rho} \tag{3.8}$$

とまとめられ，電流源 J の振幅 I を用いて式 (3.7) から E_z を解くことができる．他の成分 H_ρ, H_ϕ が必要であれば，式 (3.8) から求められる．

これに対して，もう一つの組は

$$\left(\frac{\partial^2}{\partial \rho^2} + \frac{1}{\rho}\frac{\partial}{\partial \rho} + \frac{1}{\rho^2}\frac{\partial^2}{\partial \phi^2} + k^2\right)H_z = -j\omega\varepsilon M\delta(\boldsymbol{\rho} - \boldsymbol{\rho}_0), \tag{3.9}$$

$$E_\rho = \frac{1}{j\omega\varepsilon\rho}\frac{\partial H_z}{\partial \phi}, \quad E_\phi = \frac{-1}{j\omega\varepsilon}\frac{\partial H_z}{\partial \rho} \tag{3.10}$$

で与えられ，磁流源 M の振幅 M から H_z, E_ρ, E_ϕ が求められる．

式 (3.7) と式 (3.9) は両方とも同じ形をしているので，非同次項（右辺）が単位大きさをもつ波源とした**二次元スカラーグリーン関数** $G_2(\boldsymbol{\rho}; \boldsymbol{\rho}_0)$ に対する波動方程式：

$$\left(\frac{\partial^2}{\partial \rho^2} + \frac{1}{\rho}\frac{\partial}{\partial \rho} + \frac{1}{\rho^2}\frac{\partial^2}{\partial \phi^2} + k^2\right)G_2(\rho,\phi;\rho_0,\phi_0) = -\delta(\boldsymbol{\rho}-\boldsymbol{\rho}_0) \tag{3.11}$$

を考える．この結果は，ある 1 点 (ρ_0, ϕ_0) に波源があるときの電磁界であるが，もし波源が複雑な分布をしているときも，波源を小さな波源の足し合せであると考え，重ね合せの定理を使って各点の波源による電磁界を足し合せ（積分）することで界を得ることができるため，このグリーン関数の結果は重要である．

無限に広い自由空間中に放射する場合の厳密解 $G_2(\boldsymbol{\rho}; \boldsymbol{\rho}_0)$ は，**第 2 種のハンケル関数**を用いて[29)]

$$G_2(\rho,\phi;\rho_0,\phi_0) = \frac{1}{4j}H_0^{(2)}(k|\boldsymbol{\rho}-\boldsymbol{\rho}_0|) \tag{3.12}$$

と表される．ここで $|\boldsymbol{\rho}-\boldsymbol{\rho}_0|$ は波源と観測点の間の距離であり，$|\boldsymbol{\rho}-\boldsymbol{\rho}_0| = [(x-x_0)^2 + (y-y_0)^2]^{1/2}$ となる．特に観測点が波源から十分離れている $(k|\boldsymbol{\rho}-\boldsymbol{\rho}_0| \gg 1)$ とき，2.3.2 項のハンケル関数の近似式 (2.34) を用いて

$$G_2(\rho,\phi;\rho_0,\phi_0) \sim \frac{1}{4j}\sqrt{\frac{2}{\pi k|\boldsymbol{\rho}-\boldsymbol{\rho}_0|}}e^{-jk|\boldsymbol{\rho}-\boldsymbol{\rho}_0|+j\pi/4}$$

$$= \sqrt{\frac{1}{8\pi k|\boldsymbol{\rho}-\boldsymbol{\rho}_0|}}e^{-jk|\boldsymbol{\rho}-\boldsymbol{\rho}_0|-j\pi/4} = C(k|\boldsymbol{\rho}-\boldsymbol{\rho}_0|) \quad (3.13)$$

となる.幾何光学近似では,おもに式 (3.13) の結果がよく用いられ,以後 $G_2(\boldsymbol{\rho};\boldsymbol{\rho}_0)$ は $C(k|\boldsymbol{\rho}-\boldsymbol{\rho}_0|)$ と省略して記述する.$C(k|\boldsymbol{\rho}-\boldsymbol{\rho}_0|)$ は,波源からの距離に依存して減衰しながら同心円筒状に伝搬することを示している.こうした波を**円筒波** (cylindrical wave) という.もし原点に波源があれば,$\boldsymbol{\rho}_0 = 0$,$|\boldsymbol{\rho}-\boldsymbol{\rho}_0| = \rho$ となり,電流源 I が存在するときは,式 (3.7) から E_z が求められ,式 (3.8) により,波源から十分遠方 ($k\rho \gg 1$) において

$$\begin{align}
E_z &= -j\omega\mu I\sqrt{\frac{1}{8\pi k\rho}}e^{-jk\rho-j\pi/4} = -j\omega\mu I C(k\rho), \quad &(3.14)\\
H_\rho &= 0, \quad &(3.15)\\
H_\phi &\sim -I\sqrt{\frac{1}{8\pi k\rho}}\left(-jk-\frac{1}{2\rho}\right)e^{-jk\rho-j\pi/4} \sim jkIC(k\rho) \quad &(3.16)
\end{align}$$

となる.上式 (3.16) においては,$k\rho \gg 1$ を考慮して主要項だけで近似した.

結局,径 (ρ) 方向に放射する電界 $\boldsymbol{E}$ と磁界 $\boldsymbol{H}$ の間には

$$H_\phi = -\sqrt{\frac{\varepsilon}{\mu}}E_z \quad (3.17)$$

なる関係がある.すなわち電界と磁界と進行方向はたがいに直交し,$\boldsymbol{E}\times\boldsymbol{H}$ は放射方向 (ρ) を示し,磁界は電界の $Y = \sqrt{\varepsilon/\mu} = 1/Z$ 倍となっている.Y をその媒質の**波動アドミッタンス**,Z をその媒質の**波動インピーダンス**という.上式はちょうど電界と磁界の間の**オームの法則**に相当する.この放射波は電磁界成分が伝搬方向になく,伝搬方向と垂直な横断 (transverse) 面にあることから **TEM 波** (transverse electromagnetic wave) と呼ばれる.

また磁流源 M が存在するときも,電流源のときと同様にして,式 (3.9) から H_z が求められ,式 (3.10) から,遠方界として

$$H_z = j\omega\varepsilon M\sqrt{\frac{1}{8\pi k\rho}}e^{-jk\rho-j\pi/4} = j\omega\varepsilon MC(k\rho), \tag{3.18}$$
$$E_\rho = 0, \tag{3.19}$$
$$E_\phi \sim -M\sqrt{\frac{1}{8\pi k\rho}}\left(-jk-\frac{1}{2\rho}\right)e^{-jk\rho-j\pi/4} \sim jkMC(k\rho) \tag{3.20}$$

を得る.この場合も電界と磁界と進行方向はたがいに直交し,TEM 波である.

3.1.2 点波源からの放射

図 **3.2** のように,自由空間中の点 $\boldsymbol{r}_0(r_0,\theta_0,\phi_0)$ に z 方向を向いて置かれた長さ l,強さ I_z の微小ダイポール波源:

$$\boldsymbol{J} = I_z l\delta(\boldsymbol{r}-\boldsymbol{r}_0)\hat{\boldsymbol{z}} = I_z l\frac{\delta(r-r_0)\delta(\theta-\theta_0)\delta(\phi-\phi_0)}{r^2\sin\theta}\hat{\boldsymbol{z}} \tag{3.21}$$

があるときの電磁波の放射について考えよう.この場合は,直接電界,磁界についての波動方程式を解くよりも,ベクトルポテンシャルを経由させて解いたほうが便利である[30].電流波源に関連したベクトルポテンシャル $\boldsymbol{A}$ を用いると,電磁界は以下の方程式:

$$\nabla^2\boldsymbol{A}(\boldsymbol{r}) + k^2\boldsymbol{A}(\boldsymbol{r}) = -\mu\boldsymbol{J}, \tag{3.22}$$
$$\boldsymbol{E}(\boldsymbol{r}) = -j\omega\left(\boldsymbol{A}(\boldsymbol{r})+\frac{\nabla\nabla\cdot\boldsymbol{A}(\boldsymbol{r})}{k^2}\right),\ \boldsymbol{H}(\boldsymbol{r}) = \frac{1}{\mu}\nabla\times\boldsymbol{A}(\boldsymbol{r}) \tag{3.23}$$

を満足する.z 方向を向く微小電流波源 (3.21) に対してはベクトルポテンシャル $\boldsymbol{A}$ は,A_z 成分のみをもち,式 (3.22) はスカラー波動方程式:

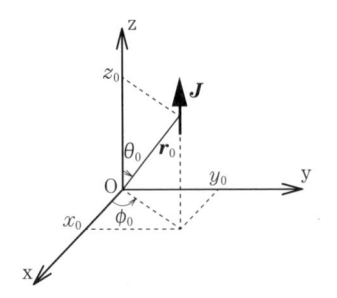

図 3.2 自由空間中の点 $\boldsymbol{r}_0$ に z 方向を向いて置かれた微小ダイポール波源

3.1 波源の表現

$$\nabla^2 A_z(\boldsymbol{r}) + k^2 A_z(\boldsymbol{r}) = -\mu I_z l \delta(\boldsymbol{r} - \boldsymbol{r}_0), \quad A_x = A_y = 0 \tag{3.24}$$

で表される．この式の形から式 (3.11) と同様にして，右辺の波源が単位大きさをもつ波源とした**三次元スカラーグリーン関数** $G_3(\boldsymbol{r};\boldsymbol{r}_0)$：

$$\left(\nabla^2 + k^2\right) G_3(\boldsymbol{r};\boldsymbol{r}_0) = -\delta(\boldsymbol{r}-\boldsymbol{r}_0) \tag{3.25}$$

を考える．この解は[29),30)]

$$G_3(\boldsymbol{r};\boldsymbol{r}_0) = \frac{e^{-jk|\boldsymbol{r}-\boldsymbol{r}_0|}}{4\pi|\boldsymbol{r}-\boldsymbol{r}_0|} \tag{3.26}$$

となる．ここで $|\boldsymbol{r}-\boldsymbol{r}_0|$ は波源 $\boldsymbol{r}_0$ と観測点 $\boldsymbol{r}$ を結ぶ距離であり，$|\boldsymbol{r}-\boldsymbol{r}_0| = [(x-x_0)^2+(y-y_0)^2+(z-z_0)^2]^{1/2}$ となる．三次元のグリーン関数 $G_3(\boldsymbol{r};\boldsymbol{r}_0)$ は，二次元グリーン関数 $G_2(\rho,\phi;\rho_0,\phi_0)$ 同様，波源からの距離にのみ依存し，**球面波** (spherical wave) として波面が等方的に同心球状に放射していることを示している．

波源を原点に取れば，$|\boldsymbol{r}-\boldsymbol{r}_0| = r$ となり，式 (3.24) から

$$A_z(r) = \mu I_z l G_3(r;\boldsymbol{r}_0 = 0) = \mu I_z l \frac{e^{-jkr}}{4\pi r} \tag{3.27}$$

を得る．この結果から，求めたい電磁界成分は式 (3.23) を用いて

$$E_r = \frac{2I_z l}{j\omega\varepsilon}\left(\frac{jk}{r} + \frac{1}{r^2}\right)\frac{e^{-jkr}}{4\pi r}\cos\theta, \tag{3.28}$$

$$E_\theta = \sqrt{\frac{\mu}{\varepsilon}}I_z l\left(jk + \frac{1}{r} + \frac{1}{jkr^2}\right)\frac{e^{-jkr}}{4\pi r}\sin\theta, \tag{3.29}$$

$$H_\phi = I_z l\left(jk + \frac{1}{r}\right)\frac{e^{-jkr}}{4\pi r}\sin\theta, \tag{3.30}$$

$$E_\phi = H_r = H_\theta = 0 \tag{3.31}$$

と与えられる．この結果は，微小ダイポール電流波源からの放射電磁界に対する厳密解であるが，幾何光学近似では，通常波源は観測点から十分遠い ($kr \gg 1$) と考え，r^{-1} より高次の項は近似的にゼロとみなし

$$E_\theta \sim j\omega\mu I_z l \frac{e^{-jkr}}{4\pi r}\sin\theta, \tag{3.32}$$

$$H_\phi \sim jk I_z l \frac{e^{-jkr}}{4\pi r}\sin\theta, \tag{3.33}$$

$$E_r = E_\phi = H_r = H_\theta \sim 0 \tag{3.34}$$

となる．これは遠方近似に相当する．微小ダイポール波源による放射電磁界は，線波源の場合と異なり，放射する方向 θ によって強度が $\sin\theta$ で変化する．こうした強度変化を**指向性**といい，多くのアンテナはこうした指向性をもつ．結局，電界 $\boldsymbol{E}$ と磁界 $\boldsymbol{H}$ の間には

$$\boldsymbol{H} = \hat{\boldsymbol{r}} \times \sqrt{\frac{\varepsilon}{\mu}}\boldsymbol{E} = \hat{\boldsymbol{r}} \times Y\boldsymbol{E}, \quad H_\phi = YE_\theta \tag{3.35}$$

なる関係がある．円筒波の場合と同様に，電界と磁界と進行方向はたがいに直交し，磁界は電界の $Y = \sqrt{\dfrac{\varepsilon}{\mu}} = \dfrac{1}{Z}$ 倍となり TEM 波である．

微小磁流波源がある場合も同様にして解くことができるが，ここでは省略する．

3.2　ルーネバーグ・クライン級数展開

幾何光学近似では光を粒子と考え，**光線**（レイ，ray）はその粒子の進行方向を示す．波長 λ に比べて物体の寸法が十分大きな物体に電磁波が入射し，その物体による散乱現象を解析する場合，求める散乱電磁界を波数 $k = 2\pi/\lambda (= \omega\sqrt{\varepsilon\mu})$ の逆べき級数で漸近展開して解析する方法が用いられることがある．この級数展開を**ルーネバーグ・クライン** (Luneburg-Kline) **級数展開**という[17),18),25)]．例えば，電界 $\boldsymbol{E}(\boldsymbol{r})$ を

$$\boldsymbol{E}(\boldsymbol{r}) \sim e^{-jk\psi(\boldsymbol{r})} \sum_{m=0}^{\infty} (-jk)^{-m} \boldsymbol{E}_m(\boldsymbol{r}) \tag{3.36}$$

と展開することを考える．ここで $\psi(\boldsymbol{r})$ は求める電界の位相変化を，また $\boldsymbol{E}_m(\boldsymbol{r})$ は漸近展開の係数をそれぞれ表す．この展開係数のうちで，高周波の極限，す

なわち $k \to \infty$ で残った $m = 0$ の項の係数 $E_0(r)$ を使って表現した結果が，従来の幾何光学近似ということになる[†]．この展開係数を求めるために，式 (3.36) を波動方程式：

$$\nabla^2 E(r) + k^2 E(r) = 0 \tag{3.37}$$

に代入して

$$(-jk)^2\{|\nabla\psi(r)|^2 - 1\} + \sum_{m=0}^{\infty}(-jk)^{1-m}\Big\{ \big[|\nabla\psi(r)|^2 - 1\big] E_{m+1}(r)$$
$$+ \big[2(\nabla\psi(r) \cdot \nabla)E_m(r) + \nabla^2\psi(r)\, E_m(r)\big] + \nabla^2 E_{m-1}(r)\Big\}$$
$$= 0 \tag{3.38}$$

を得る．波数 k についての次数をそろえて，各項をゼロとおくことにより

$$|\nabla\psi(r)|^2 = \nabla\psi(r) \cdot \nabla\psi(r) = 1, \tag{3.39}$$

$$2(\nabla\psi \cdot \nabla)E_m(r) + \nabla^2\psi(r)E_m(r) = -\nabla^2 E_{m-1}(r), \tag{3.40}$$

$$E_{-1}(r) = 0 \tag{3.41}$$

を得る．

式 (3.39) は光線の位相 $\psi(r)$ についての条件を表し，**アイコナール (eikonal) 方程式**と呼ばれる．$\psi(r)$ は波の位相を表しているので，媒質が等方であれば，$\nabla\psi(r)$ は，位相 $\psi(r)$ の最大変化方向を向き，その大きさについては $|\nabla\psi(r)| = 1$ となる．位相 $\psi(r)$ が一定の面，すなわち等位相面を**波面 (wavefront)** という．図 **3.3** に示すように，$\nabla\psi(r)$ は波面に垂直であり，位相の進む方向，すなわち光線の進行方向を示すから，$|\nabla\psi(r)| = 1$ は，光線の進行方向を表すベクトルが単位の大きさをもつことを示している．

いま考えている光線の進行方向に中心軸を定め s 軸とし，図 **3.4** のように，それに垂直な直交座標軸 x_1, x_2 を考えて (x_1, x_2, s) で右手系の直角座標になる

[†] 幾何光学近似という意味では，当初は位相項も含まれていなかったので，二つ以上の波の合成によって波の干渉は存在しなかった．ここではすでに位相を含めて考えているので，干渉を含めた波動的な解釈が可能である．

32   3. 幾何光学（GO）

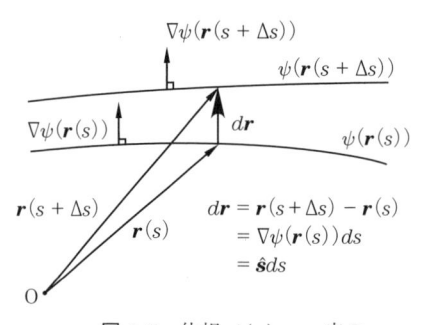

図 3.3　位相 $\psi(\boldsymbol{r}) = $ 一定の等位相面と $\nabla\psi(\boldsymbol{r})$

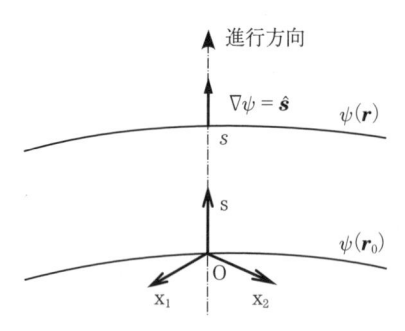

図 3.4　進行方向 s と垂直な $\psi(\boldsymbol{r}_0)$ の波面 $\psi(x_1, x_2, s=0)$

ように定める．すなわち，それぞれの座標軸に沿った単位ベクトルを $\hat{\boldsymbol{x}}_1, \hat{\boldsymbol{x}}_2, \hat{\boldsymbol{s}}$ とすれば，$\hat{\boldsymbol{x}}_1 \times \hat{\boldsymbol{x}}_2 = \hat{\boldsymbol{s}}$ となる．こうして光線の中心軸上の点 $\boldsymbol{r}(0, 0, s)$ では，位相は基準となる点 $\boldsymbol{r}_0(0, 0, 0)$ における位相 $\psi(\boldsymbol{r}_0)$ を用いて

$$\psi(\boldsymbol{r}) = \psi(\boldsymbol{r}_0) + s, \quad \nabla\psi(\boldsymbol{r}) = \hat{\boldsymbol{s}} \tag{3.42}$$

となる．また中心軸の近くの点 $\boldsymbol{r}(x_1, x_2, s)$ では，波面はその面に接する x_1–x_2 平面内の二次曲面で近似できると考えると（導出は付録 A.2 を参照）

$$\psi(\boldsymbol{r}) = \psi(\boldsymbol{r}_0) + s - \frac{1}{2}\left(\frac{x_1^2}{R_1 + s} + \frac{x_2^2}{R_2 + s}\right) \tag{3.43}$$

となる．この式を波面の **近軸近似** (paraxial approximation) という．ここで R_1, R_2 は，基準とする点 $\boldsymbol{r}_0$ における波面を二次曲面で表現したときの x_1, x_2 方向の曲率半径をそれぞれ表す（図 3.5 参照）．もし光線がある一点（焦点）から放射していると，R_1, R_2 は等しくなるが，一般

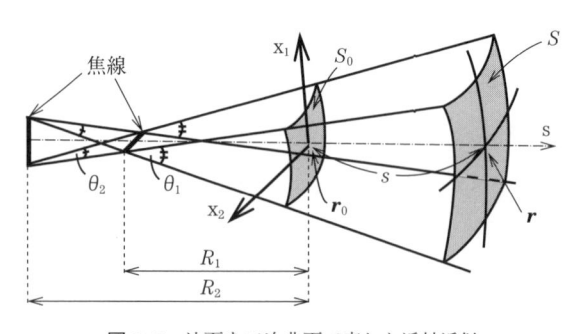

図 3.5　波面を二次曲面で表した近軸近似の光線と二つの焦線

には x_1, x_2 両方向で曲率半径 R_1, R_2 は等しくはないので,光線は焦点から放射しないで,$s = -R_1, s = -R_2$ で線状に収束する.この線を**焦線** (caustic) という[†1].上式は,焦線からの放射波の場合 $(R_1, R_2 > 0)$ のみならず,焦線への収束波の場合 $(R_1, R_2 < 0)$ にも適用できる.

光線の位相については決定できたので,次に振幅について考えよう.光線の振幅については,波動方程式 (3.37) から導いたもう一つの微分方程式 (3.40) から導くことができる.光線に沿った電界の振幅 $\boldsymbol{E}_m$ は式 (3.42) を用いると $m \geq 0$ について

$$2\frac{d}{ds}\boldsymbol{E}_m(\boldsymbol{r}) + \nabla^2 \psi(\boldsymbol{r})\boldsymbol{E}_m(\boldsymbol{r}) = -\nabla^2 \boldsymbol{E}_{m-1}(\boldsymbol{r}), \quad \boldsymbol{E}_{-1}(\boldsymbol{r}) = 0 \quad (3.44)$$

と表される.この式を振幅 $\boldsymbol{E}_m(\boldsymbol{r})$ に対する**輸送方程式** (transport equation) という.この式から振幅 $\boldsymbol{E}_m(\boldsymbol{r})$ は,一つ低次の $\boldsymbol{E}_{m-1}$ の値から常微分方程式を解くことによって求められることがわかる.

特に主要項 $\boldsymbol{E}_0(\boldsymbol{r})$ は上式 (3.44) において $m = 0$ とおけば

$$2\frac{d}{ds}\boldsymbol{E}_0(s) + \nabla^2 \psi(s)\boldsymbol{E}_0(s) = 0 \quad (3.45)$$

が得られる[†2].この解は $s = 0$ における初期値を $\boldsymbol{E}_0(0)$ として

$$\boldsymbol{E}_0(s) = \boldsymbol{E}_0(0) \exp\left(-\frac{1}{2}\int_0^s \nabla^2 \psi(s')ds'\right) \quad (3.46)$$

で与えられる.式中の $\nabla^2 \psi(s)$ は,式 (3.43) を用いて

$$\nabla^2 \psi(s) = \frac{\partial^2 \psi}{\partial x_1^2} + \frac{\partial^2 \psi}{\partial x_2^2} + \frac{\partial^2 \psi}{\partial s^2} \sim -\left(\frac{1}{R_1 + s} + \frac{1}{R_2 + s}\right) \quad (3.47)$$

と近似できるので,これを用いて積分を評価すると

$$\boldsymbol{E}_0(s) = \boldsymbol{E}_0(0)\sqrt{\frac{R_1 R_2}{(R_1 + s)(R_2 + s)}} \quad (3.48)$$

[†1] 焦線は,コーステックあるいは火線とも呼ばれる.高周波近似においては,焦線上では数学的に発散し無限大になるが,実際の電磁界は非常に強い強度となるが,無限大とはならない.

[†2] 点 $\boldsymbol{r}$ の位置情報は,近軸近似では点 $\boldsymbol{r}_0$ からの主軸に沿った距離パラメータ s だけに依存する.したがって以後は $\boldsymbol{E}_0(\boldsymbol{r})$ を $\boldsymbol{E}_0(s)$ のように表す.

を得る．以上をまとめて幾何光学界は

$$\boldsymbol{E}_0(s) = \boldsymbol{E}_0(0)e^{-jk\psi(0)}\sqrt{\frac{R_1 R_2}{(R_1+s)(R_2+s)}}e^{-jks} \tag{3.49}$$

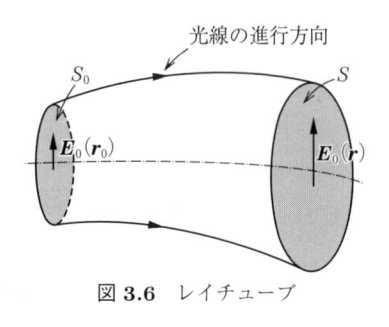

で与えられる．こうして $s=0$ における光線の値 $\boldsymbol{E}_0(0)$ がわかれば，s だけ伝搬した後の光線 $\boldsymbol{E}_0(s)$ は式 (3.49) によって決定することができる．一般にエネルギー保存則により，図 3.6 に示すように，断面積 S_0 に含まれる $\boldsymbol{E}_0(\boldsymbol{r}_0)$ のもつエネルギーはしばらく伝搬した点 $\boldsymbol{r}$ において，断面積が S になっているとすれば，その断面積に含まれる $\boldsymbol{E}_0(\boldsymbol{r})$ のもつエネルギーと等しいから

図 3.6 レイチューブ

$$|\boldsymbol{E}_0(\boldsymbol{r})|^2 S = |\boldsymbol{E}_0(\boldsymbol{r}_0)|^2 S_0 \tag{3.50}$$

すなわち

$$|\boldsymbol{E}_0(\boldsymbol{r})| = \sqrt{\frac{S_0}{S}}|\boldsymbol{E}_0(\boldsymbol{r}_0)| \tag{3.51}$$

と表すことができる．これを**レイチューブ** (ray tube) という．

図 3.5 に示すように，各焦線から点 $\boldsymbol{r}_0$ にある断面積 S_0 に向かって放射される光線の角度を θ_1, θ_2 とすれば，この角度で広がった光線の断面積は点 $\boldsymbol{r}_0$ を含む面で $S_0 = R_1\theta_1 R_2\theta_2$，点 $\boldsymbol{r}$ を含む面で $S = (R_1+s)\theta_1(R_2+s)\theta_2$ となる．これらの面に含まれる光線のもつエネルギーは同じであるから，式 (3.48) は点 $\boldsymbol{r}_0$ における光線情報を用いて点 $\boldsymbol{r}$ における光線は位相が ks だけ進み，含まれるエネルギーが保存されるように断面積に反比例した補正を加えたことになる．こうして式 (3.49) は

$$\boldsymbol{E}_0(s) = \boldsymbol{E}_0(s_0)e^{-jk\psi(s_0)}\sqrt{\frac{R_1\theta_1 R_2\theta_2}{(R_1+s)\theta_1(R_2+s)\theta_2}}e^{-jks} \qquad (3.52)$$

$$= \boldsymbol{E}_0(s_0)e^{-jk\psi(s_0)}\sqrt{\frac{S_0}{S}}e^{-jks} \qquad (3.53)$$

と書き直すこともできる.

一方,発散に関する式 $\nabla \cdot \boldsymbol{E} = 0$ から

$$\begin{aligned}
\nabla \cdot \boldsymbol{E} &= \nabla \cdot \left[e^{-jk\psi(\boldsymbol{r})} \sum_{m=0}^{\infty}(-jk)^{-m}\boldsymbol{E}_m(\boldsymbol{r}) \right] \\
&= -jk\nabla\psi(\boldsymbol{r}) \cdot \left[e^{-jk\psi(\boldsymbol{r})} \sum_{m=0}^{\infty}(-jk)^{-m}\boldsymbol{E}_m(\boldsymbol{r}) \right] \\
&\quad + e^{-jk\psi(\boldsymbol{r})} \sum_{m=0}^{\infty}(-jk)^{-m}\nabla \cdot \boldsymbol{E}_m(\boldsymbol{r}) = 0 \qquad (3.54)
\end{aligned}$$

を得るから

$$\sum_{m=0}^{\infty}(-jk)^{-m}e^{-jk\psi(\boldsymbol{r})}\left[-jk\nabla\psi(\boldsymbol{r})\cdot\boldsymbol{E}_m(\boldsymbol{r})+\nabla\cdot\boldsymbol{E}_m(\boldsymbol{r})\right] = 0. \qquad (3.55)$$

再び k^{-m} の項をそろえて,各項がゼロになるためには,$m \geq 0$ に対して

$$\nabla\psi(\boldsymbol{r}) \cdot \boldsymbol{E}_m(\boldsymbol{r}) = -\nabla \cdot \boldsymbol{E}_{m-1}(\boldsymbol{r}) \qquad (3.56)$$

を得る.上式に式 (3.42),$\boldsymbol{E}_{-1}(\boldsymbol{r}_0) = 0$ を代入すると,$\boldsymbol{E}_0(\boldsymbol{r})$ に対して $\hat{\boldsymbol{s}} \cdot \boldsymbol{E}_0(\boldsymbol{r}) = 0$,すなわち幾何光学近似した電界ベクトルは光線の進行方向に対して垂直平面内にあることがわかる.

上記の幾何光学界は,電界ベクトル $\boldsymbol{E}_0(\boldsymbol{r})$ を用いて導出した.磁界の幾何光学界 $\boldsymbol{H}_0(\boldsymbol{r})$ についても同様な議論によって同じ形をしていることを示すことができる[†].

マクスウェルの回転の式:

[†] 本節では境界条件を一切使用していないので,最初の波動方程式 (3.37) 以降の電界 $\boldsymbol{E}$ を磁界 $\boldsymbol{H}$ と置き換えてもなんら変更する必要はない.

$$\nabla \times \boldsymbol{E}(\boldsymbol{r}) = -j\omega\mu \boldsymbol{H}(\boldsymbol{r}) \tag{3.57}$$

に幾何光学近似の電界：

$$\boldsymbol{E}(\boldsymbol{r}) = \boldsymbol{E}_0(\boldsymbol{r})e^{-jk\psi(\boldsymbol{r})} \tag{3.58}$$

を代入することにより，幾何光学近似の磁界 $\boldsymbol{H}_0(\boldsymbol{r})$ は

$$\boldsymbol{H}_0(\boldsymbol{r}) = \sqrt{\frac{\varepsilon}{\mu}} \nabla\psi(\boldsymbol{r}) \times \boldsymbol{E}_0(\boldsymbol{r}) = \sqrt{\frac{\varepsilon}{\mu}} \hat{\boldsymbol{s}} \times \boldsymbol{E}_0(\boldsymbol{r}) \tag{3.59}$$

となり，磁界 $\boldsymbol{H}_0(\boldsymbol{r})$，電界 $\boldsymbol{E}_0(\boldsymbol{r})$ と伝搬方向 $\hat{\boldsymbol{s}}$ はたがいに直交することになるから，この伝搬波は，3.1 節で述べた **TEM 波**である．

3.3 幾何光学波の反射・透過

　均質等方性の媒質中では電磁波は直進するが，異なる媒質との境界面では反射・透過を起こす．ここでは幾何光学波の反射・透過波を，それが生じる点の近くの情報からフェルマーの原理を応用することによって求めてみよう．幾何光学的に解く場合，例えば反射が起きる場合には，その反射点に入る直前の波の振幅と位相情報を初期値として，その反射面での反射係数を掛け合せることによって反射後の振幅を計算し，反射後の振幅と位相を求める．最初に平面境界での反射・透過を調べ，その後に曲面における反射・透過について，その曲面の曲率を考えることによって振幅の収束・発散を考慮する．

3.3.1　フェルマーの原理

　光線理論の重要な原理の一つに**フェルマーの原理**がある．この原理は「単一周波数の光が 2 点間を進むとき，それに要する時間が最も短くなるような光路をとる」というもので，**最小時間の原理** (principle of least time) とも呼ばれる[†]．フェルマーは 1657 年に**デカルト** (Descartes, R.) が提唱した光の屈折理論に対して，考え出したといわれている[31]．

[†] フェルマーの原理は，その後**モーペルテュイ** (Maupertuis, P. L. M.) によって，**最小作用の原理** (principle of least action) に修正されている[31]．

いま図 **3.7** に示すように，光の出発点 P(r_0) から観測点 Q(r) に到達する光線を考えるとき，点 P から点 Q までのあるパラメータ x で表された光路 $L(x)$ に沿って伝搬する場合，伝搬にかかる時間はその媒質中で c として $\frac{L(x)}{c}$ と書ける．この値 $\frac{L(x)}{c}$ を x に関して最小にするためには

$$\frac{d}{dx}\frac{L(x)}{c} = 0 \quad (3.60)$$

を満足する経路 $L(x)$ を求めることができ

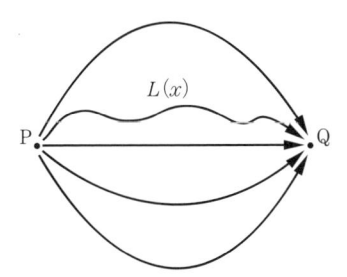

図 3.7 フェルマーの原理．点 P で放射された光線のうち，観測点 Q に届く波は，点 P から点 Q へ最少時間で届く経路をとる．均質等方性の媒質中では光は直進する

る．もし媒質が均質等方的であれば，PQ 2 点間を進む光線は直進するものが，最小時間で到達することが直観的にわかる．しかし不均質媒質中を進む場合は，直進するものが最小時間とは限らない．以下にフェルマーの原理を利用して，反射波と透過波の経路を求めてみよう．

3.3.2　2 媒質平面境界の場合

最初に図 **3.8** に示すように，均質等方性の媒質 I(ε_1, μ_1) と媒質 II(ε_2, μ_2) の平面境界において，点 P(0, y_0) から放射された電磁波がどのように反射・透過するか考える．この問題は波動方程式を境界平面上での境界条件を使って数学的に厳密に解くこともできるが，ここではフェルマーの原理を応用して幾何光学的に解いてみよう．以下の議論では，媒質は損失がないものとして扱うが，損失がある場合や等方性でない場合についての拡張も可能である[31]．

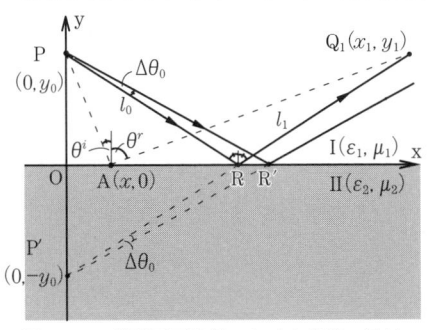

図 3.8 2 媒質平面境界における光線の反射．フェルマーの原理によって，境界面上の点 A(x, 0) を経由して観測点 $Q_1(x_1, y_1)$ に最短時間で届く光線は，入射角 θ^i と反射角 θ^r が等しくなるというスネルの法則を満足する反射点 R となる

(1) 反射波の導出　　点 $P(0, y_0)$ から放射された電磁波が，境界面上の点 $A(x, 0)$ で反射されてから，観測点 $Q_1(x_1, y_1)$ に届くと考える．このときの光路長は

$$\overline{\mathrm{PA}} + \overline{\mathrm{AQ_1}} = \sqrt{x^2 + y_0^2} + \sqrt{(x_1 - x)^2 + y_1^2} \tag{3.61}$$

となり，この経路に沿って波が到達する時間 $f_1(x)$ は，媒質 I における光速を $c_1 (= 1/\sqrt{\varepsilon_1 \mu_1})$ として

$$f_1(x) = \frac{\overline{\mathrm{PA}} + \overline{\mathrm{AQ_1}}}{c_1} = \sqrt{\varepsilon_1 \mu_1}\left(\sqrt{x^2 + y_0^2} + \sqrt{(x_1 - x)^2 + y_1^2}\right) \tag{3.62}$$

である．到達時間 $f_1(x)$ が反射点 A を変化させたときに最小になるのは，方程式 $\dfrac{\partial}{\partial x} f_1(x) = 0$ を解いて

$$\frac{x}{\sqrt{x^2 + y_0^2}} - \frac{(x_1 - x)}{\sqrt{(x_1 - x)^2 + y_1}} = 0, \tag{3.63}$$

すなわち図 3.8 のように入射角 θ^i と反射角 θ^r を定義すると

$$\sin \theta^i = \sin \theta^r \tag{3.64}$$

を表しており，点 A は図中の入射角 θ^i と反射角 θ^r が等しくなる点 R となる．これはまさしく**スネル (Snell) の反射則** を表している[†]．こうして波の伝搬経路がわかったので，次に振幅を求めよう．

　線波源から放射される円筒波が媒質境界に入射する場合を考えよう．点 P から点 R で反射され，観測点 Q_1 に到達する波 u^r (at Q_1) は，幾何光学近似によれば，反射点 R に入射する波 u^i (at R_-) に反射係数を掛けたものを初期値として，反射点 R から観測点 Q_1 に伝搬する波 u_{RQ_1} を求める．すなわち

$$u^r(\text{at } Q_1) \sim u^i(\text{at } R_+) \cdot u_{RQ_1} = u^i(\text{at } R_-) \cdot \varGamma \cdot u_{RQ_1} \tag{3.65}$$

となる．ここで R_- は境界面における反射直前の，また R_+ は反射直後の点を

[†] ここではフェルマーの原理を基にスネルの法則を導出したが，スネルの屈折の法則自身はすでに 1621 年に発表されている．

示し，Γ は平面波[†1]が反射点 R に入射するときの反射係数を表す．反射点のごく近傍で考えたとき，遠方から伝搬する幾何光学波は，波面が進行方向に対して垂直となるので，反射を起こす表面の接平面に対して近似的に平面波が入射した場合を想定できる．そこで平面境界に平面電磁波が入射した場合の反射係数を一次近似として用いるのである[†2]．反射係数は入射波の偏波によって異なる．通常は入射平面波の電界が入射面[†3]に垂直（入射電界が境界面に平行）な場合と入射平面波の磁界が入射面に垂直な直交する二つの場合に分解して別々に計算した後で反射係数をそれぞれに掛けた後，再度合成して表現する．

入射平面波の電界が入射面に垂直な場合の反射係数は入射角 θ^i の関数であり，k_1, k_2 をそれぞれの媒質での波数とし，**相対屈折率を** $n = k_2/k_1$ とすれば

$$\Gamma_\perp(\theta^i) = \frac{\mu_2 \cos\theta^i - \mu_1 \sqrt{n^2 - \sin^2\theta^i}}{\mu_2 \cos\theta^i + \mu_1 \sqrt{n^2 - \sin^2\theta^i}} \tag{3.66}$$

で与えられる[30]．一方入射磁界が入射面に垂直（入射電界が入射面内にある）な場合の電界に対する反射係数は

$$\Gamma_\parallel(\theta^i) = -\frac{\mu_1 n^2 \cos\theta^i - \mu_2 \sqrt{n^2 - \sin^2\theta^i}}{\mu_1 n^2 \cos\theta^i + \mu_2 \sqrt{n^2 - \sin^2\theta^i}} \tag{3.67}$$

となる．

平面境界面による反射の場合，図 3.8 から明らかなように，入射角 θ^i と反射角 θ^r は等しいから，反射波はちょうど点 $P'(0, -y_0)$ にある影像電流源から放射されるようにみえる．したがって点 P から微小角度 $\Delta\theta_0$ 内に放射される光線のエネルギーは，点 P' からの同じ微小角度 $\Delta\theta_0$ 内に放射されるものと等しい．したがって観測点 Q_1 における反射波 u_{RQ_1} は，式 (3.52) において $s_0 = \overline{PR} = l_0$, $s = \overline{RQ_1} = l_1$, $R_1 = l_0$, $k = k_1$, $R_2 \to \infty$ とおくことにより

[†1] 入射波の波面の曲率がゼロの場合は，等位相面を表す波面が平面，すなわち平面波となる．

[†2] 円筒波や球面波がもつ波面の曲率の影響の場合や反射・透過点が曲面の場合の波面の補正が後で行われる．

[†3] 入射波の進行方向と反射する境界面の法線ベクトルを含む面を入射面という．

$$u_{RQ_1} \sim \lim_{R_2 \to \infty} \sqrt{\frac{l_0 R_2}{(l_0+l_1)(R_2+l_1)}}\, e^{-jk_1 l_1} = \sqrt{\frac{l_0}{l_0+l_1}}\, e^{-jk_1 l_1} \quad (3.68)$$

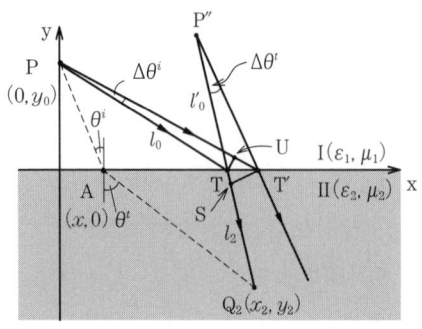

図 3.9 2媒質平面境界における光線の透過．反射の場合と同様にしてフェルマーの原理により，最短時間で届く経路はスネルの法則を満足する透過点 T となる

を得る．

（2）透過波の導出 次に媒質を透過する波を考えよう．反射の場合と同様に，点 P $(0, y_0)$ から放射された電磁波が，境界面上の点 A $(x, 0)$ で透過して，観測点 $Q_2(x_2, y_2)$ に届くと考える（図 **3.9** 参照）．この経路に沿って波が到達する時間 $f_2(x)$ は，媒質 I と媒質 II における光速が異なることを考慮してそれぞれ $c_1(=1/\sqrt{\varepsilon_1\mu_1}), c_2(=1/\sqrt{\varepsilon_2\mu_2})$ とすると

$$f_2(x) = \frac{\overline{PA}}{c_1} + \frac{\overline{AQ_2}}{c_2}$$
$$= \sqrt{\varepsilon_1\mu_1}\left(\sqrt{x^2+y_0^2}\right) + \sqrt{\varepsilon_2\mu_2}\left(\sqrt{(x_2-x)^2+y_2^2}\right) \quad (3.69)$$

となる．したがって到達時間 $f_2(x)$ が最小になるのは，$\frac{\partial}{\partial x}f_2(x) = 0$ を解いて

$$\sqrt{\varepsilon_1\mu_1}\frac{x}{\sqrt{x^2+y_0^2}} - \sqrt{\varepsilon_2\mu_2}\frac{x_2-x}{\sqrt{(x_2-x)^2+y_2^2}} = 0 \quad (3.70)$$

を満足する x の値で定まる点 $A(x,0)$ が透過点 T となる．図 3.9 のように，入射角 θ^i と透過角 θ^t を定義すると

$$\sqrt{\varepsilon_1\mu_1}\sin\theta^i = \sqrt{\varepsilon_2\mu_2}\sin\theta^t \quad \text{すなわち} \quad k_1\sin\theta^i = k_2\sin\theta^t \quad (3.71)$$

を満足する点が透過点 T となる．この式は**スネルの透過則**である．

透過波の伝搬経路がわかったので，次に振幅の大きさを決定しよう．反射波の場合と同様にして，透過波は図 3.9 を参照して点 P から点 T で透過し，観測

点 Q_2 に到達する波 u^t は

$$u^t(\text{at } Q_2) \sim u^i(\text{at } T_+) \cdot u_{TQ_2} = u^i(\text{at } T_-) \cdot T \cdot u_{TQ_2} \tag{3.72}$$

と表される．ここで $u^i(\text{at } T_-)$ は透過点 T に入射する波を，T は平面波の透過係数を表す．

入射平面波の電界が入射面に垂直な場合の透過係数 T は入射角 θ^i の関数であり

$$T_\perp(\theta^i) = \frac{2\mu_2 \cos\theta^i}{\mu_2 \cos\theta^i + \mu_1 \sqrt{n^2 - \sin^2\theta^i}} \tag{3.73}$$

で与えられる．また入射磁界が入射面に垂直な場合の電界に対する透過係数は

$$T_\parallel(\theta^i) = \frac{Z_2}{Z_1} \frac{2\mu_1 n^2 \cos\theta^i}{\mu_1 n^2 \cos\theta^i + \mu_2 \sqrt{n^2 - \sin^2\theta^i}} \tag{3.74}$$

となる．ここで反射係数のところで定義したように，$n = k_2/k_1$ であり，$Z_1 = \sqrt{\mu_1/\varepsilon_1}$, $Z_2 = \sqrt{\mu_2/\varepsilon_2}$ である．

透過点 T から観測点 Q_2 までの光路長を $\overline{TQ_2} = l_2$ とすれば，位相項は e^{-jkl_2} で与えられ，振幅はスネルの法則に従って伝搬角が変化するので，反射波の場合と異なり補正が必要である．図 3.9 中に示す放射点 P から θ^i 方向の透過点 T に微小角度 $\Delta\theta^i$ で放射された光線は，透過点 T において進行方向に垂直な断面積 $l_0 \Delta\theta^i$ をもつ[†]．境界面上の TT' に投影された入射波の照射領域と同じ面積を投影する透過波のための仮想放射点が P'' となり，その焦点からの距離は $\overline{P''T} = l'_0$, TT' を照射する放射角度は $\Delta\theta^t$ となる．図より

$$\overline{TT'} = \frac{l_0 \Delta\theta^i}{\cos\theta^i} = \frac{l'_0 \Delta\theta^t}{\cos\theta^t}, \tag{3.75}$$

またスネルの透過則 (3.71) から $\Delta\theta^i$ と $\Delta\theta^t$ の間には $k_1 \cos\theta^i \cdot \Delta\theta^i = k_2 \cos\theta^t \cdot \Delta\theta^t$ の関係がある．これから

$$m = \frac{\Delta\theta^t}{\Delta\theta^i} = \frac{k_1 \cos\theta^i}{k_2 \cos\theta^t} \tag{3.76}$$

[†] 二次元問題のため，断面積は z 方向に単位長さをとっていると考えればよい．

とおき,上記の関係を用いると透過点 T から観測点 Q_2 に届く透過波 u^t は,式 (3.72) で表される.ここで u_{TQ_2} は

$$u_{TQ_2} \sim \lim_{R_2 \to \infty} \sqrt{\frac{l'_0 R_2}{(l'_0 + l_2)(R_2 + l_2)}} \, e^{-jk_2 l_2} = \sqrt{\frac{l'_0}{l'_0 + l_2}} \, e^{-jk_2 l_2}$$

$$= \sqrt{\frac{l_0 \cos \theta^t}{l_0 \cos \theta^t + m l_2 \cos \theta^i}} \, e^{-jk_2 l_2} \qquad (3.77)$$

となる.

(3) 電流波源がある場合の反射波,透過波のまとめ いま点 P に強さ I で z 方向を向いた一様な電流源(式 (3.5))がある場合について考えてみよう.反射点 R への入射電界 E_z^i(at R_-)は式 (3.14) で与えられ,$\overline{PR} = l_0$ とおけば

$$E_z^i(\text{at } R_-) = -j\omega\mu I \sqrt{\frac{1}{8\pi k_1 l_0}} e^{-jk_1 l_0 - j\pi/4} \qquad (3.78)$$

となる.こうして観測点 Q_1 における反射電界 E_z^r(at Q_1)は,式 (3.65), (3.68), (3.78) から

$$\begin{aligned} E_z^r(\text{at } Q_1) &\sim E_z^i(\text{at } R_-) \cdot \Gamma_\perp \cdot u_{RQ_1} \\ &= -j\omega\mu I \sqrt{\frac{1}{8\pi k_1 l_0}} e^{-jk_1 l_0 - j\pi/4} \, \Gamma_\perp \, \sqrt{\frac{l_0}{l_0 + l_1}} \, e^{-jk_1 l_1} \\ &= -j\omega\mu I \, \Gamma_\perp \, \sqrt{\frac{1}{8\pi k_1 (l_0 + l_1)}} \, e^{-jk_1(l_0 + l_1) - j\pi/4} \end{aligned} \qquad (3.79)$$

を得る.

こうして反射波は影像点 P' から放射した波に反射係数 $\Gamma_\perp$ を掛け合せたものになっていることがわかる.ここで導出した反射波の表現は,完全導体面からの反射についても用いることができて,その場合には反射係数は $\Gamma_\perp = -1$ となる.

透過波 E_z^t(at Q_2)についても同様に考えることができる.透過点 T への入射電界 E_z^i(at T_-)は反射波の場合と同様に $\overline{PT} = l_0$ として式 (3.78) で与えられる.また透過係数は式 (3.73) で与えられる $T_\perp(\theta^i)$ を用いればよい.こうし

て観測点 Q_2 に届く透過波 $E_z^t(\text{at } Q_2)$ は

$$\begin{aligned}
E_z^t(\text{at } Q_2) &\sim E_z^i(\text{at } T_-) \cdot T_\perp \cdot u_{TQ_2} \\
&= -j\omega\mu I \sqrt{\frac{1}{8\pi k_1 l_0}} \, e^{-jk_1 l_0 - j\pi/4} \cdot T_\perp \cdot \sqrt{\frac{l_0 \cos\theta^t}{l_0 \cos\theta^t + ml_2 \cos\theta^i}} \, e^{-jk_2 l_2} \\
&= -j\omega\mu I T_\perp \sqrt{\frac{1}{8\pi k_1}} \sqrt{\frac{\cos\theta^t}{l_0 \cos\theta^t + ml_2 \cos\theta^i}} \, e^{-jk_1(l_0 + nl_2) - j\pi/4}
\end{aligned}$$
(3.80)

となる．

平面波入射の場合の結果は，波源 P と反射点 R，または透過点 T までの距離 l_0 について $l_0 \to \infty$ の極限をとればよい．もちろん数学的に厳密に定式化した結果（例えば文献30)）と完全に一致する．

3.3.3　2媒質境界面が曲率をもつ場合

前項では光線が，2媒質平面境界で反射・透過する場合について調べた．その場合はちょうど，平面ガラスに物体が映ったとき反射の虚像の大きさは実像と変わらないが，影像点はちょうど実像から反射面に対して裏側にあり，像の明るさは反射係数の分だけ弱くなる．また透過して結ぶ虚像の位置は媒質境界での屈折によって変化し，像の明るさは透過係数の分だけ弱くなることを意味している．次に境界面が曲率をもち，局所的に凸面あるいは凹面であったら，どうなるであろうか？　この場合は，容易に想像がつくように，反射像・透過像のための等価的な焦線の位置が変化するために，像の位置と大きさが変化する．こうした場合についても境界面の曲率を入射波面の拡がりを考慮して計算することにより，幾何光学近似で導出することができる．

曲面をもつ散乱体による電磁波の散乱問題は，散乱体形状が球や円筒のように曲率が一定であるか，回転楕円球体や楕円のような形状に限り，厳密に解析することができる．こうした簡単な形状でない限り厳密な解析は無理であり，通常なら数値解析に頼ることになるが，大きな散乱体の場合には，十分たくさんのサンプル点を取る必要から，メモリ容量も必要であるし，解析にかかる計算

44   3. 幾 何 光 学（GO）

時間も長くなる．これに対し数値解析と相補的な立場にある幾何光学近似による解析は，物体の大きさや曲率半径が波長に比べて大きければ，たとえ反射・透過を生じる境界面が一定の曲率半径をもたずに変化していても，精度よく解析できるので，都合がよい．

一般化した境界面の形として図 3.10 に示すように，反射点 R の近傍で反射境界面が曲率半径 a をもつとする．このとき反射波 u^r の幾何光学近似の表現は，前項の式 (3.65) と同じであり，反射点 R への入射波 u^i (at R_-) と反射係数 Γ も境界面が直線の場合と同じである．しかし反射直後の初期振幅の大きさが反射境界面の曲率の影響を受けて変化する．局所的には境界面が曲率をもっ

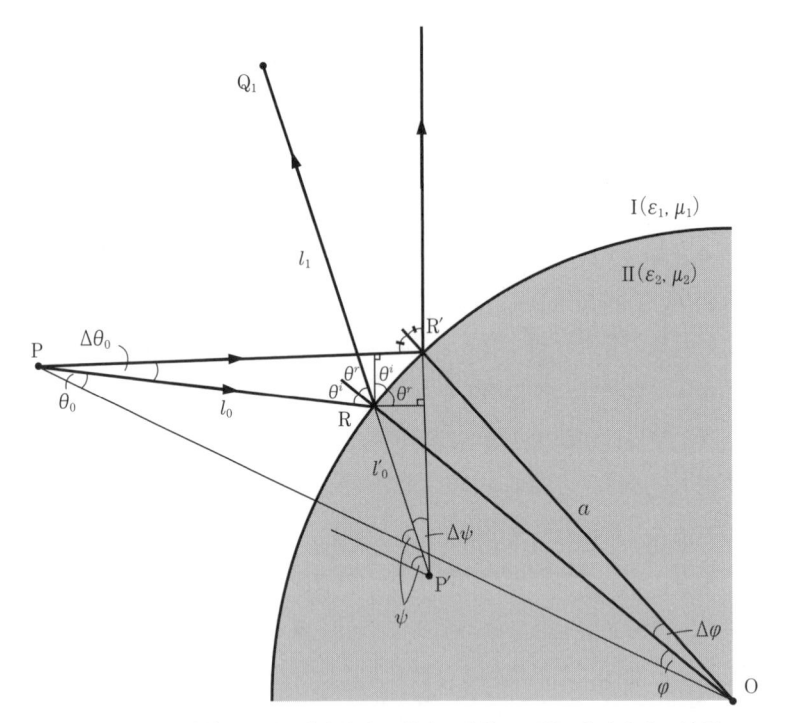

図 3.10 2 媒質境界面が曲率をもつ場合の光線の反射．曲率をもつ境界面で反射すると，反射方向はその接平面においてスネルの反射則を適用して決めることができる．また境界面の曲率の影響で等価的に反射波を生じる焦線の位置 P′ が変化する

ていても，接平面に対して入射角 θ^i と反射角 θ^r を定義すれば，反射点において スネルの反射則は成り立ち，$\theta^i = \theta^r$ となる．図 3.10 から

$$\overline{\mathrm{RR}'} \sim a\Delta\varphi = \frac{l_0 \Delta\theta_0}{\cos\theta^i} = \frac{l'_0 \Delta\psi}{\cos\theta^r} = \frac{l'_0 \Delta\psi}{\cos\theta^i} \tag{3.81}$$

$$\theta^i = \theta_0 + \varphi = \psi - \varphi = \theta^r, \quad \text{すなわち} \quad \Delta\psi = \Delta\theta_0 + 2\Delta\varphi, \tag{3.82}$$

$$\frac{l'_0}{l'_0 + l_1} = \frac{a l_0 \cos\theta^i}{2 l_1 l_0 + a(l_1 + l_0)\cos\theta^i} \tag{3.83}$$

を得る．これらを利用すると，点 Q_1 における反射波 $\bar{u}^r(\text{at } Q_1)$ は

$$\bar{u}^r(\text{at } Q_1) \sim u^i(\text{at } R_-) \cdot \varGamma \cdot \bar{u}_{\mathrm{RQ}_1} \tag{3.84}$$

と表される．ここで式 (3.68) の u_{RQ_1} を用いると

$$\bar{u}_{\mathrm{RQ}_1} \sim \sqrt{\frac{l'_0}{l'_0 + l_1}} \, e^{-j k_1 l_1} = D^r \sqrt{\frac{l_0}{l_0 + l_1}} \, e^{-j k_1 l_1} = D^r u_{\mathrm{RQ}_1}, \tag{3.85}$$

$$D^r = \left[\frac{(l_0 + l_1) a \cos\theta^i}{2 l_0 l_1 + (l_0 + l_1) a \cos\theta^i} \right]^{1/2} \tag{3.86}$$

を得る．上式中の D^r は反射に関する**発散係数** (divergence coefficient) と呼ばれ，境界面が曲率半径 a をもつときに，平面 ($a \to \infty$) の場合に比べてどのくらい波面の拡がり方が変化するかを示した量である．もちろん曲率半径が無限大のときには $D^r = 1$ となり，得られた上式 (3.85) の結果 $\bar{u}_{\mathrm{RQ}_1}$ は平面境界の場合の結果 u_{RQ_1} である式 (3.68) に帰着する[29]．

図 3.10 では，境界面が，入射方向から見て凸型になっている場合について示したので，入射波は凸面によって，より波面が拡がる（発散する）ことになる．反射面が凹型になっている場合についても同様に解析することができるが，結果的にはここで導出した発散係数 (3.86) の中の表面の曲率半径 a を $-a$ に置き換えた形になる．

曲率をもつ境界面による透過波の表現も同様に導くことができる．図 **3.11** に示すように，透過点 T の近くで境界面が曲率半径 a をもつとする．点 Q_2 に到

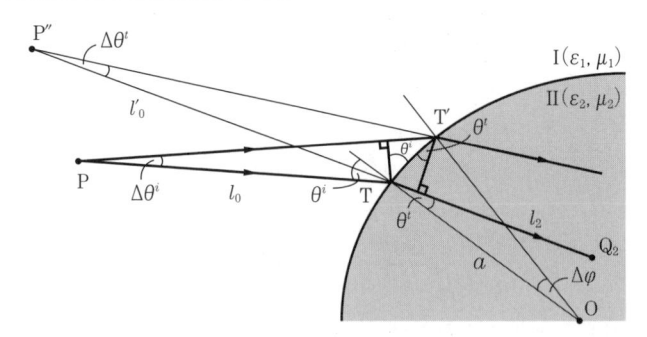

図 3.11 2媒質境界面が曲率をもつ場合の光線の透過．反射の場合と同様にしてフェルマーの原理により，境界面上の点 T を経由して観測点 Q_2 に届く光線は，平面境界の場合と同様に計算できるが，透過波を生じる仮想的な焦線の位置 P″ が曲率の影響を受けて変化する

達する透過波 $\bar{u}^t(\text{at } Q_2)$ は，透過点 T から観測点 Q_2 までの距離 $\overline{TQ_2} = l_2$ とし，区間 TT′ に入射する入射光線が境界面の曲率の影響で波面が変化する分を求めると

$$\overline{TT'} \sim a\Delta\varphi = \frac{l_0 \Delta\theta^i}{\cos\theta^i} = \frac{l'_0 \Delta\theta^t}{\cos\theta^t}. \tag{3.87}$$

スネルの法則：$k_1 \sin\theta^i = k_2 \sin\theta^t$ から $m = \dfrac{\Delta\theta^t}{\Delta\theta^i} = \dfrac{k_1 \cos\theta^i}{k_2 \cos\theta^t}$ とおくと

$$l'_0 = l_0 \frac{\Delta\theta^i}{\Delta\theta^t}\frac{\cos\theta^t}{\cos\theta^i} = \frac{l_0 \cos\theta^t}{m\cos\theta^i}, \tag{3.88}$$

$$\frac{l'_0}{l'_0 + l_2} = \frac{l_0 \cos\theta^t}{l_0 \cos\theta^t + ml_2 \cos\theta^i} \tag{3.89}$$

を得る．これらを利用すると，点 Q_2 における透過波 $\bar{u}^t(\text{at } Q_2)$ は

$$\bar{u}^t(\text{at } Q_2) \sim u^i(\text{at } T_-) \cdot T \cdot \bar{u}_{TQ_2} \tag{3.90}$$

$$\bar{u}_{TQ_2} = \sqrt{\frac{l'_0}{l'_0 + l_2}} e^{-jk_2 l_2} = D^t \sqrt{\frac{l_0 \cos\theta^t}{l_0 \cos\theta^t + ml_2 \cos\theta^i}} e^{-jk_2 l_2}$$

$$= D^t u_{TQ_2}, \tag{3.91}$$

$$D^t = \left[\frac{(l_0 \cos\theta^t + ml_2 \cos\theta^i)a}{(m-1)l_0 l_2 + (l_0 \cos\theta^t + ml_2 \cos\theta^i)a}\right]^{1/2} \tag{3.92}$$

となる. ここで D^t は透過に関する**発散係数**と呼ばれる.

このように平面境界による透過波の表現式に発散係数 D^t を掛けて曲面補正を加えた形に表すことができる. この結果は誘電体円筒による電磁波散乱の問題を厳密に定式化した結果から, 近似して導かれた結果と同じとなり, 本近似解析法の妥当性はわかっている. また反射・透過表面が平面の場合 ($a \to \infty$), あるいは凹型の場合 ($a < 0$) にも適用できるのは反射の場合と同様である.

3.4 ま と め

本章では, 幾何光学近似に基づいた電磁界の組み立て法について述べた.

1. 電磁界成分を位相と振幅に分け, マクスウェルの方程式を波数 k の逆べき級数で展開するルーネバーグ・クライン展開により, 位相が満足すべきアイコナール方程式 (3.39) と, 振幅が満足すべき輸送方程式 (3.44) を導いた.
2. アイコナール方程式と, 輸送方程式を満足する逆べき級数の初項が幾何光学波を表す.
3. 一様媒質中では波は直進するが, 異媒質との境界においては, 反射・透過する. このときの振幅の反射・透過係数は, 局所的に波は平面波と考えて求める.
4. 境界面が曲率をもつ場合には, その曲率の影響によって波の振幅が発散したり, 収束したりする. その効果は微分幾何の知識から求めることができる.
5. これらを組み合わせると, 幾何光学波は, 伝搬方向近くの媒質の変化をその変化するたびに組み合わせていくことにより, 反射・透過波を構成することができる.

ここでは線電流源からの放射波を用いて, 具体的な反射・透過波についての表現を求めたが, 点波源の場合等にも適用することができる. 指向性をもったアンテナからの放射波による解析には, こうした点波源から曲面へ入射した場

合として解析することになる.この場合,入射波の伝搬方向と散乱体表面の法線ベクトルで作られた入射面と,式 (3.43) の入射波の近軸近似の波面の主曲率半径を与える主軸座標 x_1, x_2 が一致しない場合もある[†].その場合には反射・透過波面の曲率の計算がかなり複雑になるが,解析可能であり[17],厳密に解析できない問題に対して,有効な近似解析手法となる.

上述したように,幾何光学近似によれば,物体の局所的な形状がわかれば,その部分における反射や透過の現象を組み合せて,多重の散乱現象を扱うことができる.また散乱体の表面の曲率が変化している場合にも取り扱うことができるので便利である.注意するのは,波数が大きい,すなわち考えている物体の大きさや表面の曲率半径等が波長に比べて大きいことを前提として,波数 k による漸近展開の初項で解を近似して求めていることである.そのため,曲率半径が小さくなった場合などにも,定式化は可能であるが,その解の精度は期待できない.こうした場合には高次の漸近解の寄与を含めることである程度補正が効くことは,前節で述べた通りである.

第 5 章で述べる幾何光学的回折理論では,フェルマーの原理をさらに拡張して反射,透過のみならず回折現象を表現するのにも用いる.

[†] 例えば,円筒波を放射する線電流源の軸と円筒状の散乱体の軸が平行でない場合もそうした特殊な場合になる.

4 物理光学（PO）

波動は波面の各点を点波源とする二次波の集合として表せるというホイヘンスの原理は，その後の数学的な理論付けにより，波動のふるまいを正しく表していることが示された．この考え方は，後の回折波の考え方，電磁波の散乱解析や放射界の計算に使う手法として広く使われることになる．等価定理によれば，任意の点における電磁界は，その周りの仮想的な表面上の電磁界が厳密にわかれば，その値から厳密に任意の点の値を導出できる．

本章では，この仮想境界表面上の電磁界を近似して計算する物理光学近似について求める．この近似解析結果は，大きな滑らかな物体による散乱解析や開口面アンテナの解析等によく用いられており，その近似精度も比較的高いことが知られている．この物理光学近似の解析結果から高周波漸近解を導くと，GTD とよく似た表現になるので，GTD との関連，相違点を理解するうえで便利である．

4.1 キルヒホッフ・ホイヘンスの積分表示

波動方程式の一般解の表現が得られたのはグリーン (Green, G.) のおかげである．もともと彼は静電界のポテンシャルが満足する**ポアソン (Poisson) の方程式**[†]についての一般解を 1828 年に求め，いわゆる**グリーン関数**を導入した．

[†] 波動方程式の波数 k をゼロ，すなわち周波数をゼロとおけば，時間変動しない静電界の満足する方程式となる．非同次の場合にはポアソンの方程式に，また同次の場合には**ラプラス (Laplace) の方程式**に帰着する．

彼の一般解の導出法は，拡張して波動方程式にも適用できた．ヘルムホルツは波動方程式：

$$\nabla^2 \Psi(\boldsymbol{r}) + k^2 \Psi(\boldsymbol{r}) = -f(\boldsymbol{r}) \tag{4.1}$$

を満足するスカラー関数 $\Psi(\boldsymbol{r})$ に対して，ある点 $\mathrm{P}(\boldsymbol{r})$ を取り囲む閉曲面 S' で囲まれた領域 V' で積分した形：

$$\begin{aligned}\Psi(\boldsymbol{r}) = &\int_{V'} f(\boldsymbol{r}')G(\boldsymbol{r},\ \boldsymbol{r}')dv \\ &+ \int_{S'}\left\{\frac{\partial \Psi}{\partial n'}G(\boldsymbol{r},\ \boldsymbol{r}') - \Psi(\boldsymbol{r}')\frac{\partial}{\partial n'}G(\boldsymbol{r},\ \boldsymbol{r}')\right\}dS'\end{aligned} \tag{4.2}$$

として示した．ただし $\hat{\boldsymbol{n}}'$ は表面 S' 上の外向き単位法線ベクトルであり，G は

$$\nabla^2 G + k^2 G = -\delta(\boldsymbol{r}-\boldsymbol{r}') = -\delta(x-x')\delta(y-y')\delta(z-z') \tag{4.3}$$

を満足するグリーン関数である．上式中央の $\delta(\boldsymbol{r}-\boldsymbol{r}')$ はディラックのデルタ関数 (Dirac's delta function) である（付録 A.1 参照）．もし $\Psi(\boldsymbol{r})$ が同次の波動方程式を満足する関数なら，式 (4.1) において $f(\boldsymbol{r})=0$ とおくと，式 (4.2) は

$$\Psi(\boldsymbol{r}) = \int_{S'}\left\{G(\boldsymbol{r},\ \boldsymbol{r}')\frac{\partial \Psi(\boldsymbol{r}')}{\partial n'} - \Psi(\boldsymbol{r}')\frac{\partial}{\partial n'}G(\boldsymbol{r},\ \boldsymbol{r}')\right\}dS' \tag{4.4}$$

となる．上式は，キルヒホッフが任意の点 P における関数 $\Psi(\boldsymbol{r})$ は，その点を取り囲む閉曲面 S' 上の値，すなわち S' 上の波面の値 $\Psi(\boldsymbol{r}')$ とその法線微分の値 $\dfrac{\partial}{\partial n'}\Psi(\boldsymbol{r}')$ を用いて表現できることを示したもので，いわゆるホイヘンスの原理を理論的に裏付けたことになった．この式をキルヒホッフ・ホイヘンスの**積分表示**と呼ぶ[†]．

また図 **4.1** のようにスリットの開口 S'_A を含む仮想閉曲面を $S' = S'_A + S'_s + S'_\infty$

[†] ホイヘンスの原理は，もともとパルス光について述べたものであり，キルヒホッフが最初に導いた形も，やはりパルス光に対する式である[31]．正弦波振動している場合の結果である式 (4.4) は，ここで示したようにヘルムホルツの導いた式 (4.2) から導出することができるので，式 (4.2) と式 (4.4) はヘルムホルツの公式とも呼ばれる．

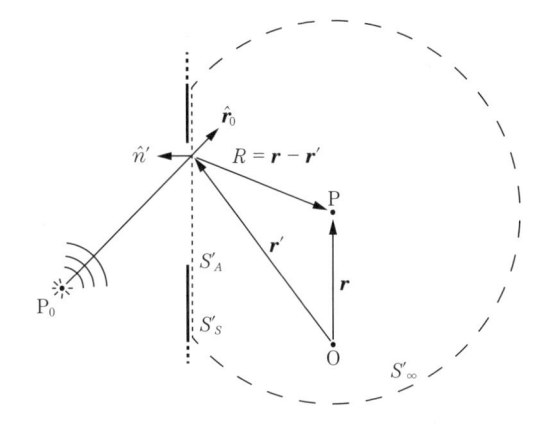

図 4.1 スリットによる回折波を求めるための回折領域全体を取り囲む閉表面 $S' = S'_A + S'_s + S'_\infty$. $S'_s + S'_\infty$ と S'_∞ 上では，積分の寄与はないと考えると，回折界は S'_A 上の分布から決定できる．これをフレネルの回折公式という

とし，式 (4.3) の満足する自由空間のグリーン関数を

$$G = \frac{e^{-jk|\boldsymbol{r}-\boldsymbol{r}'|}}{4\pi|\boldsymbol{r}-\boldsymbol{r}'|} = \frac{e^{-jkR}}{4\pi R} \tag{4.5}$$

と選ぶ．二次波源までの距離 $R = |\boldsymbol{r}-\boldsymbol{r}'|$ が十分大きいと仮定して S'_∞ とスクリーン S'_A 上では関数 $\Psi(\boldsymbol{r}')$ とその法線微分の値 $\dfrac{\partial}{\partial n'}\Psi(\boldsymbol{r}')$ を近似的にゼロとおけば，式 (4.4) の $\Psi(\boldsymbol{r})$ は

$$\Psi(\boldsymbol{r}) = \frac{1}{4\pi}\int_{S'_A} \left\{\frac{e^{-jkR}}{R}\frac{\partial \Psi(\boldsymbol{r}')}{\partial n'} - \Psi(\boldsymbol{r}')\frac{\partial}{\partial n'}\left(\frac{e^{-jkR}}{R}\right)\right\} dS' \tag{4.6}$$

となる．この式は，スリットの回折領域の界表現として得られ**フレネルの回折公式** (Fresnel's diffraction formula)，または**フレネル・キルヒホッフの回折公式**とも呼ばれる．

4.2 等 価 定 理

4.1 節で求めたスカラー波動関数に対するヘルムホルツの式をベクトル波動関数に対して拡張すれば，電磁界 $\boldsymbol{E}, \boldsymbol{H}$ に対する等価定理が導出される．

図 4.2 (a) に示すように，点 P における電界 $\boldsymbol{E}(\boldsymbol{r})$ と磁界 $\boldsymbol{H}(\boldsymbol{r})$ は，その点を取り囲む任意の仮想表面 S' 上の電界 $\boldsymbol{E}(\boldsymbol{r}')$ と磁界 $\boldsymbol{H}(\boldsymbol{r}')$ を用いて

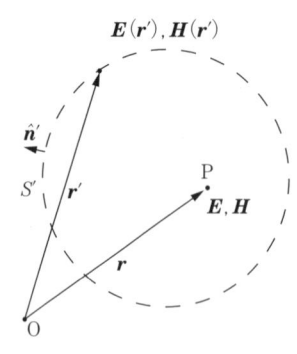

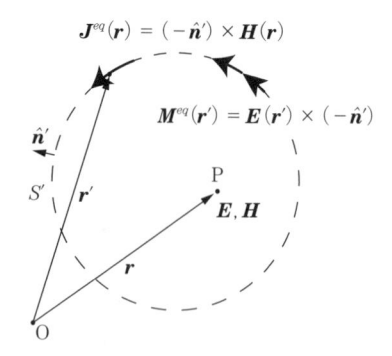

52   4. 物 理 光 学 (PO)

(a) ある点における電磁界 $\boldsymbol{E}(\boldsymbol{r})$, $\boldsymbol{H}(\boldsymbol{r})$ は，それを取り囲む仮想面 S' 上の電磁界 $\boldsymbol{E}(\boldsymbol{r}')$, $\boldsymbol{H}(\boldsymbol{r}')$ から求めることができる

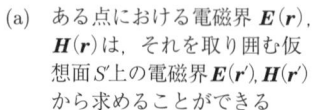

(b) 仮想面 S' 上に流れる等価電磁流 $\boldsymbol{J}^{eq}(\boldsymbol{r}')$, $\boldsymbol{M}^{eq}(\boldsymbol{r}')$

図 4.2　等価定理を用いた電磁界の計算

$$\boldsymbol{E}(\boldsymbol{r}) = -\int_{S'} \left\{ -j\omega\mu[\hat{\boldsymbol{n}}' \times \boldsymbol{H}(\boldsymbol{r}')]G + [\hat{\boldsymbol{n}}' \times \boldsymbol{E}(\boldsymbol{r}')] \times \nabla'G \right.$$
$$\left. + [\hat{\boldsymbol{n}}' \cdot \boldsymbol{E}(\boldsymbol{r}')]\nabla'G \right\} dS' \tag{4.7}$$
$$= -\int_{S'} \left\{ -j\omega\mu[\hat{\boldsymbol{n}}' \times \boldsymbol{H}(\boldsymbol{r}')]G + [\hat{\boldsymbol{n}}' \times \boldsymbol{E}(\boldsymbol{r}')] \times \nabla'G \right.$$
$$\left. + \frac{1}{j\omega\varepsilon}[\hat{\boldsymbol{n}}' \times \boldsymbol{H}(\boldsymbol{r}')] \cdot \nabla'\nabla'G \right\} dS', \tag{4.8}$$

$$\boldsymbol{H}(\boldsymbol{r}) = -\int_{S'} \left\{ j\omega\varepsilon[\hat{\boldsymbol{n}}' \times \boldsymbol{E}(\boldsymbol{r}')]G + [\hat{\boldsymbol{n}}' \times \boldsymbol{H}(\boldsymbol{r}')] \times \nabla'G \right.$$
$$\left. + [\hat{\boldsymbol{n}}' \cdot \boldsymbol{H}(\boldsymbol{r}')]\nabla'G \right\} dS' \tag{4.9}$$
$$= -\int_{S'} \left\{ j\omega\varepsilon[\hat{\boldsymbol{n}}' \times \boldsymbol{E}(\boldsymbol{r}')]G + [\hat{\boldsymbol{n}}' \times \boldsymbol{H}(\boldsymbol{r}')] \times \nabla'G \right.$$
$$\left. - \frac{1}{j\omega\mu}[\hat{\boldsymbol{n}}' \times \boldsymbol{E}(\boldsymbol{r}')] \cdot \nabla'\nabla'G \right\} dS' \tag{4.10}$$

と表される[31]．ここで $\hat{\boldsymbol{n}}'$ は表面 S' 上の単位法線ベクトルを，また G は

$$(\nabla^2 + k^2)G(\boldsymbol{r}, \boldsymbol{r}') = -\delta(\boldsymbol{r} - \boldsymbol{r}') \tag{4.11}$$

を満足する自由空間のグリーン関数をそれぞれ表す．このグリーン関数の解はすでに第 3 章で求めたように，二次元の場合には式 (3.12)，三次元の場合には式 (3.26) となる．また $\hat{\boldsymbol{n}}' \times \boldsymbol{E}$, $\hat{\boldsymbol{n}}' \times \boldsymbol{H}$ は，表面 S' 上の電磁界の接線成分を

表す.導体表面に流れる電流 J が $-\hat{n}' \times H$ で与えられることを考えれば[†],仮想表面 S' 上に流れる等価電流 J^{eq}:

$$J^{eq}(r') = (-\hat{n}') \times H(r') \tag{4.12}$$

と等価磁流 M^{eq}:

$$M^{eq}(r') = E(r') \times (-\hat{n}') \tag{4.13}$$

を定義すると,任意の点に対する電磁界は,図 4.2 (b) に示すように,仮想表面 S' 上に分布した等価電磁流 $J^{eq}(r')$, $M^{eq}(r')$ を用いた積分:

$$E(r) = -\int_{S'} \{j\omega\mu J^{eq}(r')G + M^{eq}(r') \times \nabla'G $$
$$-\frac{1}{j\omega\varepsilon} J^{eq}(r') \cdot \nabla'\nabla'G\} dS', \tag{4.14}$$

$$H(r) = -\int_{S'} \{j\omega\varepsilon M^{eq}(r')G - J^{eq}(r') \times \nabla'G $$
$$-\frac{1}{j\omega\mu} M^{eq}(r') \cdot \nabla'\nabla'G\} dS' \tag{4.15}$$

で表される.ここで求めた式は,微小電流波源 J と微小磁流波源 M があるときの電磁界をベクトルポテンシャルから求め,波源の分布する表面 S' に沿って積分した結果と同じである.また仮想面 S' の取り方は任意である.

ある物体 A による電磁波の散乱問題を考えよう.このとき散乱界は,物体 A に入射する電磁波によって散乱体上に励振された電磁流によって作られると考えられる.そこで仮想面 S' を図 4.3 (a) のように半径無限大の球表面 S'_∞,散乱体の表面 S'_A とそれらを結ぶ切断面 S'_+, S'_- に選ぶ.電磁界が無限遠方でゼロとなる放射条件を満足する場合,半径無限大の球表面 S'_∞ に沿った積分はゼロとなる.また切断面 S'_+, S'_- に沿った積分は法線方向がちょうど反対方向を向いているので,寄与が相殺してゼロとなる.

[†] 導体表面上では通常 導体外向きの 単位法線ベクトル $\hat{n}$ を用いて $J = \hat{n} \times H$ と表すことが多い.ここでは単位法線ベクトル $\hat{n}$ が観測点から見て表面外向きに定義されているので,$\hat{n}' = -\hat{n}$ であるから,マイナスの符号が付けられている.

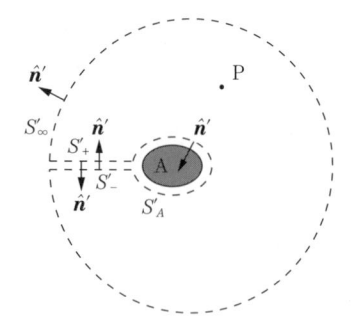

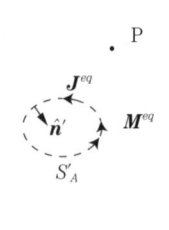

(a) 表面 S' は，散乱体表面 S'_A，半径無限大の球表面 S'_∞ とそれらを結ぶ切断面 S'_+, S'_- からなる

(b) 放射条件等を考慮すると，最終的に評価が必要な表面 S' は散乱体に沿った表面 S'_A のみとなる

図 4.3　散乱体 A を取り囲む表面 S'

結局評価が必要な表面積分 S' は，図 4.3 (b) に示すように，散乱体表面 S'_A に沿った表面積分だけとなる．こうして散乱電磁界は，散乱体表面 S'_A 上に誘起された等価電磁流 $J^{eq}(r')$, $M^{eq}(r')$ から励振される形に表現できる．

特に散乱体が完全導体でできていれば，完全導体表面 S'_A 上では電界 E の接線成分はゼロであるので，その表面上にできる等価磁流 $M^{eq}(r')$ はゼロとなる．こうして散乱電磁界は導体表面上に流れる等価電流 $J^{eq}(r')$ のみから決定できて

$$E(r) = -\int_{S'_A} \left\{ j\omega\mu J^{eq}(r')G - \frac{1}{j\omega\varepsilon} J^{eq}(r') \cdot \nabla'\nabla'G \right\} dS', \quad (4.16)$$

$$H(r) = \int_{S'_A} \{ J^{eq}(r') \times \nabla'G \} dS' \quad (4.17)$$

となる．

4.3　キルヒホッフ（物理光学）近似

4.2 節で調べたように，電磁界は波源を取り囲む仮想表面 S' 上の電磁界 $E(r')$,

$H(r')$ もしくは表面 S' 上の等価電磁流 $J^{eq}(r')$, $M^{eq}(r')$ から求めることができる．したがってこの表面上の電磁界が厳密に求められると，任意の点における電磁界 $E(r)$, $H(r)$ は，式 (4.8), (4.10) を用いて表面 S' にわたって積分することにより求めることができる．しかしながらこうした表面の電磁界を正しく求めることは難しい．そこで 4.1 節において，キルヒホッフがスカラー波に対する近似表現式 (4.4) を導いたのと同じようにして，仮想表面 S' 上の電磁界分布を入射波のみから近似して求める方法を**キルヒホッフ近似** もしくは**物理光学 (physical optics) 近似**，または省略して **PO 近似** という[†]．

図 4.4 (a) に示すように，完全導体平板に入射する平面波を考えると，境界条件により平面表面上では磁界の接線成分は入射波のそれの正しく 2 倍になっているから，導体平板上に誘起される表面電流は，入射磁界 H^i と表面外向きの単位法線ベクトル $\hat{n}$ を用いて

$$J^{po}(r) = 2\hat{n} \times H^i(r) \tag{4.18}$$

と表される．したがって，もし導体でできた散乱体が波長に比べて十分大きく，散乱体の表面が滑らかで曲率が小さいのなら，その表面に流れる電流は式 (4.18) で与えた平板上の電流で精度よく近似できることが期待できる．このようにし

(a) 導体平板上の電流分布　　(b) 曲率が小さい滑らかな導体曲面上の電流分布は平板上の電流分布で近似できる

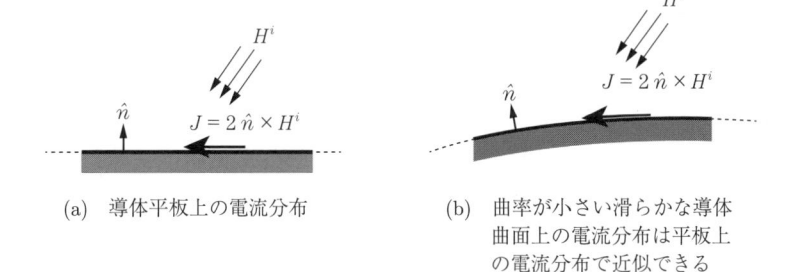

図 4.4　滑らかな導体曲面上の電流分布

[†] キルヒホッフ近似と物理光学近似を明確に分ける定義は見当たらない．仮想表面を導体表面上に取り，そこで誘起される表面電流 J^{eq} を，式 (4.18) で示すように入射磁界の 2 倍で近似する方法を指して物理光学近似と呼ぶことが多く，他の場合をキルヒホッフ近似ということもある．

て求めた電流を使い,これらの電流によって励振される電磁界を電流分布に沿って積分して計算できる.こうした手法で大形の反射鏡アンテナ等の放射指向性の解析を行うこともある.以下に具体的なキルヒホッフ近似による解析例を示し,厳密解との違いを調べる.入射波を使った仮想表面上の電磁流分布の近似の仕方によって,定式化は異なるが,二次元の導体楔による平面波の散乱問題を例に取って考える.

■ 導体楔による平面波の散乱

ここでは導体楔による平面波散乱について,具体的な定式化をすることによって,各近似の違いを確かめる.問題を簡単化するために,媒質の誘電率が ε_0,透磁率が μ_0 である自由空間中に置かれた図 **4.5**(a) に示したような,z 方向に一様 $\left(\dfrac{\partial}{\partial z} \equiv 0\right)$ な開き角 $2\pi - \varphi$ をもつ二次元導体楔に平面波が入射した問題を考える.

E モードの平面波:

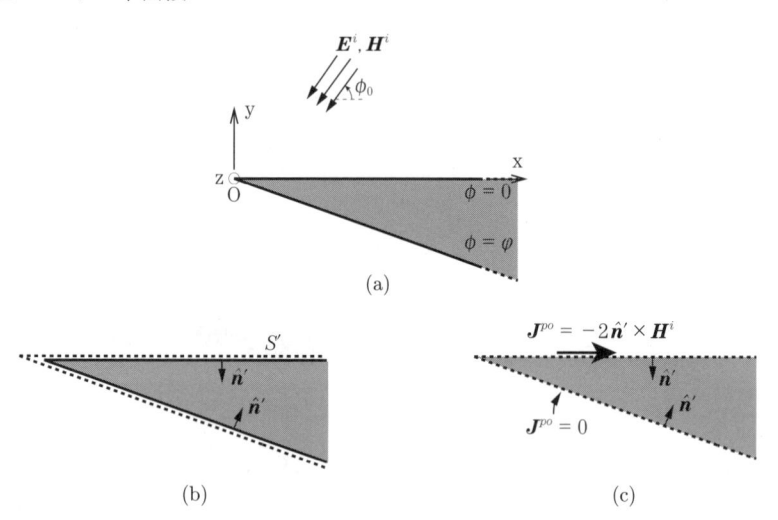

図 **4.5** 物理光学近似を用いた導体楔による散乱.(a) 開き角 $2\pi - \varphi$ の導体楔に入射する平面波.(b) 楔を取り囲むように選んだ仮想表面 S'.(c) 散乱波を励振する表面 S' に沿って流れる電流 J^{po} を入射波から近似する.影の部分には入射波がないのでその部分での電流はゼロとなり,結局電流分布は半平板による散乱の場合と同じとなる.

4.3 キルヒホッフ（物理光学）近似

$$E_z^i = E_0 e^{jkx\cos\phi_0 + jky\sin\phi_0} \tag{4.19}$$

が，x 軸と角度 ϕ_0 で入射したとする．このとき入射磁界は，マクスウェルの方程式から

$$H_x^i = \frac{1}{-j\omega\mu_0}\frac{\partial E_z^i}{\partial y} = -\sqrt{\frac{\varepsilon_0}{\mu_0}}E_0\sin\phi_0 e^{jkx\cos\phi_0 + jky\sin\phi_0}, \tag{4.20}$$

$$H_y^i = \frac{1}{j\omega\mu_0}\frac{\partial E_z^i}{\partial x} = \sqrt{\frac{\varepsilon_0}{\mu_0}}E_0\cos\phi_0 e^{jkx\cos\phi_0 + jky\cos\phi_0} \tag{4.21}$$

で与えられる．以下二つの近似の方法によって散乱界を導出しよう．

（1）表面電流近似　等価定理に基づき，図 4.5 (b) のように散乱体となる楔を囲むように仮想面 S' を取ると，散乱界 $\boldsymbol{E}^s$ は式 (4.16) を用いて表される．ここでグリーン関数 G は，二次元問題 $\left(\dfrac{\partial}{\partial z} \equiv 0\right)$ であるので，式 (3.12) で求めたハンケル関数で表される．散乱界を励振する電流は，導体楔表面に全体に流れるが，物理光学近似では，入射平面波が直接照射する表面 $(x > 0, y = 0)$ のみに入射波 $\boldsymbol{H}^i$ によって作られると考え，近似的に式 (4.18) から

$$\begin{aligned}\boldsymbol{J}^{po}(x) &= 2\hat{\boldsymbol{y}} \times \left(H_x^i\hat{\boldsymbol{x}} + H_y^i\hat{\boldsymbol{y}}\right)_{y=0} = -2H_x^i\big|_{y=0}\hat{\boldsymbol{z}} \\ &= 2\sqrt{\frac{\varepsilon_0}{\mu_0}}E_0\sin\phi_0 e^{jkx\cos\phi_0}\hat{\boldsymbol{z}} \quad (x > 0)\end{aligned} \tag{4.22}$$

とする．よって入射波が楔の両半平板を照射するような特別の角度から入射しない限り，1 面しか電流は流れない．したがって開き角 $2\pi - \varphi$ の楔であっても，半平板 $(\varphi = 2\pi)$ であっても同じ電流で近似されるから，それによって励振される電磁界は，もう一つの半平板の位置 $(\phi = \varphi)$ における境界条件を満足しないことは明らかであり，もう 1 枚の半平板の近くの影の領域で近似精度が落ちることが予測できる．

先にも述べたように，もともと物理光学近似では，滑らかな金属表面をもつ散乱体表面を平面で近似することを念頭においており，楔のような不連続のある尖ったエッジのある散乱体に対する適用は考えていなかったかもしれない．なぜなら散乱体に尖ったエッジのような部分があると，エッジ近傍に端点（エッ

ジ）条件を満足するような電磁界が生じ，その影響で表面に**エッジ電流**が流れることになる．したがって，もし物理光学近似で表面電流を近似すれば平板部分は精度よく近似できても，エッジ電流の分だけ物理光学近似の界の精度が落ちることになる[†1]．

こうして物理光学近似で求めた電流 $\boldsymbol{J}^{po}$ は，z 成分 J_z^{po} のみであり，散乱電界 $\boldsymbol{E}^s$ は z 成分 E_z^s のみをもち，式 (4.16) から

$$\begin{aligned}
E_z^s &= -j\omega\mu_0 \int_0^\infty J_z^{po}(x')G(x,y;x',y'=0)dx' \\
&= \frac{-\omega\mu_0}{4} \int_0^\infty J_z^{po}(x') \mathrm{H}_0^{(2)}(k\sqrt{(x-x')^2+y^2})dx' \\
&= -\frac{kE_0\sin\phi_0}{2} \int_0^\infty e^{jkx'\cos\phi_0} \mathrm{H}_0^{(2)}(k\sqrt{(x-x')^2+y^2})dx' \quad (4.23)
\end{aligned}$$

となる．こうして散乱を生じる楔の存在は，楔を取り除いてその代わりに表面電流 $\boldsymbol{J}^{po}$ を仮定し，その電流によって励振されると考えて，上記の積分を計算した結果が散乱界を与える．しかしながら，この場合を含めてこの積分は解析的に評価できない場合が一般的であり，通常は数値積分で散乱界を評価する．もし数値積分で評価する場合には，平面波の波長が短く，波数 k が大きい場合には，被積分関数の振動が激しいので，その評価に注意する必要がある．この場合には，大きな波数 k を仮定した漸近評価が可能である．ここでは次の二つの方法が考えられるが，最終的な結果は

$$\begin{aligned}
E_z^s &= E_0 \frac{2\sin\phi_0}{\cos\phi_0 + \cos\phi} \sqrt{\frac{1}{8\pi k\rho}} e^{-jk\rho - j\pi/4} \\
&\quad - E_0 e^{jkx\cos\phi_0 - jk|y|\sin\phi_0} U(\pi - \phi_0 - |\phi|)
\end{aligned} \quad (4.24)$$

となる．ここで $U(x)$ は**ステップ関数**であり，$U(x) = \begin{cases} 1, & x>0 \\ 0, & x<0 \end{cases}$ である[†2]．式

[†1] 半平板の場合には，物理光学近似の電流にエッジ電流を補正すると，厳密解と等しくなることが示されている[81]．このエッジ近くに流れる**エッジ電流**（**フリンジ電流** ともいう）の補正を加えることによって，物理光学近似よりも精度の高い解析法がウフィムツェフによって提唱された**物理光学的回折理論 (physical theory of diffraction: PTD)** である．詳しくは文献[12]を参照してほしい．

[†2] ステップ関数は（単位）階段関数ともいわれる．

(4.23) で与えられた特殊関数を含んだ無限大までの積分が厳密な解析解でないにしても，観測点の方向によって結果が変化する近似解 (4.24) で与えられることには少し驚かされる．これが漸近解析の有効である理由の一つであり，少し前に電子計算機が発達する前に数値積分が思うようにできない頃には，このような形で解が得られるのは非常に助かったに違いない．いずれの方法についても詳細な導出は付録 A.3 に示す．

方法 A（スペクトル積分による評価）：　式 (4.23) 中の被積分関数に含まれるハンケル関数 のスペクトル積分表示：

$$H_0^{(2)}(k\sqrt{(x-x')^2+(y-y')^2}) = \frac{1}{\pi}\int_{-\infty}^{\infty}\frac{e^{-j\eta(x-x')-j\sqrt{k^2-\eta^2}|y-y'|}}{\sqrt{k^2-\eta^2}}d\eta \tag{4.25}$$

を用いて，二重積分にした後，x' についての積分を最初に解析的に評価する．η についての積分については解析的に評価できないので，波数 k が十分大きいと仮定して鞍部点法を用いることができる．鞍部点による評価を E_d^{po} とすれば

$$\begin{aligned}E_d^{po}(\rho,\phi) &\sim E_0\frac{2\sin\phi_0}{\cos\phi_0+\cos\phi}\sqrt{\frac{1}{8\pi k\rho}}e^{-jk\rho-j\pi/4}\\ &= E_0 D_E^{po}(\phi,\phi_0)C(k\rho),\end{aligned}\tag{4.26}$$

$$D_E^{po}(\phi,\phi_0) = \frac{2\sin\phi_0}{\cos\phi_0+\cos\phi} \tag{4.27}$$

となる．

ここで (ρ,ϕ) は，図 **4.6** (a) のように楔のエッジを中心とする円筒座標であり，$C(k\rho)$ は第 3 章の式 (3.13) で求めたエッジから放射する円筒波を表す．第 5 章で求める導体楔による厳密解から求めた p.74 のエッジ回折波 (5.20) と比較すると，E_d^{po} は入射平面波のエッジ入射時の振幅 E_0 に指向性関数 $D_E^{po}(\phi,\phi_0)$ を掛け合せたエッジからの放射波を示していることがわかる．この指向性関数 $D_E^{po}(\phi,\phi_0)$ は，GTD で用いた厳密解から導出した回折係数 (5.21) とよく似ている．さらに注意したいのは，E_d^{po} は楔表面 $\phi=0$，φ で境界条件 $E_z=0$ を満足していないことである．

式 (4.23) の積分評価に際し，積分経路を回折波を生じる鞍部点を通るように経

図 4.6 導体楔表面上に流れる等価電流によって散乱界を計算する物理光学近似

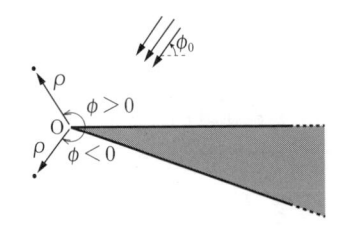

- (a) 円筒座標系 $(\rho, \phi(-\pi < \phi < \pi))$
- (b) 観測角に応じて入射波,反射波の存在の有無により,三つの領域(I),(II),(III)に分類される

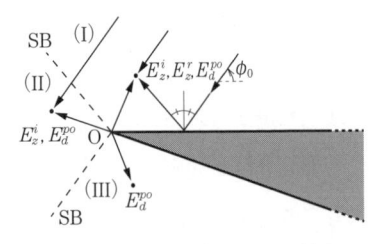

路変更するとき,観測角度に応じて鞍部点の位置が変化する.このとき被積分関数に含まれる極における留数評価が必要になる場合がある.もし $0 < |\phi| < \pi - \phi_0$ であれば,この留数評価から

$$E_p = -E_0 e^{jkx\cos\phi_0 - jk|y|\sin\phi_0} \tag{4.28}$$

を得る.これは $y > 0$ $(0 < \phi < \pi)$ においては,楔の表面からの反射波 E_z^r を[†],また $y < 0$ $(-\pi < \phi < 0)$ においては,入射平面波の符号を変えたものに相当する.最終的な合成界を得るために,入射波 E_z^i を加えると,図4.6(b)のように幾何光学波の影境界 (SB) によって

(I) 入射平面波 E_z^i,反射平面波 E_z^r,回折波 E_d^{po} がすべて存在する領域 $(0 < \phi < \pi - \phi_0)$.

(II) 入射平面波 E_z^i と回折波 E_d^{po} が存在する領域 $(\pi - \phi_0 < |\phi| < \pi)$.

(III) 回折波 E_d^{po} のみが存在する領域 $(\phi_0 - \pi < \phi < 0)$.

に分けて表される.

以上のように,物理光学近似の漸近評価結果を用いても幾何光学的な解釈は可能であり,影との境界を正しく表している.唯一異なるのは回折係数 D_E^{po} である.

幾何光学的な影境界 (SB) 上,すなわち観測角 ϕ が $|\phi| = \pi - \phi_0$ では,式

[†] 導体表面での反射のため,境界条件から反射係数は -1 となる.そのため反射平面波の振幅は $-E_0$ となる.

(4.27) は，回折係数 D_E^{po} の分母がゼロとなり，そのため回折波 E_d^{po} は発散する．これは積分評価において，鞍部点が特異点である極の上に存在することになり，GTDのときと同様に特異点を考慮した鞍部点評価を利用すれば，特異点の近くでも使用できるフレネル積分を用いた一様漸近評価を得ることができる[†]．また幾何光学的な影境界上に観測点がある場合には，対応する鞍部点がちょうど極の位置となる．この場合の積分評価は，極の留数評価の半分，すなわち幾何光学的な入射，あるいは反射波の半分であり，これは物理的に正しい現象を表している．物理光学近似を用いて反射鏡アンテナ等の主ビームの設計や指向性解析を行うことがあるが，主ビームの方向はちょうど幾何光学的な反射方向に相当し，物理光学近似の精度が比較的よいのはこの理由からである．

方法 B（直接積分評価）： 式 (4.23) に含まれるハンケル関数について，波長 k が十分大きいことを仮定すると，第2章で導いた p.22 の漸近解 (2.35) を用いて積分を漸近評価できる．この場合，積分を鞍部点が積分範囲 $[0, \infty)$ にあるときに評価すると，ちょうど方法 A で述べた幾何光学波を生じる特異点の留数評価 E_p^{po} と同じ値を得る．また $x' = 0$ における端点を漸近評価すると，方法 A によって鞍部点からの寄与として得た回折波 E_d^{po} を得て，最終的な近似結果は，方法 A であっても方法 B であっても同じ結果を得る．

次に H モードの平面波：

$$H_z^i = H_0 e^{jkx\cos\phi_0 + jky\sin\phi_0}, \tag{4.29}$$

$$E_x^i = \frac{1}{j\omega\varepsilon_0}\frac{\partial H_z^i}{\partial y} = \sqrt{\frac{\mu_0}{\varepsilon_0}} H_0 \sin\phi_0 e^{jkx\cos\phi_0 + jky\sin\phi_0}, \tag{4.30}$$

$$E_y^i = \frac{-1}{j\omega\varepsilon_0}\frac{\partial H_z^i}{\partial x} = -\sqrt{\frac{\mu_0}{\varepsilon_0}} H_0 \cos\phi_0 e^{jkx\cos\phi_0 + jky\sin\phi_0} \tag{4.31}$$

が入射した場合についても同様に解くことができる．この場合には，近似的に楔の照射された半平板上 $(x > 0, y = 0_+)$ に電流：

[†] 結果の一様漸近解は影との境界近くで発散はしない表現となり，すべての観測方向で適用可能な表現となるが，境界条件を満足しない解であることには変わりはない．

4. 物理光学（PO）

$$\boldsymbol{J}^{po}(x) = 2\hat{\boldsymbol{y}} \times \left(H_z^i \hat{\boldsymbol{z}}\right)_{y=0} = 2H_z^i\big|_{y=0}\hat{\boldsymbol{x}}$$
$$= 2H_0 e^{jkx\cos\phi_0}\hat{\boldsymbol{x}} \quad (x > 0) \tag{4.32}$$

が流れることになる．Eモードの場合と同様に等価定理に基づいてx方向の成分をもつ電流 $\boldsymbol{J}^{po}(x)$ から生じる磁界 $\boldsymbol{H}$ は，式 (4.17) 中に物理光学電流 (4.32) を代入し，二次元 $\left(\dfrac{\partial}{\partial z} \equiv 0\right)$ 問題として表せば，散乱磁界 $\boldsymbol{H}^s$ はz成分 H_z^s のみをもち

$$\begin{aligned}
H_z^s &= \int_0^\infty J_x^{po}(x') \frac{\partial}{\partial y'} G(x, y; x', y')\bigg|_{y'=0} dx' \\
&= \frac{H_0}{2j} \int_0^\infty e^{jkx'\cos\phi_0} \frac{\partial}{\partial y'} \mathrm{H}_0^{(2)}(k\sqrt{(x-x')^2 + (y-y')^2})\bigg|_{y'=0} dx' \\
&= -\frac{kH_0}{2j} \int_0^\infty \frac{y\, e^{jkx'\cos\phi_0}}{\sqrt{(x-x')^2 + y^2}} \mathrm{H}_0^{(2)\prime}(k\sqrt{(x-x')^2 + y^2}) dx'
\end{aligned} \tag{4.33}$$

となる．ここで $\mathrm{H}_0^{(2)\prime}(\chi)$ は引数 χ に対する微分を表す．

Eモードの場合と同様にして，方法Aもしくは方法Bによって漸近解を得ることができる．例えば方法Aによれば，ハンケル関数のスペクトル積分表示を用いて，観測点の角度 ϕ によって変化する鞍部点を評価し，その結果を H_d^{po} とすれば

$$\begin{aligned}
H_d^{po}(\rho, \phi) &\sim H_0 \frac{-2\sin\phi}{\cos\phi_0 + \cos\phi} \sqrt{\frac{1}{8\pi k\rho}} e^{-jk\rho - j\pi/4} \\
&= H_0 D_H^{po}(\phi, \phi_0) C(k\rho),
\end{aligned} \tag{4.34}$$

$$D_H^{po}(\phi, \phi_0) = \frac{-2\sin\phi}{\cos\phi_0 + \cos\phi} \tag{4.35}$$

を得る．この結果をEモードの結果 (4.26) と比較すると H_d^{po} も導体楔のエッジを中心として放射するエッジ回折波を表し，式 (4.34) の回折係数 $D_H^{po}(\phi, \phi_0)$ は，式 (4.26) で与えた $D_E^{po}(\phi, \phi_0)$ とわずかに形が異なるのみであることがわかる．

また観測角 $|\phi|$ が $\pi - \phi_0$ のとき，式 (4.34) の分母がゼロとなり，回折係数は発散するため，この表現は使えなくなる．これは被積分関数に含まれる極が評

価すべき鞍部点の近くにあるにもかかわらず，孤立鞍部点の評価法を用いたためである．この極の留数評価から

$$H_p^{po} = \pm H_0 e^{jkx\cos\phi_0 \mp jky\sin\phi_0} \quad (y \gtrless 0) \tag{4.36}$$

となり，Eモードと同様 $y > 0$ $(0 < \phi < \pi)$ の照射側においては幾何光学的な反射平面波の存在を，また $y < 0$ $(-\pi < \phi < 0)$ においては入射平面波が到達しないので，それを相殺するために必要な項である．以上をまとめて

$$\begin{aligned}H_z^s = &H_0 \frac{-2\sin\phi}{\cos\phi_0 + \cos\phi}\sqrt{\frac{1}{8\pi k\rho}}e^{-jk\rho - j\pi/4} \\ &\pm H_0 e^{jkx\cos\phi_0 \mp jky\sin\phi_0}U(\pi - \phi_0 - |\phi|), \quad (y\gtrless 0)\end{aligned} \tag{4.37}$$

となる．ここで求めた散乱波の結果と全領域に入射波を加えると，合成界は図4.6(b) に示したそれぞれの領域 (I), (II), (III) で幾何光学的な解釈と一致した結果となる．

物理光学近似によって得られたエッジ回折波は，導体楔上における境界条件：

$$\left.\frac{\partial}{\partial\phi}H_d^{po}(\phi,\phi_0)\right|_{\phi=0,\varphi} = 0 \tag{4.38}$$

を満足しないため近似精度は落ちるが，幾何光学的な影境界 (SB) は正しく示している．この境界近くで有効な近似解を得るには，p.108 の 7.1.1 項で紹介する鞍部点が極の近くにある場合の評価法により，フレネル積分を使った表現が必要になる．

（2） **開口分布近似**　　上述した導体楔の表面に流れる電流を用いて散乱界を表現する方法以外に，開口部に相当する部分に入射する電磁界を用いて等価電磁流を考えて散乱界を導出する方法もある．図 **4.7** に示すように，楔の半平板の延長上の半平面を開口と考え，この開口を形式的に閉じてその閉じた面の両側に等価磁流 $\boldsymbol{M} = \boldsymbol{E}\times\hat{\boldsymbol{n}}$ を考える．ただし $\hat{\boldsymbol{n}}$ は形式的に閉じた開口表面における外向き単位法線ベクトルである．式 (4.19) に示したEモードの平面波が入射した場合，閉じた開口面に流す磁流は，入射平面波が直接照射する表面 $(x < 0, y = 0_\pm)$ に入射波 $\boldsymbol{E}^i$ によって作られると考え，近似的に

64   4. 物 理 光 学 (PO)

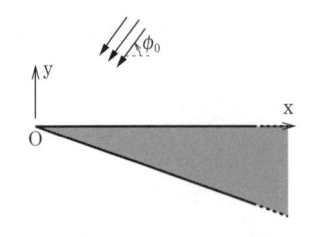

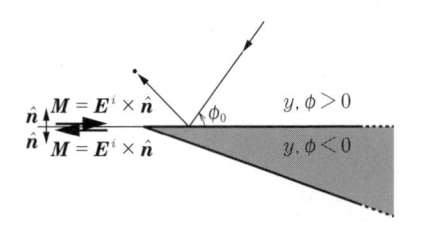

(a) 開き角 $2\pi - \varphi$ の導体楔に入射する平面波

(b) 開口を閉じて半空間として, 開口のあった部分に等価磁流 $\boldsymbol{M} = \boldsymbol{E}^i \times \hat{\boldsymbol{n}}$ を流して解析

図 4.7 開口電磁流分布による散乱界の近似計算

$$\boldsymbol{M}^{ap}(x) = E_z^i\big|_{y=0} \hat{\boldsymbol{z}} \times (\pm\hat{\boldsymbol{y}}) = \mp E_z^i\big|_{y=0} \hat{\boldsymbol{x}}$$
$$= \mp E_0 e^{jkx\cos\phi_0} \hat{\boldsymbol{x}} \quad (x < 0,\ y = 0_\pm) \tag{4.39}$$

となる.この等価磁流によって作られる電磁界は,式 (4.14) の等価表現から二次元のグリーン関数 G に対して,散乱電界 $\boldsymbol{E}^s$ は z 成分 E_z^s のみをもち

$$\begin{aligned}
E_z^s &= -\int_{-\infty}^{0} M_x^{ap} \frac{\partial}{\partial y'}\left\{\frac{1}{2j}\mathrm{H}_0^{(2)}(k\sqrt{(x-x')^2+(y-y')^2})\right\}\bigg|_{y'=0} dx' \\
&= \pm E_0 \int_{-\infty}^{0} e^{jkx'\cos\phi_0} \frac{\partial}{\partial y'}\left\{\frac{1}{2j}\mathrm{H}_0^{(2)}(k\sqrt{(x-x')^2+(y-y')^2})\right\}\bigg|_{y'=0} dx' \\
&= \frac{\mp E_0}{2j}\int_{-\infty}^{0} \frac{y\,e^{jkx'\cos\phi_0}}{\sqrt{(x-x')^2+y^2}}\mathrm{H}_0^{(2)\prime}(k\sqrt{(x-x')^2+y^2})dx' \tag{4.40}
\end{aligned}$$

となる.ここで $y \gtrless 0$ の半空間において $x < 0,\ y = 0$ で仮想的に閉じた導体平面上に置かれた磁流源 $\boldsymbol{M}$ からの放射電磁界を扱っているので,対応するグリーン関数は,半空間境界上の磁流の影像効果が入るので,式 (3.12) で与えられた自由(全)空間の場合の 2 倍になり

$$G = \frac{1}{2j}\mathrm{H}_0^{(2)}(k\sqrt{(x-x')^2+(y-y')^2}) \tag{4.41}$$

であることに注意する.

被積分関数中のハンケル関数のスペクトル積分表示 (4.25) を用いて,変数 x' についての積分を評価し,変数 η に対するスペクトル積分を鞍部点法によって評価する.鞍部点からの寄与を E_d^{ap} とすれば

$$E_d^{ap}(\rho,\phi) \sim \pm E_0 \frac{2\sin\phi}{\cos\phi_0 + \cos\phi}\sqrt{\frac{1}{8\pi k\rho}}e^{-jk\rho - j\pi/4}$$
$$= E_0 D_E^{ap}(\phi,\phi_0) C(k\rho), \tag{4.42}$$
$$D_E^{ap}(\phi,\phi_0) = \frac{\pm 2\sin\phi}{\cos\phi_0 + \cos\phi}, \quad (\phi \gtrless 0) \tag{4.43}$$

を得る（詳細は付録 A.3 参照）．上式は，前述した導体平面上の表面電流による解析の結果と同様に，仮想的に閉じた半空間の境界となる楔のエッジからの放射波の形をしていることがわかる．

積分評価に際し，積分経路を回折波を生じる鞍部点を通るように経路変更するとき，観測角度に応じて鞍部点の位置が変化する．このとき被積分関数に含まれる極における留数評価が必要になる場合がある．もし $y > 0\ (\phi > 0)$ に観測点がある場合，仮想的に開口を閉じた関係で入射平面波と反射平面波がいたるところで存在することになるが，観測角 ϕ が $\phi > \pi - \phi_0$ においては，極に対する留数評価を加えると，本来あるべきでない反射平面波を打ち消す寄与を与える．また逆に観測角 ϕ が $-\pi < \phi < -\pi + \phi_0\ (y < 0)$ においては，開口を閉じたので入射平面波が本来届くはずのところも届いていないが，経路変更に伴い必要となる極に対する留数評価を加えると，入射波に相当する寄与が得られる．結局仮想的に開口を閉じた近似解析を行っても p.60 の図 4.6 に示した入射平面波，反射平面波との幾何光学的な影は正しく予測され，エッジからの回折波 $E_d^{ap}(\rho,\phi)$ が全領域に存在する．この回折波 $E_d^{ap}(\rho,\phi)$ は，先に求めた $E_d^{po}(\rho,\phi)$ と回折係数がわずかに異なり，楔を構成する一つの半平板 $\phi = 0$ における境界条件 $E_d^{ap}(\rho,\phi) = 0$ は正しく満足しているが，影側の半平板 $\phi = \varphi$ における境界条件は半平板 $\varphi = 2\pi$ の場合を除いて正しくない．ここで求めた結果は方法 B によっても同じ結果を得ることができる．以上をまとめると

$$\begin{aligned}E_z^s &= \pm E_0 \frac{2\sin\phi}{\cos\phi_0 + \cos\phi}\sqrt{\frac{1}{8\pi k\rho}}e^{-jk\rho - j\pi/4} \\ &\quad + E_0 e^{jkx\cos\phi_0 \mp jky\sin\phi_0} U(|\phi| + \phi_0 - \pi), \quad (y \gtrless 0)\end{aligned} \tag{4.44}$$

となる．

4. 物理光学 (PO)

H モードの平面波が入射した場合についても同様な結果を求めることができる．開口面を導体で仮想的に閉じ，その両表面に流す等価磁流 $\boldsymbol{M}^{ap}$ は入射平面波の電界 (4.30), (4.31) を用いて近似的に

$$\boldsymbol{M}^{ap}(x) = \left(E_x^i \hat{\boldsymbol{x}} + E_y^i \hat{\boldsymbol{y}}\right)_{y=0} \times (\pm \hat{\boldsymbol{y}}) = \pm E_x^i\big|_{y=0} \hat{\boldsymbol{z}}$$
$$= \pm \sqrt{\frac{\mu_0}{\varepsilon_0}} H_0 \sin\phi_0 e^{jkx\cos\phi_0} \hat{\boldsymbol{z}}, \quad (x<0,\ y=0_\pm) \quad (4.45)$$

となる．この等価磁流によって作られる電磁界は，式 (4.15) の等価表現から二次元のグリーン関数 G を用いて散乱電界 $\boldsymbol{H}^s$ は，z 成分 H_z^s のみをもち

$$H_z^s = -j\omega\varepsilon_0 \int_{-\infty}^{0} M_z^{ap}(x') \frac{1}{2j} \mathrm{H}_0^{(2)}(k\sqrt{(x-x')^2+y^2})dx'$$
$$= \frac{\mp k H_0 \sin\phi_0}{2} \int_{-\infty}^{0} e^{jkx'\cos\phi_0} \mathrm{H}_0^{(2)}(k\sqrt{(x-x')^2+y^2})dx', \quad (y \gtrless 0) \quad (4.46)$$

となる．E モードと同様にして積分を評価すると，エッジからの回折波の表現として

$$H_d^{ap}(\rho,\phi) \sim H_0 \frac{\mp 2\sin\phi_0}{\cos\phi_0 + \cos\phi} \sqrt{\frac{1}{8\pi k\rho}} e^{-jk\rho - j\pi/4}$$
$$= H_0 D_H^{ap}(\phi,\phi_0) C(k\rho), \quad (4.47)$$
$$D_H^{ap}(\phi,\phi_0) = \frac{\mp 2\sin\phi_0}{\cos\phi_0 + \cos\phi}, \quad (\phi \gtrless 0) \quad (4.48)$$

を得る．この場合も積分評価に際して特異点の位置に注意すれば，幾何光学波の寄与を正しく得ることができて

$$\boxed{\begin{aligned}H_z^s &= \mp H_0 \frac{2\sin\phi_0}{\cos\phi_0 + \cos\phi} \sqrt{\frac{1}{8\pi k\rho}} e^{-jk\rho - j\pi/4} \\ &\quad \mp H_0 e^{jkx\cos\phi_0 \mp jky\sin\phi_0} U(|\phi| + \phi_0 - \pi), \quad (y \gtrless 0) \quad (4.49)\end{aligned}}$$

となる．

4.4 ま と め

ここでは散乱界を求めるための代表的なキルヒホッフ近似について調べた．実際には等価電磁流を入射波で近似して解析する方法には，ここで紹介したもののほかにもあり，それらの近似精度は基本的にほぼ同じである．この章で求めたキルヒホッフ近似について，まとめると次のようになる．

1. キルヒホッフ（物理光学）近似を用いて電磁波の散乱問題を解析すると，入射波から近似的に決定した等価電磁流分布からの放射積分の形で表すことができる．

2. この積分は通常，解析的に評価することができないので，数値積分で評価するか，波数 k が大きいことを念頭において高周波漸近解を得ることができる．

3. この積分表現の漸近評価によれば，散乱合成界は入射平面波，導体表面で反射した反射平面波，さらにエッジからの回折波の三つの寄与の重ね合せで表すことができる．

4. エッジ回折波の寄与は，エッジへの入射波の大きさに回折係数と呼ばれる指向性関数を掛けた円筒放射波の表現となる．

5. 物理光学近似による回折波の表現は，後で示す GTD によって得られた結果 (5.20) と同様な形に表すことができる．しかし導体表面上の境界条件を正しく満足しない．**表 4.1** に各近似による回折係数と第 5 章で導く GTD の回折係数[†]との比較を示した．具体的な回折係数の角度変化の数値計算例は，p.75 の図 5.2 に示す．

6. 上述したように，物理光学近似によって求められた回折波は，境界条件を満足しないことから推測できるように**相反性**が成り立たない．すなわち ϕ_0 と ϕ を交換して，波源と観測点とを入れ替えても同じ結果とならな

[†] GTD は後述するように，導体ウェッジによる回折界の厳密な積分表示から求めた漸近解の主要項をエッジ回折に対する回折係数として用いる．

68   4. 物 理 光 学（PO）

表 4.1 各近似による各回折係数の比較

近似手法	E モード ($\tau = -1$)	H モード ($\tau = +1$)
GTD (開き角 φ) $D_\tau(\phi, \phi_0; \varphi)$ $(0 \leq \{\phi, \phi_0\} \leq \varphi)$	式 (5.21): $\dfrac{2\pi}{\varphi} \sin \dfrac{\pi^2}{\varphi} \left\{ \left(\cos \dfrac{\pi^2}{\varphi} - \cos \dfrac{\pi(\phi-\phi_0)}{\varphi}\right)^{-1} \right.$ $\left. + \tau \left(\cos \dfrac{\pi^2}{\varphi} - \cos \dfrac{\pi(\phi+\phi_0)}{\varphi}\right)^{-1} \right\}$	
GTD (半平板) $D_\tau(\phi, \phi_0; \varphi = 2\pi)$ $(0 \leq \{\phi, \phi_0\} \leq 2\pi)$	式 (5.21): $\dfrac{4 \sin \dfrac{\phi_0}{2} \sin \dfrac{\phi}{2}}{\cos\phi_0 + \cos\phi}$	式 (5.21): $-\dfrac{4 \cos \dfrac{\phi_0}{2} \cos \dfrac{\phi}{2}}{\cos\phi_0 + \cos\phi}$
表面電流近似 (PO) $D^{po}(\phi, \phi_0)$ $(-\pi \leq \{\phi, \phi_0\} \leq \pi)$	式 (4.27): $\dfrac{2\sin\phi_0}{\cos\phi_0 + \cos\phi}$	式 (4.35): $\dfrac{-2\sin\phi}{\cos\phi_0 + \cos\phi}$
開口分布近似 (AP) $D^{ap}(\phi, \phi_0)$ $(-\pi \leq \{\phi, \phi_0\} \leq \pi)$	式 (4.43): $\dfrac{\pm 2\sin\phi}{\cos\phi_0 + \cos\phi}$, $(\phi \gtrless 0)$	式 (4.48): $\dfrac{\mp 2\sin\phi_0}{\cos\phi_0 + \cos\phi}$, $(\phi \gtrless 0)$

注）角度の取り方は図 5.1 のように楔の開き角に対応して $0 \leq \{\phi, \phi_0\} \leq \varphi$ で定義するのが一般的である．しかし本章で求めた開口分布近似による上記の回折係数 $D^{ap}(\phi, \phi_0)$ は，開口面の上下で符号が異なり，座標の取り方の関係で図 4.6 のように角度範囲を $-\pi \leq \{\phi, \phi_0\} \leq \pi$ で求めている．物理光学近似の結果は境界条件を満足しない．また楔を作る両半平板が照射されない限り，開き角に対する依存性はないから，基本的には半平板による結果である．具体的な回折係数の角度変化の数値計算例は，p.75 の図 5.2 に示す．

 い．表 4.1 から明らかなように，厳密解から導いた結果は相反性がある．

7. このエッジ回折波は幾何光学的な影境界 (SB) を正しく推定できるが，SB 上では発散する．これは表 4.1 に示すように各回折係数の分母がいずれも同じ形をしていることから理解できる．

8. 幾何光学波の影との境界 (SB) では積分評価は幾何光学波の半分となり，物理的に正しいふるまいを表している．したがって SB 近くでは物理光学の近似解の精度は比較的よいことが推測される．

9. SB 近くの遷移領域でも使用できる精度のよい一様漸近解は，鞍部点と特異点または端点の位置関係を考慮して導出することができる．

近年物理光学法に関した種々の近似解法が提案されており，ここではいちばん基本となる手法について紹介した．本書では紹介できなかった物理光学の拡張やそれらから求めた回折係数の比較については，文献[32]等を参照されたい．

5 幾何光学的回折理論
（エッジ回折）

1.3 節で述べたように，ケラーは高周波の回折が局所的な現象であることを利用して，従来の幾何光学波を拡張して回折波の表現を得た．本章では，稜線（エッジ）による回折現象について取り上げる．まず最初にこうした一般化した回折波の表現の基礎となった回折波を厳密に解析できる簡単な形状について調べよう．このような問題を**規範問題** (canonical problem) といい，GTD の一般解を構築する際の基本となる．

5.1　規範問題：導体楔による散乱

無限に薄い半平板，または 2 枚の半平板で作られた楔形物体による電磁波の散乱問題は，山岳回折やビル散乱におけるエッジ回折の基本モデルである．最初に図 5.1 に示すような，二次元楔による散乱について考えよう．ここでは問題を簡単にするために楔は完全導体でできていると考える．古くは，完全導体でできた半平板による平面波の回折は，ゾンマーフェルトによって解かれている[4]．非常に簡単な形状でありながら誘電体で作られた楔による散乱問題につ

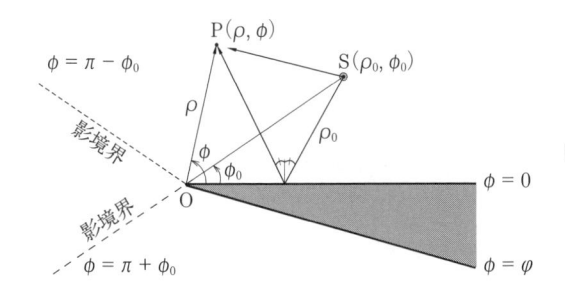

図 5.1　線波源 $S(\rho_0, \phi_0)$ によって照射された開き角 $(2\pi - \varphi)$ をもった二次元導体楔と観測点 $P(\rho, \phi)$

いては，未だに厳密解が得られていない問題である．

5.1.1 線波源に対する散乱界

楔のエッジ（稜線）を z 軸に取り，波源として式 (3.5),(3.6) に示した z 方向に一様な電磁流源 $\boldsymbol{J}, \boldsymbol{M}$ を仮定すると，3.1.1 項で調べたように，電磁界の成分は二つの独立な組に分かれる．

波源として電流源 $\boldsymbol{J} = I\delta(\boldsymbol{\rho} - \boldsymbol{\rho}_0)\hat{\boldsymbol{z}}$ がある場合，電磁界成分 E_z に関連した式 (3.11) を満足するスカラー波動方程式の解を $G^E(\boldsymbol{\rho}; \boldsymbol{\rho}_0)$ とすれば各成分は

$$E_z = -j\omega\mu I G^E, \quad H_\rho = I\frac{\partial G^E}{\rho\partial\phi}, \quad H_\phi = -I\frac{\partial G^E}{\partial \rho} \tag{5.1}$$

で与えられる．求める G^E は，導体楔表面上の境界条件として

$$G^E = 0 \quad \text{at } \phi = 0, \varphi \tag{5.2}$$

と，加えて $\rho = 0$ における解の有界性と $\rho \to \infty$ における放射条件を満足するように解く必要がある．この解 G^E を z 方向に関する **E モード**，または **E 偏波** の解と呼ぶ．これに対して磁流源 $\boldsymbol{M} = M\delta(\boldsymbol{\rho} - \boldsymbol{\rho}_0)\hat{\boldsymbol{z}}$ がある場合，成分 H_z に対応した式 (3.11) を満足するスカラーグリーン関数 $G^H(\boldsymbol{\rho}; \boldsymbol{\rho}_0)$ を用いて

$$H_z = j\omega\varepsilon M G^H, \quad E_\rho = -M\frac{\partial G^H}{\rho\partial\phi}, \quad E_\phi = M\frac{\partial G^H}{\partial \rho} \tag{5.3}$$

となるが，ただし $G^H(\boldsymbol{\rho}; \boldsymbol{\rho}_0)$ は，$G^E(\boldsymbol{\rho}; \boldsymbol{\rho}_0)$ と異なる周方向の境界条件：

$$\frac{\partial}{\partial\phi}G^H = 0 \quad \text{at } \phi = 0, \varphi \tag{5.4}$$

を満足する．これを z 方向に関する **H モード** (**H 偏波**) と呼ぶ[†]．以後 E モード，H モードの解は類似した形をしているので，共通の性質として表現できる

[†] 二次元問題に対しては，その一様な z 方向に対して，電界 E_z のみが存在し，他の成分は E_z から導出できる場合，E_z を代表成分として使うので E モード（E 偏波）と呼ばれ，もう一つの独立な組は z 方向に対して H_z のみが存在するので，H モード（H 偏波）と呼ばれる．別の分類として TE (transverse electric), TM (transverse magnetic) があり，何に対して横断面 (transverse) なのかと明確にしないと混乱する．通常は一様 z 方向に対して垂直な x-y 断面にのみ電界がある場合を（z 軸に対して）TE, 磁界がある場合を（z 軸に対して）TM というが，電磁波の入射面に対して使う場合もあるので，注意が必要である．

ときは,上付き添え字のない G で,区別したいときはそれぞれ G^E G^H と表すことにする.

E, H モードのグリーン関数 G^E, G^H は変数分離法を利用して解くと,径 (ρ) 方向に対する伝送線路表現として[29]

$$G^E = \frac{\pi}{j\varphi} \sum_{m=1}^{\infty} J_\mu(k\rho_<) H_\mu^{(2)}(k\rho_>) \sin\mu\phi \sin\mu\phi_0, \quad (5.5)$$

$$G^H = \frac{\pi}{j\varphi} \sum_{m=0}^{\infty} \epsilon_m J_\mu(k\rho_<) H_\mu^{(2)}(k\rho_>) \cos\mu\phi \cos\mu\phi_0 \quad (5.6)$$

を得る.ここで $J_\mu(x), H_\mu^{(2)}$ は,それぞれ第1種ベッセル関数,第2種ハンケル関数であり,円柱座標で波動方程式を解いた場合に使われる特殊関数である.また $\mu = \dfrac{m\pi}{\varphi}$, $\rho_< = \min(\rho, \rho_0)$, $\rho_> = \max(\rho, \rho_0)$, ならびに $\epsilon_m = \{\begin{smallmatrix}1/2, & m=0\\ 1, & m\neq 0\end{smallmatrix}$ である.この級数解は,一般の開き角に対して,ベッセル関数の次数 μ が非整数になるため,数値計算に適さない[†].また波源もしくは観測点がエッジに近い ($k\rho_< \sim 0$) ときには収束がよいが,遠方界 ($k\rho_> \gg 1$) については級数の収束が悪く,回折波の表現だけを取り出すことはできない.したがって高周波解析に対しては,上式と異なる等価表現から近似界を求める必要がある.

5.1.2 高周波近似界の導出

前項で求めた径方向に関する伝送線路表現と異なる表現として,周 (ϕ) 方向に対する伝送線路表現がある[29].$|\phi - \phi_0| > \pi$ で有効な表示として

$$G(\boldsymbol{\rho}; \boldsymbol{\rho}_0) = \frac{1}{8\pi} \int_{-j\infty}^{j\infty} H_0^{(2)}(k\chi(w)) A(\phi, \phi_0; w) dw, \quad (5.7)$$

$$A(\phi, \phi_0; w) = 2 \int_0^{-j\infty} \mu(1 - e^{-j2\mu\pi}) e^{-j\mu(w-\pi)} g(\phi, \phi_0; \mu) d\mu, \quad (5.8)$$

[†] 整数次のベッセル関数の数値計算では,ある引数の値に対してすべての整数次の和の値から精度よく計算する方法がよく使われており,サブルーチンライブラリも整っている.またすべての整数次の値が同時に副産物として得られるので,導体円筒による散乱問題の解析,例えば後出の式 (6.2) では,同じ引数のベッセル関数の結果は,一度の計算で済ませられるように工夫できる.しかし非整数次や複素数次のベッセル関数の数値計算は精度のいい結果を得るのが難しく,積分表示などが使われることがある[33].

$$\chi(w) = \sqrt{\rho^2 + \rho_0^2 + 2\rho\rho_0 \cos w} \tag{5.9}$$

がある．ここで $g(\phi, \phi_0; \mu)$ は，周 (ϕ) 方向に関する一次元グリーン関数で，境界条件の異なる E モード，H モードのそれぞれに対し

$$g^E(\phi, \phi_0; \mu) = \frac{\sin \mu \phi_< \sin \mu(\varphi - \phi_>)}{\mu \sin \mu \varphi}, \tag{5.10}$$

$$g^H(\phi, \phi_0; \mu) = \frac{\cos \mu \phi_< \cos \mu(\varphi - \phi_>)}{-\mu \sin \mu \varphi}, \tag{5.11}$$

$$\phi_< = \min(\phi, \phi_0), \quad \phi_> = \max(\phi, \phi_0) \tag{5.12}$$

である．

任意の観測点で有効な表現を得るためには，幾何光学界 $G^0(\boldsymbol{\rho}; \boldsymbol{\rho}_0)$ を抜き出して積分評価する必要がある．詳細は文献に譲るが，第 4 章の物理光学近似の漸近解の導出の表現（例えば式 (4.24)）を参考にすれば，鋭角 ($\varphi > \pi$) の楔に対し，観測角 ϕ に応じて，楔を作る 2 枚の半平板 ($\phi = 0$, $\phi = \varphi$) で反射する幾何光学波 $G^0(\boldsymbol{\rho}; \boldsymbol{\rho}_0)$ は三つあり，式 (3.12) で求めたように，それぞれゼロ次の第 2 種ハンケル関数で与えられる．これらの幾何光学波の寄与を抜き出さないと，前出した積分表示 (5.7) は収束しないことがわかっている[29]．こうして散乱界 $G(\boldsymbol{\rho}; \boldsymbol{\rho}_0)$ は，幾何光学波 $G^0(\boldsymbol{\rho}; \boldsymbol{\rho}_0)$ と回折波の寄与として $G^d(\boldsymbol{\rho}; \boldsymbol{\rho}_0)$ の和として表され

$$G(\boldsymbol{\rho}; \boldsymbol{\rho}_0) = G^0(\boldsymbol{\rho}; \boldsymbol{\rho}_0) + G^d(\boldsymbol{\rho}; \boldsymbol{\rho}_0), \tag{5.13}$$

$$G^0(\boldsymbol{\rho}; \boldsymbol{\rho}_0) = \frac{1}{4j} \mathrm{H}_0^{(2)}(kR(\phi_0)) U(\pi - |\phi - \phi_0|)$$

$$\mp \frac{1}{4j} \mathrm{H}_0^{(2)}(kR(-\phi_0)) U(\pi - \phi - \phi_0)$$

$$\mp \frac{1}{4j} \mathrm{H}_0^{(2)}(kR(2\varphi - \phi_0)) U[\pi - (2\varphi - \phi - \phi_0)], \tag{5.14}$$

$$G^d(\boldsymbol{\rho}; \boldsymbol{\rho}_0) = \frac{1}{8\pi} \int_{-j\infty}^{j\infty} \mathrm{H}_0^{(2)}(k\chi(w)) \left[B(\phi, \phi_0; w) \mp B(\phi, -\phi_0; w) \right] dw, \tag{5.15}$$

5.1 規範問題：導体楔による散乱   73

$$B(\phi, \phi_0; w) = \frac{\pi}{2\varphi} \left[\frac{\sin[(\pi/\varphi)(\pi + \phi - \phi_0)]}{\cos(\pi w) - \cos[(\pi/\varphi)(\pi + \phi - \phi_0)]} \right.$$
$$\left. + \frac{\sin[(\pi/\varphi)(\pi - \phi + \phi_0)]}{\cos(\pi w) - \cos[(\pi/\varphi)(\pi - \phi + \phi_0)]} \right] \quad (5.16)$$

を得る．ここで上式の複号は，上段が E モード，下段が H モードに対応する．$U(x)$ はステップ関数を表し，$U(x) = \{ \begin{smallmatrix} 1, & x>0 \\ 0, & x<0 \end{smallmatrix}$ であり

$$R(\alpha) = \sqrt{\rho^2 + \rho_0^2 - 2\rho\rho_0 \cos(\phi - \alpha)} \quad (5.17)$$

である．

5.1.3 エッジ回折波

回折波の寄与に相当する $G^d(\boldsymbol{\rho}; \boldsymbol{\rho}_0)$ は式 (5.15) の積分表示で与えられているが，鞍部点法によって近似界の導出が可能である．波源 S と観測点 P がエッジから十分に遠方にある，すなわち $k\rho, k\rho_0 \gg 1$ のとき，被積分関数中のハンケル関数について，その引数 $k\chi$ は十分大きいので，その漸近解 (2.34) で近似すれば

$$G^d(\boldsymbol{\rho}; \boldsymbol{\rho}_0) = \frac{1}{8\pi} \int_{-j\infty}^{j\infty} \sqrt{\frac{2}{\pi k \chi(w)}}$$
$$\cdot [B(\phi, \phi_0; w) \mp B(\phi, -\phi_0; w)] e^{-jk\chi + j\pi/4} dw \quad (5.18)$$

となる．上式の積分経路は複素 w 平面の虚軸に沿ったものである．また複素 w 平面内には式 (5.16) で与えられた関数 $B(\phi, \phi_0; w)$ の分母がゼロになるところ（例えば $\cos(\pi w) = \cos \pi (\pi + \phi - \phi_0)/\varphi$，すなわち $w = (\pi + \phi - \phi_0)/\varphi$ 等）に一位の極 w_p をもつ．この極は，第 4 章で求めたときと同様に反射波に対応した式 (5.14) の幾何光学波の寄与 $G^0(\boldsymbol{\rho}; \boldsymbol{\rho}_0)$ に相当する[†]．鞍部点法を適用するために，被積分関数の指数部から $\dfrac{\partial \chi}{\partial w} = 0$ を解いて，積分経路変更可能な鞍部点として $w_s = 0$ を得る．鞍部点 w_s はいつも原点にあるが，観測角に応じて極 w_p の位置が実軸上を変化する．もしこれらの極 w_p が鞍部点から離れてい

[†] 留数評価すれば，直ちに式 (5.14) の $G^0(\boldsymbol{\phi}; \boldsymbol{\rho}_0)$ の一つを得ることが確かめられる．

5. 幾何光学的回折理論（エッジ回折）

る場合には，2章で求めた孤立鞍部点に対する近似法で解析することができる．波源の座標と観測点の座標の角度に対して $|\phi-\phi_0|, (\phi+\phi_0), (2\varphi-\phi-\phi_0)$ が π に近くない場合，鞍部点 $w=0$ で実軸と $45°$ 傾いた SDP に積分路を変更し，鞍部点の周りで指数部をテイラー展開して近似評価すると

$$G^d(\boldsymbol{\rho};\boldsymbol{\rho}_0) \sim \frac{1}{8\pi}\sqrt{\frac{2}{\pi k(\rho+\rho_0)}}[B(\phi,\phi_0;0) \mp B(\phi,-\phi_0;0)]$$

$$\cdot e^{-jk(\rho+\rho_0)+j\pi/4}\int_{-j\infty}^{j\infty}\exp\left(j\frac{k\rho\rho_0}{2(\rho+\rho_0)}w^2\right)dw$$

$$= \frac{1}{4\pi k}\sqrt{\frac{1}{\rho\rho_0}}[B(\phi,\phi_0;0) \mp B(\phi,-\phi_0;0)]e^{-jk(\rho+\rho_0)+j\pi/2} \quad (5.19)$$

となる．これらを整理して

$$G^d(\boldsymbol{\rho};\boldsymbol{\rho}_0) \sim -2C(k\rho_0)C(k\rho)[B(\phi,\phi_0;0) + \tau B(\phi,-\phi_0;0)]$$

$$= \frac{je^{-jk(\rho+\rho_0)}}{4k\sqrt{\rho\rho_0}\,\varphi}\sin\frac{\pi^2}{\varphi}\left[\left\{\cos\frac{\pi(\phi-\phi_0)}{\varphi} - \cos\frac{\pi^2}{\varphi}\right\}^{-1}\right.$$

$$\left. +\tau\left\{\cos\frac{\pi(\phi+\phi_0)}{\varphi} - \cos\frac{\pi^2}{\varphi}\right\}^{-1}\right]$$

$$= C(k\rho_0)D_\tau(\phi,\phi_0;\varphi)C(k\rho) \quad (5.20)$$

を得る．ここで

$$D_\tau(\phi,\phi_0;\varphi) = \frac{2\pi}{\varphi}\sin\frac{\pi^2}{\varphi}\left\{\left(\cos\frac{\pi^2}{\varphi} - \cos\frac{\pi(\phi-\phi_0)}{\varphi}\right)^{-1}\right.$$

$$\left. +\tau\left(\cos\frac{\pi^2}{\varphi} - \cos\frac{\pi(\phi+\phi_0)}{\varphi}\right)^{-1}\right\} \quad (5.21)$$

であり，τ はモード（偏波）を表すパラメータで，E モードでは $\tau=-1$，H モードでは $\tau=+1$ となる．この結果を用いると，回折界 $G^d(\boldsymbol{\rho};\boldsymbol{\rho}_0)$ は E モード，H モードともにエッジへの入射波 $C(k\rho_0)$ とエッジからの放射波 $C(k\rho)$ に入射角 ϕ_0，回折角 ϕ，ならびに楔の開き角 φ に依存した**回折係数**と呼ばれる指向性関数 $D_\tau(\phi,\phi_0;\varphi)$ を掛け合せたものになっていることがわかる．この形は，4章の物理光学近似の漸近解として求めた回折波の近似解（例えば，p.59

の式 (4.26)) と同様な表現をしていることがわかる．ここで求めた回折係数は，線電流源が入射した場合の導体楔による散乱問題を厳密に定式化して得た近似解であり，導体楔上の境界条件を満足している．

すでに求めた物理光学近似による回折係数との比較を p.68 の表 4.1 に示した．また数値計算例として図 5.2 に開き角 $330°$ をもつ導体楔に $45°$ で入射した場合の観測角を変化させたときの回折係数 $D_\tau(\phi, \phi_0 = \pi/4; \varphi = 11\pi/6)$ を示す．図 (a) が E モードのとき，図 (b) が H モードの結果である．なお，比較のために物理光学近似の回折係数 $D^{po}(\phi, \phi_0)$ (式 (4.27), (4.35)), $D^{ap}(\phi, \phi_0)$ (式 (4.43), (4.48)) についても計算して載せている．先に物理光学近似によって求めた回折係数は，境界条件を満足しないことを示したが，その違いはわずかである．いずれの結果も入射波，あるいは反射波との影境界（SB）($\phi = 135°, 225°$) 近くでは発散して使用できない．この領域で有効な表現を得るには 7 章 7.1 節で求めるように，さらに精密な一様漸近解を使う必要がある．ここで求めた表現は後で GTD の一般表現を得るために使われる．

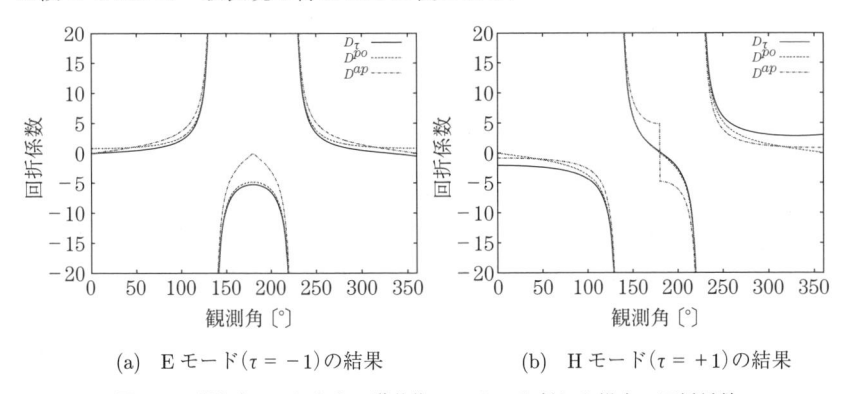

(a)　E モード($\tau = -1$) の結果

(b)　H モード($\tau = +1$) の結果

図 5.2　開き角 $330°$ をもつ導体楔に $45°$ で入射した場合の回折係数 $D_\tau(\phi, \phi_0 = \pi/6; \varphi = 11\pi/6)$ の変化

5.1.4　点波源に対する散乱界

点波源による楔の散乱界についても同様に導くことがことができる．図 5.1 に示す二次元導体楔に対して，z 方向を向いた微小ダイポール波源：

$$\boldsymbol{J}(\boldsymbol{r}) = I^0 \delta(\boldsymbol{r}-\boldsymbol{r}_0)\hat{z}, \qquad (5.22)$$

$$\boldsymbol{M}(\boldsymbol{r}) = M^0 \delta(\boldsymbol{r}-\boldsymbol{r}_0)\hat{z} \qquad (5.23)$$

がある場合,求める電磁界は,微分方程式:

$$\left(\frac{1}{\rho}\frac{\partial}{\partial \rho}\rho\frac{\partial}{\partial \rho} + \frac{1}{\rho^2}\frac{\partial}{\partial \phi^2} + \frac{\partial^2}{\partial z^2} + k^2\right) G_3(\rho,\phi,z;\rho_0,\phi\ ,z_0)$$
$$= -\frac{\delta(\boldsymbol{r}-\boldsymbol{r}_0)}{\rho} = -\frac{\delta(\rho-\rho_0)\delta(\phi-\phi_0)\delta(z-z_0)}{\rho} \qquad (5.24)$$

を満足する三次元のスカラーグリーン関数 $G_3(\boldsymbol{r};\boldsymbol{r}_0)$ から導くことができる.$G_3(\boldsymbol{r};\boldsymbol{r}_0)$ は $\rho=0$ における界の有界性と $\rho \to \infty$ における放射条件を満足するが,E モード,H モードに対する周 (ϕ) 方向の境界条件:

$$G_3^E(\boldsymbol{r};\boldsymbol{r}_0) = 0, \quad \frac{\partial}{\partial \phi}G_3^H(\boldsymbol{r};\boldsymbol{r}_0) = 0, \quad at \quad \phi = 0, \varphi \qquad (5.25)$$

をそれぞれ課すことになる.

三次元の結果 $G_3(\boldsymbol{r};\boldsymbol{r}_0)$ は,z 方向に対する変数 ζ をもつ**フーリエ変換**を導入することにより,対応する二次元スカラーグリーン関数 $G_2(\boldsymbol{\rho};\boldsymbol{\rho}_0)$ の結果 (5.7) に対して,波数 k を z 方向の波数 $\sqrt{k^2-\zeta^2}$ に置換して表すことができて

$$G_3(\boldsymbol{r};\boldsymbol{r}_0) = \frac{1}{2\pi}\int_{-\infty}^{\infty} G_2(\boldsymbol{\rho};\boldsymbol{\rho}_0)\bigg|_{k=\sqrt{k^2-\zeta^2}} e^{-j\zeta|z-z_0|} d\zeta \qquad (5.26)$$

となる[29]).

二次元の場合と同様に直接波,反射波に相当する幾何光学波 $\hat{G}_3^0(\boldsymbol{r};\boldsymbol{r}_0)$ と残りの界 $\hat{G}^d(\boldsymbol{r};\boldsymbol{r}_0)$ を分離して表現する.例えば直接波に相当する幾何光学波を表す項は,二次元の場合の式 (5.14) から

$$\bar{G}_3(\boldsymbol{r};\boldsymbol{r}_0) = \frac{1}{4j}\int_{-\infty}^{\infty} H_0^{(2)}\left(\sqrt{k^2-\zeta^2}R(\phi_0)\right) e^{-j\zeta|z-z_0|} d\zeta \qquad (5.27)$$

となる.引数が大きなときのハンケル関数の漸近解を用いて変数 ζ についての積分を鞍部点法で近似する.物理光学近似の積分表示 (4.23) の漸近評価(詳しくは付録 A.3)と同様に計算すると

5.1 規範問題：導体楔による散乱   77

$$\bar{G}_3(\boldsymbol{r};\boldsymbol{r}_0) = \frac{e^{-jk\bar{R}(\phi_0)}}{4\pi\bar{R}(\phi_0)}, \tag{5.28}$$

$$\bar{R}(\alpha) = [\rho^2 + \rho_0^2 + (z-z_0)^2 - 2\rho\rho_0\cos(\phi-\alpha)]^{1/2} \tag{5.29}$$

となる．これは式 (3.26) で求めた三次元の自由空間のグリーン関数である．こうして式 (5.13) で表された二次元のグリーン関数 $G(\boldsymbol{r};\boldsymbol{r}_0)$ に対応した，三次元の結果として

$$G_3(\boldsymbol{r};\boldsymbol{r}_0) = \hat{G}_3^0(\boldsymbol{r};\boldsymbol{r}_0) + \hat{G}^d(\boldsymbol{r};\boldsymbol{r}_0), \tag{5.30}$$

$$\hat{G}_3^0(\boldsymbol{r};\boldsymbol{r}_0) = \frac{e^{-jk\bar{R}(\phi_0)}}{4\pi\bar{R}(\phi_0)}U(\pi-|\phi-\phi_0|) \mp \frac{e^{-jk\bar{R}(-\phi_0)}}{4\pi\bar{R}(-\phi_0)}U(\pi-\phi-\phi_0)$$

$$\mp \frac{e^{-jk\bar{R}(2\varphi-\phi_0)}}{4\pi\bar{R}(2\varphi-\phi_0)}U[\pi-(2\varphi-\phi-\phi_0)] \tag{5.31}$$

を得る．

一方，回折波に対する寄与 $\hat{G}^d(\boldsymbol{r};\boldsymbol{r}_0)$ に対しては，式 (5.15) から二重積分：

$$\hat{G}_3^d(\boldsymbol{r};\boldsymbol{r}_0) = \frac{1}{16\pi}\int_{-\infty}^{\infty}\int_{-j\infty}^{j\infty} \mathrm{H}_0^{(2)}(\sqrt{k^2-\zeta^2}\chi(w))$$

$$\cdot [B(\phi,\phi_0;w) \mp B(\phi,-\phi_0;w)] e^{-j\zeta|z-z_0|} dw\,d\zeta \tag{5.32}$$

を得る．変数 ζ に関しては，幾何光学波 $\hat{G}_3^0(\boldsymbol{r};\boldsymbol{r}_0)$ と同じように鞍部点法で評価できて

$$\hat{G}^d(\boldsymbol{r};\boldsymbol{r}_0) = \frac{j}{8\pi^2}\int_{-j\infty}^{j\infty}\frac{e^{-jk\gamma(w)}}{\gamma(w)}\left[B(\phi,\phi_0;w)\mp B(\phi,-\phi_0;w)\right]dw, \tag{5.33}$$

$$\gamma(w) = [\rho^2 + \rho_0^2 + (z-z_0)^2 + 2\rho\rho_0\cos w]^{1/2} \tag{5.34}$$

と表すことができる．変数 w について $k\gamma(0) \gg 1$ かつ $|\phi-\phi_0|, (\phi-\phi_0), (2\varphi-\phi-\phi_0) \neq \pi$ に対して，$w=0$ にある孤立した鞍部点の近くで漸近評価すると，回折波の寄与 (5.33) は

$$\hat{G}^d(\boldsymbol{r};\boldsymbol{r}_0) \sim -\frac{e^{-j(kl+\pi/4)}}{4\varphi\sqrt{2\pi k\rho\rho_0 l}} \sin\frac{\pi^2}{\varphi} \left[\left\{ \cos\frac{\pi(\phi-\phi_0)}{\varphi} - \cos\frac{\pi^2}{\varphi} \right\}^{-1} \right.$$

$$\left. \mp \left\{ \cos\frac{\pi(\phi+\phi_0)}{\varphi} - \cos\frac{\pi^2}{\varphi} \right\}^{-1} \right], \tag{5.35}$$

$$l = \gamma(0) = \sqrt{(\rho+\rho_0)^2 + (z-z_0)^2} = l_1 + l_2 \tag{5.36}$$

となる．上式 (5.35) の結果を図に表したものが図 **5.3** である．波源 S で放射され観測点 P に到達する回折波 $\hat{G}^d(\boldsymbol{r};\boldsymbol{r}_0)$ は，$l=\gamma(0)$ で決まるエッジ上の回折点 Q_E を通過することになる．このとき回折点 Q_E の位置は，周方向の変数 (ϕ,ϕ_0) に依存しない．言い換えれば回折点 Q_E を頂点とし波源 S とエッジのなす角 β を半頂角とする円錐上に観測点があると，回折界 $\hat{G}^d(\boldsymbol{r};\boldsymbol{r}_0)$ は同じ表現式をもつ[†]．この回折点 Q_E は，エッジ上の点を通過して波源 S と観測点 P を結ぶ光路の極値として求めたものと一致する．回折波がエッジ上の回折点 Q_E を通過して円錐状に拡がる円錐波となることは次節で求める GTD による三次元の回折波の表現を考えるうえで重要となる．

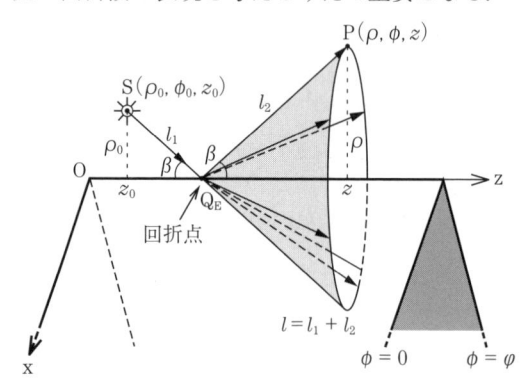

図 5.3 点波源 S (ρ_0,ϕ_0,z_0) で照射された楔による回折波 $\hat{G}_d(\boldsymbol{r};\boldsymbol{r}_0)$ の表現

エッジによって作られたエッジ回折波がこのような円錐状に伝搬することは，直感的に理解しにくいかもしれない．図 **5.4** は，カッターの刃にレーザ光線を斜めに当て，その回折光線をスクリーン上に写した写真である．レーザポイン

[†] もちろん振幅の大きさは，周 (ϕ,ϕ_0) 方向に依存した指向性関数があるため，周方向で変化する．

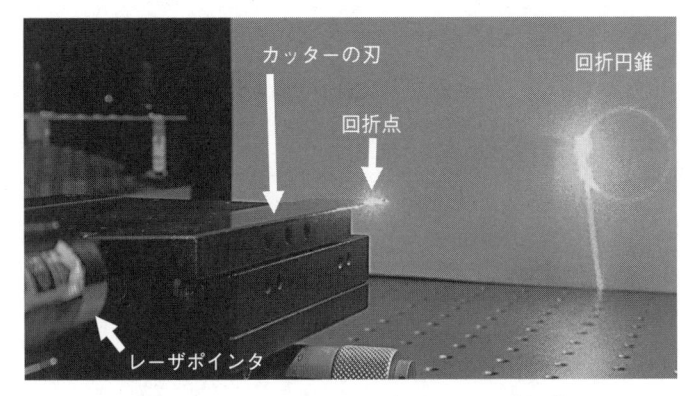

図 5.4 レーザ光線によって観測された回折円錐

タを光源として使っても簡単に実験できるので,実際に試してみるといい.

5.2 エッジ回折波の表現の一般化

5.2.1 ケラーの仮定

ケラーは,回折波についても幾何光学波と同様にマクスウェルの方程式から導出した漸近解の形を仮定し,フェルマーの原理を拡張して光線によって表現できると考えた.この仮定は,以下のようにまとめることができる[10),17)].

1. 回折波も幾何光学波と同様に波数 k の逆べき級数,すなわちルーネバーグ・クライン展開の式 (3.36) を用いた光線表現をとる.すなわち回折波の位相はアイコナール方程式 (3.39) を,また振幅は輸送方程式 (3.44) をそれぞれ満足する.
2. 回折現象も高周波においては,反射,透過と同様に回折を生じる局所的な形状,媒質の性質で決定される.
3. 回折波は,回折を生じた回折点から放射される形をとる.すなわち回折点は光線の焦線の一つになっている.

図 5.5 に示すように,エッジ回折波は上記の仮定に基づき,入射波が物体のエッジに Q_E に入射し,エッジで回折が生じたと考える.エッジ回折波が 3 章

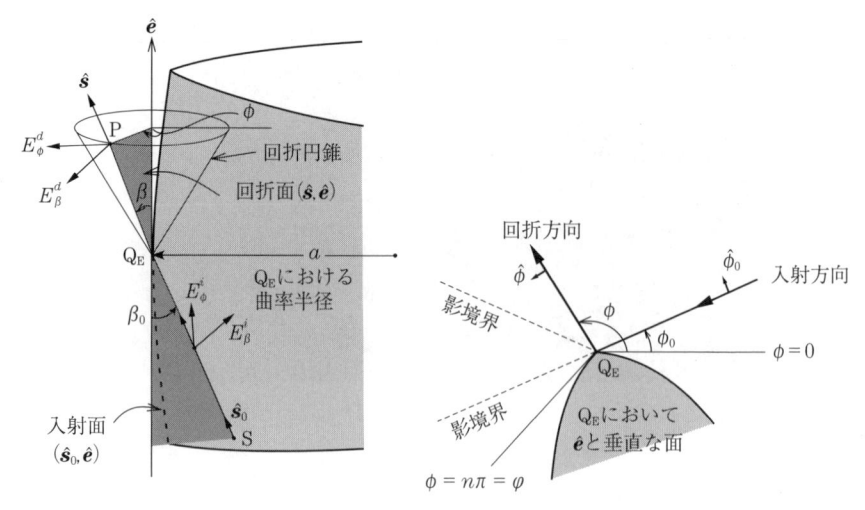

80   5. 幾何光学的回折理論（エッジ回折）

(a) 回折波は，回折点を頂点とする円錐状に拡がる

(b) 回折点 Q_E において稜線と垂直な断面に射影して測った角度 ϕ, ϕ_0

図 **5.5** 稜線（エッジ）が緩やかな曲線で作られた導体楔による回折．稜線上の点を通過して波源 S と観測点 P に到る回折波は，フェルマーの原理から回折点（エッジ）Q_E を定めることもできる

で求めた幾何光学波と同じルーネバーグ・クライン展開ができると考える．回折波は明らかに稜線から放射されるから，式 (3.49) において焦線の一つがエッジにある ($R_2 = 0$) ことになる．局所座標としてエッジを原点 ($s_0 = 0$) と考えて，エッジ回折波は

$$\boldsymbol{E}^d(s) = \lim_{R_2 \to 0} \boldsymbol{E}_0(s_0) \left[\frac{R_1 R_2}{(R_1 + s)(R_2 + s)} \right]^{1/2} e^{-jks}$$

$$= \tilde{\boldsymbol{E}}_0(0) \left[\frac{R_1}{s(R_1 + s)} \right]^{1/2} e^{-jks} \tag{5.37}$$

となる．ここで $\tilde{\boldsymbol{E}}_0(0) = \lim_{R_2 \to 0} \sqrt{R_2}\, \boldsymbol{E}_0(0)$ とおいている．$\tilde{\boldsymbol{E}}_0(0)$ はエッジ入射波とエッジの形状で決まる初期振幅であり，導体楔や半平板のように厳密解が求められている問題から決定する．もちろん厳密解が求められていない場合もあり得るが，その場合は近似解を用いてもよい．この例においては，5.1 節で求めた導体楔による回折波の表現，例えば式 (5.20)，または式 (5.35) を基にして決めることになる．上式中の主曲率半径（もう一つの焦線までの距離）R_1 は，

エッジ回折点における入射波の曲率や稜線（エッジ）の曲率等で決定され[17]

$$\frac{1}{R_1} = \frac{1}{\rho_e^i} - \frac{\hat{\boldsymbol{n}}_e \cdot (\hat{\boldsymbol{s}}_0 - \hat{\boldsymbol{s}})}{a \sin^2 \beta_0} \tag{5.38}$$

で与えられる．ここで ρ_e^i はエッジ回折点 Q_E において，入射波とエッジの接線方向単位ベクトル $\hat{\boldsymbol{e}}$ が作る入射面内で測った入射光線の曲率半径，$\hat{\boldsymbol{n}}_e$ はエッジのもつ曲率半径の中心から外へ向かう単位ベクトル，a はエッジのもつ曲率半径，β_0 は入射光線とエッジの接線方向とのなす角を表す．単位ベクトル $\hat{\boldsymbol{s}}_0, \hat{\boldsymbol{s}}$ はそれぞれ入射波，回折波の進行方向を向いている．

図 5.5 に示すような緩やかな稜線をもつ導体楔（ウェッジ）を考える．このとき稜線上の点を経由して波源 S から観測点 P に到達する光路は，フェルマーの原理を用いて求めることもできる．この経由する稜線上の点を Q_E として，光線の入射方向をエッジの接線成分方向 $\hat{\boldsymbol{e}}$ から図った角度を β_0 を用いると，エッジに接する波数成分 $k \cos \beta_0$ は，回折を起こして伝搬する回折波についても保存される．したがって回折波は，$\beta = \beta_0$ を半頂角とする円錐上に存在することになる†．すなわち観測点 P がこの円錐上にある限り，拡張されたフェルマーの原理を満足するエッジ上の回折点 Q_E は同じである．これは**エッジ回折波に対するスネルの法則**と考えることもできる．

　反射，透過について，その入射波と反射表面で作られる入射面に対して二つの偏波があるように，エッジ回折波に対しても入射波と稜線に沿った接線方向から入射面を，そして回折波と稜線の接線方向から作った回折面を導入する．回折波も幾何光学波と同様に伝搬方向 $\hat{\boldsymbol{s}}$ と垂直な断面内に電界，磁界の成分をもつから，$\hat{\boldsymbol{s}}$ と垂直な面を表す二つの単位ベクトルを定義して，電界，あるいは磁界の成分を表現することになる．

　図 5.5 を参照してエッジ Q_E における接線方向の単位ベクトルを $\hat{\boldsymbol{e}}$，入射波の進行方向の単位ベクトルを $\hat{\boldsymbol{s}}_0$，回折方向の単位ベクトルを $\hat{\boldsymbol{s}}$ とすれば，入射

---

† 3.1.1 項で求めたように，z 方向に一様な線波源からの放射波は，z 軸と垂直な断面内（半頂角が $90°$ となる円錐状，すなわち傘を垂直に開き切った状態）に放射する．しかし z 方向に $e^{-jk\alpha z}$ に位相変化を持っていれば，その線波源からの放射波は，すべて z 方向に α だけ位相変化が保存されているので，円錐状に放射することになる．

面はベクトル $\hat{s}_0$, $\hat{e}$ を含む面, 回折面はベクトル $\hat{s}$, $\hat{e}$ を含む面として定義される. また稜線の接線方向から入射波の到来方向を測った角度 β_0 から単位ベクトル $\hat{\beta}$ を定めると, 回折点 Q_E を中心とする局所座標 (s, β, ϕ), (s_0, β_0, ϕ_0) を

$$\hat{\beta}_0 = \hat{s}_0 \times \hat{\phi}_0, \quad \hat{\beta} = \hat{s} \times \hat{\phi} \tag{5.39}$$

となるように定めることができる.

エッジ Q_E に入射した入射波は, Q_E を中心とする局所座標を用いると, $\hat{s}_0$ の進行方向に対して TEM 波であるから, 入射電界 $\bm{E}^i(Q_E)$ は $\hat{s}_0$ と垂直な (β_0, ϕ_0) 平面内にある. したがって, この入射波をそれぞれ β_0 方向と ϕ_0 方向に分解して

$$\bm{E}^i(Q_E) = E^i_\beta \hat{\beta}_0 + E^i_\phi \hat{\phi}_0 \tag{5.40}$$

と表す. 一方エッジ Q_E で回折し, $\hat{s}$ の方向に距離 s 進んだ回折波も進行方向に対して TEM 波であるから (β, ϕ) 平面内にある電界 $\bm{E}^d(s)$ は, 同様にして β 方向と ϕ 方向に分解して

$$\bm{E}^d(s) = E^d_\beta \hat{\beta} + E^d_\phi \hat{\phi} \tag{5.41}$$

となる.

回折波の一般的な表現を得るために, 入射波 $\bm{E}^i(Q_E)$ と回折波 $\bm{E}^d(s)$ が両方ともベクトル表現であり, かつ単位ベクトルの方向が異なることを考えると, 単位ベクトルの方向変化を含めて表現できる**ダイアド** (dyad) 表現を用いたほうが便利である. ダイアドは 2 階の**テンソル** (tensor) であり, 二つの単位ベクトルを並べて用いて表すことができる. 成分のみを求めるのであれば, 行列表現で表すことも可能である. ダイアドの計算については, 付録 A.4 に示した. 回折波ベクトル $\bm{E}^d(s)$ が, エッジ Q_E で入射波ベクトル $\bm{E}^i(Q_E)$ から励振されていることをダイアドを用いて

$$\bm{E}^d(s) = \bm{E}^i(Q_E) \cdot \bar{D} A(s) e^{-jks} \tag{5.42}$$

という形で表すことができる．ここで $\bar{\bar{D}}$ はダイアド回折係数であり，スカラー回折係数を用いて

$$\bar{\bar{D}} = -\hat{\boldsymbol{\beta}}_0\hat{\boldsymbol{\beta}}D_s - \hat{\boldsymbol{\phi}}_0\hat{\boldsymbol{\phi}}D_h, \tag{5.43}$$

$$D_{s \atop h}(\phi,\phi_0;\beta_0) = \frac{\exp[-j\pi/4]\sin(\pi/n)}{n\sqrt{2\pi k}\sin\beta_0}$$
$$\cdot \left[\left(\cos\frac{\pi}{n} - \cos\frac{(\phi-\phi_0)}{n}\right)^{-1} \mp \left(\cos\frac{\pi}{n} - \cos\frac{(\phi+\phi_0)}{n}\right)^{-1}\right] \tag{5.44}$$

と表される[†1]．ここで周 (ϕ) 方向の範囲は $0 \leq \phi, \phi_0 \leq \varphi = n\pi$，すなわち導体楔の開き角は $(2-n)\pi = 2\pi - \varphi$ となる．また D_s, D_h はそれぞれ式 (5.20) で求めた E モード，H モードに対する回折係数に対応している[†2]．

$A(s)$ は波面の拡がりの補正を表す量であり，式 (5.37) に示したように，一般的には

$$A(s) = \sqrt{\frac{R_1}{s(R_1+s)}} \tag{5.45}$$

と表される．ここで R_1 はエッジの形状で決定されるもう一つの焦線までの距離（曲率半径）であり，入射波面，入射角や観測角によっても変化し，式 (5.38) で与えられる．

もし回折を起こすエッジの稜線が直線状であれば

$$A(s) = \begin{cases} \sqrt{\dfrac{1}{s}} & : \text{平面波, 円錐波入射}\ (R_1 \to \infty) \\ \sqrt{\dfrac{1}{s\sin\beta_0}} & : \text{円筒波入射}\ (R_1 \to \infty,\ s \to s\sin\beta_0) \\ \sqrt{\dfrac{s_0}{s(s_0+s)}} & : \text{球面波入射}\ (R_1 = s_0) \end{cases} \tag{5.46}$$

となる[17]．ここで β_0 は入射する円筒波と稜線のなす角を，また s_0 は入射球面

[†1] ダイアドに含まれる二つの単位ベクトルはその順番に意味があり，通常ダイアド量の関係した内（スカラー）積計算においては交換法則は成り立たない．付録 A.4 を参照．
[†2] 添字の s, h は音響（スカラー）問題に対応し，**soft**(ディリクレ) **境界条件**，**hard**(ノイマン) **境界条件** に関連して付けられている．

波の曲率半径(波源とエッジまでの距離)をそれぞれ表す.

以上のようにして，エッジ回折波は回折を生じるエッジの近くの形状から，楔の開き角やエッジを中心とする局所座標を定めて計算できることがわかる.

5.2.2 多重回折波の表現

エッジ回折には二つ以上のエッジを経たさらに複雑なメカニズムによる多重回折も存在するが，こうした場合にもエッジ間の距離が波長に比べて十分離れている限り，GTDの考えを適用して計算することができる．先に求めた回折波の表現式 (5.42) は，ケラーの仮定により入射波が与えられた波源ではなくても回折波であってもいい．したがって式 (5.42) のエッジへの入射波 $E^i(Q_E)$ を，別のエッジからの回折波であると考えると，多重回折波の表現を簡単に得ることができる.

図 5.6 に示すような二つの楔状導体がある場合に，波源 S から観測点 P に至

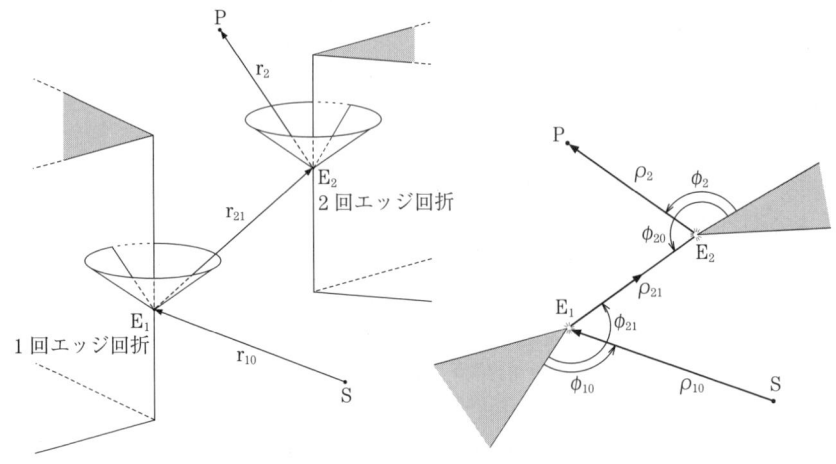

(a) 波源 S, エッジ E_1, エッジ E_2 と観測点 P の立体的な位置関係

(b) エッジ(稜線)に垂直な断面内で測った角度(top view)

図 5.6 エッジ間の多重回折波．波源 S からエッジ E_1 で回折した 1 回エッジ回折波 u^1 が，エッジ E_2 に入射して作る 2 回エッジ回折波 u^2

る回折波として，二つのエッジ E_1, E_2 で連続して回折する 2 回エッジ回折波が可能である．この 2 回エッジ回折波の伝搬経路 ($r_{10} + r_{21} + r_2$) は，停留表現になるように，両楔状物体の稜線上に回折点 E_1, E_2 が決定される．幾何学的には，図 5.5 に示されたように，それぞれのエッジに対応する入射方向と出射方向の稜線の接線方向に対する波数ベクトル成分が保存されているから，それぞれのエッジによって励振される回折波は，円錐状に放射され観測点に到達することになる．いったん回折点が決定されれば，式 (5.42) を基に逐次回折波の計算を進めればよい．例えば図 5.6 に示された 2 回エッジ回折波 $\boldsymbol{E}_2^d$ は，エッジ E_2 への入射波を $\boldsymbol{E}^i(Q_{E_2})$ とすれば，式 (5.42) から

$$\boldsymbol{E}_2^d(r_2) = \boldsymbol{E}^i(Q_{E_2}) \cdot \bar{\bar{D}}_2 \, A(r_2) e^{-jkr_2}, \tag{5.47}$$

$$\boldsymbol{E}^i(Q_{E_2}) = \boldsymbol{E}_1^d(r_{21}) = \boldsymbol{E}^i(Q_{E_1}) \cdot \bar{\bar{D}}_1 \, A(r_{21}) e^{-jkr_{21}} \tag{5.48}$$

となる．ここで $\boldsymbol{E}^i(Q_{E_1})$ は式 (5.40) で示したように，波源 S から放射された波の電界をエッジ E_1 を中心とした局所座標で表した量である．またダイアド回折係数 $\bar{\bar{D}}_1$, $\bar{\bar{D}}_2$ も振幅の補正係数 $A(r_{21})$, $A(r_2)$ もそれぞれエッジ E_1, E_2 を中心として測った局所座標で表すことに注意する．このように多重エッジ回折波を含めて，複数の反射，透過，回折のメカニズムを観測点に到達する波を考えることができる．

具体的な例を後で示すが，高周波近似としてエッジ間の多重回折を考える場合には，それなりの精度を期待するなら，1 波長程度の距離が望ましい．

5.3 導体以外のウェッジによる回折

上述したエッジ回折波の表現は，導体で作られたウェッジのエッジ回折波を基に組み立てた．したがってもし導体以外の媒質でできた散乱体，例えば木やコンクリートなどのエッジによって起きる回折波を計算するには，誘電体ウェッジに対する回折波の表現が必要になる．こうした回折波の高周波近似の表現が

求められると適応範囲が非常に拡がることになる.しかし残念ながら一般的な誘電体ウェッジに対する電磁波の回折波の表現は今のところ導出されていない†.

誘電体媒質の場合には,外部からウェッジ媒質内に透過する幾何光学成分がある.この幾何光学的な透過波の寄与は通常,エッジ回折波の成分より強いために,エッジ回折波はあまり重要ではなくなることが期待される.厳密解からこうした幾何光学的な透過波の成分を抜き出して残った回折波の成分を表現する工夫がされているが,今のところ満足できる結果までに至っていない[39]~[44],[47].

ウェッジが表面インピーダンスをもつ材料で作られた場合については,エッジ回折波がマリウズィネツ (Maliuzhinets, G. D.) 関数を用いて表現できることが示されている[48],[49].コンクリートのような損失のある誘電体の場合については,ウェッジ内への透過波は減衰が大きいので,重要でないことが多く,実用的にはウェッジの表面における反射波の計算を表面インピーダンスをもつ場合で置き換えたり,完全導体のウェッジの回折係数を近似的に使ったりすることが多い.

5.4 ま と め

本章ではエッジ回折波の考え方について調べた.
1. 導体ウェッジによる散乱界から高周波近似によってエッジ回折波の表現を導出した.
2. その解析結果によれば,エッジ回折波は,エッジへの入射波に回折係数と呼ばれる指向性パターン関数を掛け合せられた波源を,ちょうどエッジ上においてそこから放射しているように表すことができる.
3. この表現は物理光学近似の結果を鞍部点法を用いて求めた結果と同じ形をしており,回折係数が異なるだけである.
4. この回折点となるエッジはフェルマーの原理を拡張した波源と観測点を

---

† 高周波散乱解析の大御所であり,著者の恩師の一人であるフェルセン教授[29]も学位を取る頃挑戦したそうであるが,満足のいく結果は得られなかったといわれていた.

結ぶ光路の極値の一つと考えられる．エッジ回折波は，入射波の入射方向と稜線で決まる半頂角をもつ円錐状に拡がる．

5. 導体ウェッジの回折波を基に，ケラーは局所的にウェッジに近似できるような物体からのエッジ回折波についての一般表現を得た．

6. 複数のエッジを多重回折するエッジ回折波の表現まで拡張できる．この場合，回折を繰り返すたびに，回折点に等価的に指向性（回折係数）をもつ波源を置き，そこからの放射波を考えればよい．

7. 回折波の寄与は，多重回折のたびにエッジ間の距離を d としてエッジ間を伝搬する放射波 $C(kd)$ の振幅のために，$(kd)^{-1/2}$ の項が掛け合されることになり，多重回折波は大きく減衰する†．したがって多重回折波の寄与が必要になるのは，深い影の領域のような主要となる幾何光学波，1回エッジ回折波等が届かないところになる．

8. 回折波は波数の逆べき級数展開の初項から計算しているので，エッジ間の距離 d が短い場合には，kd による逆べき級数の2項目以降の項が十分小さくなるように，$kd \gg 1$ が望まれる．したがって厚みを考慮した半平板のように，厚みのあるエッジ回折はうまく表現できない．もちろんエッジ間が波長に対して大きくなれば，多重回折の効果を考慮して解析可能である．厚みのある半平板による回折については，後の8章8.2節を参照されたい．

---

† Eモードの場合には，電界に関係した回折波が表面に沿って伝搬する関係で減衰はさらに大きい．この寄与は後の7.3節のスロープ回折を参照されたい．

6 幾何光学的回折理論 (表面回折)

本章では，滑らかな散乱体の表面を伝わる表面回折波について求めよう．滑らかな曲率をもつ物体の表面に入射した電磁波は，その表面に沿って伝搬する表面波を励振する．例えば丸い地球の見通しを越えた伝搬現象を説明するためには，こうした表面波伝搬が必要である．凹型表面では曲率の影響を受けて，反射を繰り返しながら伝搬する比較的強い波が存在し，これは**ウィスパリングギャラリモード** (whispering gallery mode) と呼ばれる．これに対して凸型表面を伝搬する波は，進行するにつれて振幅が強く減衰する**クリーピング波** (creeping wave) と呼ばれる回折波の一つである．この波は幾何光学波に比べて非常に弱い寄与ではあるが，幾何光学波が届かないような影の領域においては，エッジ回折波と同様に重要な波の一つである．まずはこうした表面回折波の規範問題となる導体円筒による電磁波の解析から，円筒の影の領域に伝搬する波が存在することを調べよう．

6.1　規範問題：導体円筒による散乱

図**6.1** に示すような，半径 a の z 方向に一様な二次元完全導体円筒による電磁波の散乱を考えよう．導体楔のときと同様に $\frac{\partial}{\partial z} \equiv 0$ の二次元問題と考えると，波源が電流源 $\bm{J} = I\delta(\bm{\rho} - \bm{\rho}_0)\hat{\bm{z}}$ の場合，電界 E_z に関連した E モードのグリーン関数 $G^E(\bm{\rho}; \bm{\rho}_0)$ は，微分方程式 (3.11) を導体円筒上における境界条件：

$$G^E(\bm{\rho}; \bm{\rho}_0) = 0 \quad \text{at} \quad \rho = a \tag{6.1}$$

6.1 規範問題：導体円筒による散乱

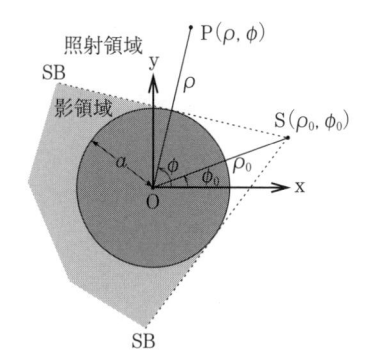

図 6.1 完全導体でできた半径 a の円筒．円筒の中心を原点にとり，円筒座標で線波源 $S(\rho_0, \phi_0)$ と観測点 $P(\rho, \phi)$ を表す

と $\rho \to \infty$ での放射条件を満足するように解けば[1),24),29)]

$$G^E(\boldsymbol{\rho}; \boldsymbol{\rho}_0) = \frac{1}{4j} \sum_{m=-\infty}^{\infty} e^{-jm(\phi-\phi_0)} \mathrm{H}_m^{(2)}(k\rho_>)$$
$$\cdot \left[\mathrm{J}_m(k\rho_<) - \frac{\mathrm{J}_m(ka)}{\mathrm{H}_m^{(2)}(ka)} \mathrm{H}_m^{(2)}(k\rho_<) \right], \qquad (6.2)$$

または

$$G^E(\boldsymbol{\rho}; \boldsymbol{\rho}_0) = \frac{1}{8j} \sum_{m=-\infty}^{\infty} e^{-jm(\phi-\phi_0)} \mathrm{H}_m^{(2)}(k\rho_>)$$
$$\cdot \left[\mathrm{H}_m^{(1)}(k\rho_<) - \frac{\mathrm{H}_m^{(1)}(ka)}{\mathrm{H}_m^{(2)}(ka)} \mathrm{H}_m^{(2)}(k\rho_<) \right] \qquad (6.3)$$

のように求められ，各電磁界の成分は式 (5.1) から導かれる．

一方，波源が磁流源 $\boldsymbol{M} = M\delta(\boldsymbol{\rho} - \boldsymbol{\rho}_0)\hat{\boldsymbol{z}}$ の場合，磁界 H_z に関連した H モードのグリーン関数 $G^H(\boldsymbol{\rho}; \boldsymbol{\rho}_0)$ は，E モードと同じ微分方程式 (3.11) と同じ放射条件，ならびに境界条件：

$$\frac{\partial}{\partial \rho} G^H(\boldsymbol{\rho}; \boldsymbol{\rho}_0) = 0 \quad \text{at} \quad \rho = a \qquad (6.4)$$

を満足するように解くと

$$G^H(\boldsymbol{\rho}; \boldsymbol{\rho}_0) = \frac{1}{4j} \sum_{m=-\infty}^{\infty} e^{-jm(\phi-\phi_0)} \mathrm{H}_m^{(2)}(k\rho_>)$$
$$\cdot \left[\mathrm{J}_m(k\rho_<) - \frac{\mathrm{J}_m'(ka)}{\mathrm{H}_m^{(2)'}(ka)} \mathrm{H}_m^{(2)}(k\rho_<) \right], \qquad (6.5)$$

$$G^H(\boldsymbol{\rho};\boldsymbol{\rho}_0) = \frac{1}{8j} \sum_{m=-\infty}^{\infty} e^{-jm(\phi-\phi_0)} H_m^{(2)}(k\rho_>)$$
$$\cdot \left[H_m^{(1)}(k\rho_<) - \frac{H_m^{(1)'}(ka)}{H_m^{(2)'}(ka)} H_m^{(2)}(k\rho_<) \right] \qquad (6.6)$$

を得る.ここで上式中のベッセル関数のプライム記号 $J_m'(ka)$, $H_m^{(2)'}(ka)$ 等は引数 ka に関する微分を表している.E モードと H モードのそれぞれの結果 (6.3),(6.6) の違いは,このベッセル関数の微分のところだけであり,以下の式の変形はほとんど同様にできるので,ここでは E モードのグリーン関数の場合について説明することにする.

この級数表示は円筒の半径 a が波長に比べて大きい,すなわち ka が大きな高周波の散乱に対しては収束が遅くなる.したがって幾何光学界を求めるには,楔の場合と同様に別の表現の方が便利である.

6.1.1 高周波近似界の導出

関数 $F(m)$ についての級数表現は,**ワトソン変換** と呼ばれる変換:

$$\sum_{-\infty}^{\infty} F(m) e^{-jm(\phi-\phi_0)} = \frac{1}{2j} \oint_C \frac{e^{-j\nu\{(\phi-\phi_0)-\pi\}}}{\sin \nu \pi} F(\nu) d\nu \qquad (6.7)$$

を用いて周回積分で表すことができる.ここで積分経路 C は,図 **6.2** のように被積分関数のもつ実 ν 軸上の特異点 $\nu = m$ (m は整数) をすべて取り囲む経路である.留数定理を用いると,上式 (6.7) は簡単に証明することができる.この変換により,E モードに対して式 (6.3) は

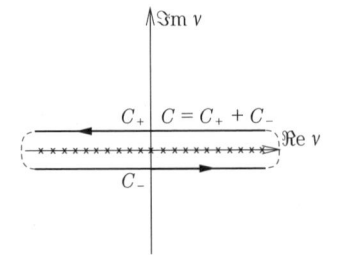

図 **6.2** ある級数表示から異なる級数表示を得るためのワトソン変換と呼ばれる積分表現のための複素 ν 平面内の周回積分経路 $C(= C_+ + C_-)$.積分路 C は実軸上 $\nu = n\pi$ に存在する極を囲む

6.1 規範問題：導体円筒による散乱

$$G^E(\boldsymbol{\rho};\boldsymbol{\rho}_0) = \frac{-1}{16}\oint_C \frac{e^{-j\nu\{(\phi-\phi_0)-\pi\}}}{\sin\nu\pi}\mathrm{H}_\nu^{(2)}(k\rho_>)$$
$$\cdot\left[\mathrm{H}_\nu^{(1)}(k\rho_<) - \frac{\mathrm{H}_\nu^{(1)}(ka)}{\mathrm{H}_\nu^{(2)}(ka)}\mathrm{H}_\nu^{(2)}(k\rho_<)\right]d\nu \qquad (6.8)$$

となる．また上記積分経路 C を実軸の上下の経路 C_+, C_- に分けて

$$\frac{1}{\sin\nu\pi} = \frac{2j}{e^{j\nu\pi}-e^{-j\nu\pi}} = \mp 2j\sum_{n=0}^{\infty}e^{\pm j\nu(2n+1)\pi}, \quad \Im\mathrm{m}\,\nu \gtrless 0 \qquad (6.9)$$

と展開する．式 (6.8) の指数部 $(-j\nu\{(\phi-\phi_0)-\pi\})$ の複素 ν 平面内の収束性から，$\Im\mathrm{m}\,\nu<0$ を選び，経路 C_+ に対する積分表現を $\nu=-\nu$ に置き換えて，経路 C_- の積分表現に変換すると，式 (6.8) は各項が

$$G^{(1)}(\boldsymbol{\rho};\boldsymbol{\rho}_0) = \frac{1}{8j}\int_{-\infty}^{\infty}\mathrm{H}_\nu^{(1)}(k\rho_<)\mathrm{H}_\nu^{(2)}(k\rho_>)e^{-j\nu\{|\phi-\phi_0|+2n\pi\}}d\nu, \quad (6.10)$$

$$G^{(2)}(\boldsymbol{\rho};\boldsymbol{\rho}_0) = -\frac{1}{8j}\int_{-\infty}^{\infty}\frac{\mathrm{H}_\nu^{(1)}(ka)}{\mathrm{H}_\nu^{(2)}(ka)}\mathrm{H}_\nu^{(2)}(k\rho_<)\mathrm{H}_\nu^{(2)}(k\rho_>)e^{-j\nu\{|\phi-\phi_0|+2n\pi\}}d\nu$$
$$(6.11)$$

で与えられる級数和の形に表現できる[24),29)]．これらの積分表示から，高周波近似界を導こう．

最初に $G^{(1)}(\boldsymbol{\rho};\boldsymbol{\rho}_0)$ について考える．$k\rho, k\rho_0 \gg 1$ のとき，ハンケル関数のデバイ近似[29)]：

$$\mathrm{H}_\nu^{(1)}(z) \sim \sqrt{\frac{2}{\pi z\sin\gamma}}\exp[\pm jz(\sin\gamma-\gamma\cos\gamma)\mp j\pi/4], \qquad (6.12)$$

$$\cos\gamma = \nu/\gamma, \quad |\arg z| < \pi/2, \quad 0 < \Re\mathrm{e}\,\gamma < \pi \qquad (6.13)$$

を用いると

$$G^{(1)}(\boldsymbol{\rho};\boldsymbol{\rho}_0) \sim \frac{1}{8j}\int_{-\infty}^{\infty}\sqrt{\frac{2}{\pi k\rho_<\sin\gamma_<}}\sqrt{\frac{2}{\pi k\rho_>\sin\gamma_>}}e^{-j\psi_1(\nu)}d\nu,$$
$$(6.14)$$

$$\psi_1(\nu) = \nu|\phi-\phi_0| + 2n\pi\nu - k\rho_<(\sin\gamma_< - \gamma_<\cos\gamma_<)$$
$$+ k\rho_>(\sin\gamma_> - \gamma_>\cos\gamma_>), \qquad (6.15)$$

$$\nu = k\rho_<\cos\gamma_< = k\rho_>\cos\gamma_> \qquad (6.16)$$

となる.

この積分表示から鞍部点法を用いて近似界を求める. 鞍部点は

$$\frac{\partial}{\partial \nu}\psi_1(\nu) = |\phi - \phi_0| + 2n\pi + \cos^{-1}\left(\frac{\nu}{k\rho_<}\right) - \cos^{-1}\left(\frac{\nu}{k\rho_>}\right) = 0 \tag{6.17}$$

から求めることができる. 与えられた波源 S, 観測点 P の位置関係から上式を満足する解 ν_s は, $n=0$ のときに図 **6.3** (a) に示す関係, すなわち

$$|\phi - \phi_0| = \cos^{-1}\left(\frac{\nu_s}{k\rho_>}\right) - \cos^{-1}\left(\frac{\nu_s}{k\rho_<}\right) = \gamma_> - \gamma_< \tag{6.18}$$

を満足する[†].

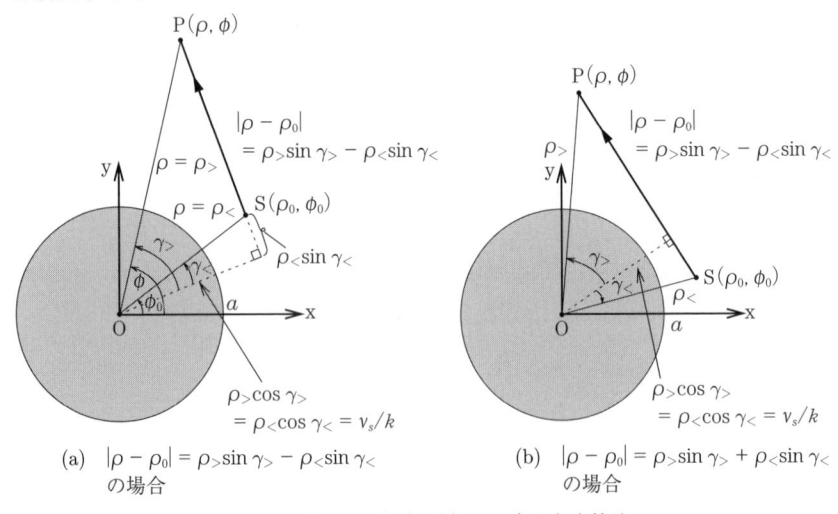

図 **6.3** 波源 S から観測点 P に向かう直接波

この鞍部点 ν_s は実軸上にあり, この点において

$$\psi_1(\nu_s) = k\rho_>\sin\gamma_> - k\rho_<\sin\gamma_< = k|\boldsymbol{\rho} - \boldsymbol{\rho}_0|, \tag{6.19}$$

$$\left.\frac{d^2}{d\nu^2}\psi_1(\nu)\right|_{\nu=\nu_s} = \frac{1}{k\rho_>\sin\gamma_>} - \frac{1}{k\rho_<\sin\gamma_<} < 0 \tag{6.20}$$

となるので, ν_s を通る SDP は図 **6.4** (a) に示すように, ν_s の近くで実軸と 45°

[†] 変数 n は円筒の周りを周回する回転数に関係したパラメータに相当する. 他の n については, 条件を満足する実数解 ν_s は存在しない. 複素数の解 ν_s は存在するかもしれないが, その点を通るように積分経路を変更ができなければ, 積分には寄与しない.

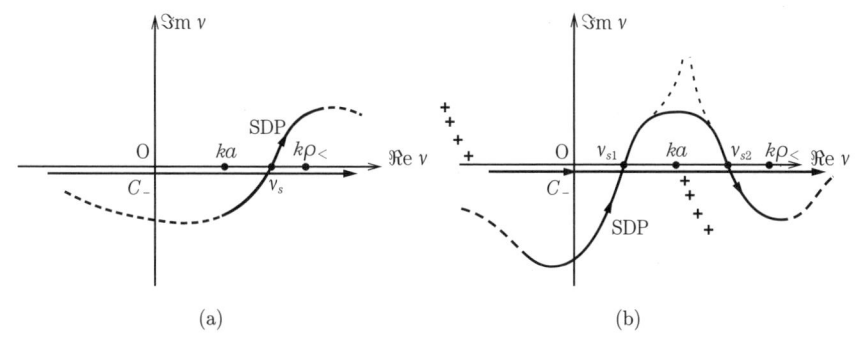

6.1 規範問題：導体円筒による散乱　　93

図 6.4 複素 ν 平面における鞍部点と最急降下路．(a)．式 (6.10) に対する鞍部点法による評価．鞍部点 ν_s は実軸上の $ka < \nu_s < k\rho_<$ に存在する．(b)．式 (6.11) に対する鞍部点法による評価．鞍部点 ν_{s1}, ν_{s2} は実軸上に二つあり $\nu_{s1} < ka < \nu_{s2} < k\rho_<$ に存在する．ν_{s1} から図 6.5 に対応する円筒表面からの反射波の寄与が，また ν_{s2} から図 6.3 (b) に対応する直接波の寄与が得られる．また複素 ν 平面上には $H_\nu^{(2)} = 0$ を満足する特異点 ν_p が存在する．この特異点（一位の極）の留数評価からクリーピング波が求められる．

傾いた直線で近似すると，式 (2.26) の結果を利用して†

$$G^{(1)}(\boldsymbol{\rho};\boldsymbol{\rho}_0) \sim \frac{1}{8j}\sqrt{\frac{2}{\pi k\rho_< \sin\gamma_<}}\sqrt{\frac{2}{\pi k\rho_> \sin\gamma_>}}$$

$$\cdot \sqrt{\frac{2\pi}{j\left(\dfrac{1}{k\rho_> \sin\gamma_>} - \dfrac{1}{k\rho_< \sin\gamma_<}\right)}} e^{-jk|\boldsymbol{\rho}-\boldsymbol{\rho}_0|}$$

$$= \sqrt{\frac{1}{8\pi k|\boldsymbol{\rho}-\boldsymbol{\rho}_0|}} e^{-jk|\boldsymbol{\rho}-\boldsymbol{\rho}_0|-j\pi/4} = C(k|\boldsymbol{\rho}-\boldsymbol{\rho}_0|) \quad (6.21)$$

を得る．この結果は波源 S から観測点 P に直接到達する幾何光学波を表しており，二次元の自由空間グリーン関数の結果 (3.13) と一致する．注意したいのは，鞍部点法による評価 (6.21) がグリーン関数の結果 (3.13) と一致するのは，あくまでも式 (6.18) の条件を満足する ν_s が存在するときである．実際図 6.3 (b) に示すような位置関係の場合には $G^{(1)}(\boldsymbol{\rho};\boldsymbol{\rho}_0)$ は寄与しない．この場合には，以

---

† 式 (2.26) は鞍部点評価の際の指数部が $j\Omega g(z)$ に対して $\Re\{g''(z_s)\} > 0$ の場合である．ここでは指数部は式 (6.14) のように $-j\psi(\nu)$ で定義されているので，$j\Omega g(z)$ は $-j\psi(\nu)$ が対応し，$-\psi''(\nu_s) > 0$ となる．

下に示すように $G^{(2)}(\boldsymbol{\rho};\boldsymbol{\rho}_0)$ の評価から幾何光学波が導出されることになる.

次に式 (6.11) で与えられる $G^{(2)}(\boldsymbol{\rho};\boldsymbol{\rho}_0)$ について考えよう.積分に含まれる被積分関数は,分母に $H^{(2)}_\nu(ka)$ があるため, $H^{(2)}_\nu(ka) = 0$ を満足する解 ν_p で特異点をもつ.この特異点 ν_p は,後述するように,複素 ν 平面内の第2,第4象限に存在することがわかっている(図 6.4 (b) 参照).また積分評価に際して式中の $H^{(1),(2)}_\nu(ka)$ について $\nu < ka$ の場合と $ka < \nu$ の場合においてハンケル関数の異なる近似式を用いる必要がある[29]. $z < \nu$ において,使える近似式は

$$\overset{(1)}{H^{(2)}_\nu}(z) \sim \pm \sqrt{\frac{2}{\pi z \sin\gamma}} \exp[+jz(\sin\gamma - \gamma\cos\gamma) - j\pi/4] \tag{6.22}$$

となるので†,結局,被積分関数中の付加項は, $ka < \nu$ に対して $\dfrac{H^{(1)}_\nu(ka)}{H^{(2)}_\nu(ka)} \sim -1$ と近似できる. $k\rho_>$ を引数にもつハンケル関数 $H^{(2)}_\nu(k\rho_<)$ については $k\rho_> > k\rho_< \gg 1$ に対して式 (6.12) で与えたデバイの近似式を使えるので,それを利用すると式 (6.11) は

$$G^{(2)}(\boldsymbol{\rho};\boldsymbol{\rho}_0) \sim \frac{1}{8}\int \sqrt{\frac{2}{\pi k\rho\sin\gamma}}\sqrt{\frac{2}{\pi k\rho_0\sin\gamma_0}} e^{-j\psi_2(\nu)} d\nu, \tag{6.23}$$

$$\psi_2(\nu) = \nu|\phi - \phi_0| + 2n\pi\nu + k\rho(\sin\gamma - \gamma\cos\gamma)$$
$$+ k\rho_0(\sin\gamma_0 - \gamma_0\cos\gamma_0), \tag{6.24}$$

$$\nu = k\rho\cos\gamma = k\rho_0\cos\gamma_0 \tag{6.25}$$

となる.ここで用いた被積分関数の近似は, $ka < \nu$ の範囲でのみ用いることができるため,積分の範囲はあえて明示していない.鞍部点 ν_s を求めるために $\dfrac{\partial}{\partial\nu}\psi_2(\nu) = 0$ とおいて,存在し得る実数解 ν_s は $n = 0$ についてのみ存在し

$$|\phi - \phi_0| = \cos^{-1}\left(\frac{\nu_s}{k\rho}\right) + \cos^{-1}\left(\frac{\nu_s}{k\rho_0}\right) = \gamma + \gamma_0 \tag{6.26}$$

となる.このとき波源 S と観測点 P の位置関係を図 6.3 (b) に示す.

$$\psi_2(\nu_s) = k\rho\sin\gamma + k\rho_0\sin\gamma_0 = k|\boldsymbol{\rho} - \boldsymbol{\rho}_0|, \tag{6.27}$$

$$\left.\frac{d^2}{d\nu^2}\psi_2(\nu)\right|_{\nu=\nu_s} = \frac{1}{k\rho\sin\gamma} + \frac{1}{k\rho_0\sin\gamma_0} > 0 \tag{6.28}$$

---

† $H^{(2)}_\nu(z)$ の近似式が, $\nu < z$ の場合の近似式 (6.12) とは異なるので,注意が必要.

であるので，$\nu_s(>ka)$ の近くで実軸と $-45°$ 傾いた SDP に積分路を変更して評価すると

$$G^{(2)}(\boldsymbol{\rho};\boldsymbol{\rho}_0) \sim \frac{1}{4\pi}\sqrt{\frac{1}{k\rho\sin\gamma}}\sqrt{\frac{1}{k\rho_0\sin\gamma_0}}\sqrt{\frac{2\pi}{\psi''(\nu_s)}}$$

$$\cdot\sqrt{\frac{2\pi}{\left(\dfrac{1}{k\rho\sin\gamma}+\dfrac{1}{k\rho_0\sin\gamma_0}\right)}}e^{-jk|\boldsymbol{\rho}-\boldsymbol{\rho}_0|-j\pi/4}$$

$$=\sqrt{\frac{1}{8\pi k|\boldsymbol{\rho}-\boldsymbol{\rho}_0|}}e^{-jk|\boldsymbol{\rho}-\boldsymbol{\rho}_0|-j\pi/4}=C(k|\boldsymbol{\rho}-\boldsymbol{\rho}_0|) \quad (6.29)$$

となり，式 (6.26) を満足する位置関係をもつ場合の直接波の幾何光学近似界を得る．

積分変数 ν が，$\nu<ka$ を満足する領域についての近似は，式 (6.11) 中の被積分関数のハンケル関数についてすべて $\nu<(ka,\rho_<,\rho_>)$ となるので，式 (6.12) に与えたデバイの近似を代入して整理すると

$$G^{(2)}(\boldsymbol{\rho};\boldsymbol{\rho}_0) \sim \frac{j}{8}\int\sqrt{\frac{2}{\pi k\rho\sin\gamma}}\sqrt{\frac{2}{\pi k\rho_0\sin\gamma_0}}e^{-j\psi_2(\nu)}d\nu, \quad (6.30)$$

$$\psi_2(\nu) = \nu|\phi-\phi_0|+2n\pi\nu+k\rho(\sin\gamma-\gamma\cos\gamma)$$
$$+k\rho_0(\sin\gamma_0-\gamma_0\cos\gamma_0)-2ka(\sin\gamma_a-\gamma_a\cos\gamma_a), \quad (6.31)$$

$$\nu = k\rho\cos\gamma=k\rho_0\cos\gamma_0=ka\cos\gamma_a \quad (6.32)$$

を得る．

鞍部点 ν_s を求めるために $\dfrac{\partial}{\partial\nu}\psi_2(\nu)=0$ とおいて，存在し得る実数解 ν_s は $n=0$ についてのみ存在し

$$|\phi-\phi_0| = \cos^{-1}\left(\frac{\nu_s}{k\rho}\right)+\cos^{-1}\left(\frac{\nu_s}{k\rho_0}\right)-2\cos^{-1}\left(\frac{\nu_s}{ka}\right)$$
$$= \gamma+\gamma_0-2\gamma_a \quad (6.33)$$

となる．このとき波源 S と観測点 P の位置関係を図 **6.5** に示す．

6. 幾何光学的回折理論（表面回折）

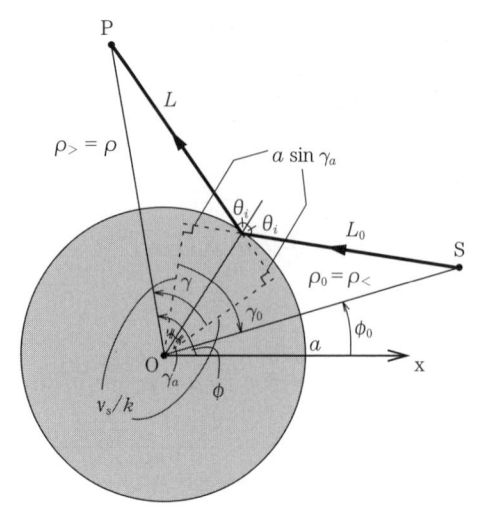

図 6.5 導体円筒による反射波

$$\begin{aligned}\psi_2(\nu_s) &= k\rho\sin\gamma + k\rho_0\sin\gamma_0 - 2ka\sin\gamma_a \\ &= k\rho\sin\gamma - ka\sin\gamma_a + k\rho_0\sin\gamma_0 - ka\sin\gamma_a \\ &= kL + kL_0,\end{aligned} \quad (6.34)$$

$$\left.\frac{d^2}{d\nu^2}\psi_2(\nu)\right|_{\nu=\nu_s} = \frac{1}{k\rho\sin\gamma} + \frac{1}{k\rho_0\sin\gamma_0} - \frac{2}{ka\sin\gamma_a} < 0 \quad (6.35)$$

であるので，$\nu_s(< ka)$ の近くで実軸と 45° 傾いた SDP に積分路を変更して評価すると

$$\begin{aligned}G^{(2)}(\boldsymbol{\rho};\boldsymbol{\rho}_0) &\sim \frac{j}{4\pi}\sqrt{\frac{1}{k\rho\sin\gamma}}\sqrt{\frac{1}{k\rho_0\sin\gamma_0}}\sqrt{\frac{2\pi}{-j|\psi''(\nu_s)|}}e^{-j\psi_2(\nu_s)} \\ &= -\sqrt{\frac{A}{8\pi k}}\,e^{-jk(L+L_0)-j\pi/4},\end{aligned} \quad (6.36)$$

$$\begin{aligned}A &= \frac{1}{\rho\sin\gamma\,\rho_0\sin\gamma_0}\frac{1}{\left(\dfrac{2}{a\sin\gamma_a} - \dfrac{1}{\rho\sin\gamma} - \dfrac{1}{\rho_0\sin\gamma_0}\right)} \\ &= \frac{a\cos\theta_i}{2LL_0 + (L+L_0)a\cos\theta_i} = \frac{1}{(L+L_0) + \dfrac{2LL_0}{a\cos\theta_i}}\end{aligned} \quad (6.37)$$

となり，式 (6.33) を満足する位置関係をもつ場合の反射波の幾何光学近似界を得る．この結果は，第 3 章で述べた幾何光学的な近似から求めた式 (3.84) と一致する．

H モードに対する評価も同様に計算できる．E モードとの違いは，式 (6.3) と式 (6.6) を比べることにより，境界条件の違いから括弧内の第 2 項が $\dfrac{H_m^{(1)}(ka)}{H_m^{(2)}(ka)}$ から $\dfrac{H_m^{(1)\prime}(ka)}{H_m^{(2)\prime}(ka)}$ に変わったのみである．したがって，鞍部点法を用いた漸近評価においては式 (6.10) の $G^{(1)}(\boldsymbol{\rho};\boldsymbol{\rho}_0)$ はそのまま，式 (6.11) の $G^{(2)}(\boldsymbol{\rho};\boldsymbol{\rho}_0)$ は $\dfrac{H_\nu^{(1)}(ka)}{H_\nu^{(2)}(ka)}$ を引数に対する導関数 $\dfrac{H_\nu^{(1)\prime}(ka)}{H_\nu^{(2)\prime}(ka)}$ に置換すればよくて

$$\hat{G}^{(2)}(\boldsymbol{\rho};\boldsymbol{\rho}_0) = -\frac{1}{8j}\int_{-\infty}^{\infty}\frac{H_\nu^{(1)\prime}(ka)}{H_\nu^{(2)\prime}(ka)}H_\nu^{(1)}(k\rho_<)H_\nu^{(2)}(k\rho_>)$$
$$\cdot e^{-j\nu\{|\phi-\phi_0|+2n\pi\}}d\nu \qquad (6.38)$$

となる．

$\hat{G}^{(2)}(\boldsymbol{\rho};\boldsymbol{\rho}_0)$ の評価について，直接波の寄与を得た $ka < \nu < (k\rho, k\rho_0)$ の領域において式 (6.22) から $H_\nu^{(2)}(ka) \sim -H_\nu^{(1)}(ka)$ であったから

$$\frac{H_\nu^{(1)}(ka)}{H_\nu^{(2)}(ka)} \sim \frac{H_\nu^{(1)\prime}(ka)}{H_\nu^{(2)\prime}(ka)} \sim -1 \qquad (6.39)$$

となるので，積分評価は E モードの場合と同じとなり，式 (6.29) と同じ直接波を得る．

これに対し，反射波の寄与を得た $\nu < (ka, k\rho, k\rho_0)$ の場合，被積分関数に含まれる四つのハンケル関数すべてに式 (6.12) で与えたデバイの近似式を使うことができる．引数 ka に対する微分 $H_\nu^{(1)\prime}(z)$, $H_\nu^{(2)\prime}(z)$ は，近似式 (6.12) を微分して主要項をとれば

$$H_\nu^{(1)\prime}_{(2)}(z) \sim \pm j\sqrt{\frac{2\sin\gamma}{\pi z}}\exp[\pm jz(\sin\gamma - \gamma\cos\gamma)\mp j\pi/4], \qquad (6.40)$$
$$\cos\gamma = \nu/\gamma, \quad |\arg z| < \pi/2, \quad 0 < \Re\gamma < \pi \qquad (6.41)$$

となるので，最終的に

$$\frac{H_\nu^{(1)\prime}(ka)}{H_\nu^{(2)\prime}(ka)} \sim -\exp[+j2ka(\sin\gamma - \gamma\cos\gamma) - j\pi/2] \qquad (6.42)$$

を得る．これは E モードの場合の結果と振幅項のマイナス符号の違いがあるから，反射波を与える漸近評価の結果は，E モードの結果 (6.36) の符号を変えたものになる．これは物理的に幾何光学波の導体円筒表面での反射を考えた場合に，E モードでは反射係数が -1，H モードのとき反射係数が $+1$ に変化していることを意味している．

6.1.2 クリーピング波

導体円筒の影領域に観測点があると，上述した幾何光学波（直接波，反射波）は，観測されない．したがって前項で導出した積分表示式 (6.10),(6.11) は，実軸上に鞍部点が存在しないため，別の評価が必要になる．

式 (6.11) は，被積分関数に含まれる $H_\nu^{(2)}(ka) = 0$ において特異点をもつ．この特異点は，ハンケル関数の性質を調べることによって $\nu = \pm ka$ にあることが知られており，次数が 1/3 であるベッセル関数 $J_{1/3}(x)$ に関連したエアリー関数 を用いて導出することができるが，かなり複雑になるので，ここでは詳細を割愛する．結果として，$H_\nu^{(2)}(ka) = 0$ の根 ν_p は ka が十分大きいとき

$$\pm\nu_p = ka + \alpha_p \left(\frac{ka}{2}\right)^{1/3} e^{-j\pi/3} \qquad (6.43)$$

に存在し，それぞれ一位の極となる．ここで α_p はエアリー関数 $Ai(x)$ が $Ai(-\alpha) = 0$ を満足する根であり，すべての根は負の実軸上 ($\alpha_p > 0$) に存在する．最初の数項を**表 6.1** に示す．

こうして極 ν_p は，図 6.4(b) に示すように，複素 ν 平面内の $\nu = ka$ から $-60°$ の角度方向，$\nu = -ka$ から $120°$ の角度方向に伸びた直線近くの第 2, 4 象限にあることがわかる．

式 (6.11) の積分路を複素 ν 下平面で閉じたとき，第 4 象限のそれぞれの特異点における留数評価により

6.1 規範問題：導体円筒による散乱　　99

表 6.1　エアリー関数 $\mathrm{Ai}(-\alpha)$, $\mathrm{Ai}'(-\alpha)$ のゼロ点[28]

(a)　$\mathrm{Ai}(-\alpha) = 0$ の根

p	α_p	$\mathrm{Ai}'(-\alpha_p)$
1	2.338 107 41	0.701 210 82
2	4.087 949 44	$-$0.803 111 37
3	5.520 559 83	0.865 204 03
4	6.786 708 09	$-$0.910 850 74
5	7.944 133 59	0.947 335 71
6	9.022 650 85	$-$0.977 922 81
7	10.040 174 34	1.004 370 12

(b)　$\mathrm{Ai}'(-\alpha) = 0$ の根

p	α'_p	$\mathrm{Ai}(-\alpha'_p)$
1	1.018 792 97	0.535 656 66
2	3.248 197 58	$-$0.419 015 48
3	4.820 099 21	0.380 406 47
4	6.163 307 36	$-$0.357 907 94
5	7.372 177 26	0.342 301 24
6	8.488 486 73	$-$0.330 476 23
7	9.535 449 05	0.321 022 29

$$\hat{G}^{(2)}(\boldsymbol{\rho};\boldsymbol{\rho}_0) = \sum_{p=1}^{\infty} R_p^n, \tag{6.44}$$

$$R_p^n = (-2\pi j)\frac{-1}{8j}\frac{\mathrm{H}^{(1)}_{\nu_p}(ka)}{\left.\frac{\partial}{\partial \nu}\mathrm{H}^{(2)}_{\nu}(ka)\right|_{\nu=\nu_p}}\mathrm{H}^{(2)}_{\nu_p}(k\rho_<)\mathrm{H}^{(2)}_{\nu_p}(k\rho_>)$$

$$\cdot \exp[-j\nu_p\{|\phi - \phi_0| + 2n\pi\}] \tag{6.45}$$

を得る．

　上式はこのままでも数値計算可能であるが，物理的な解釈が難しいので，さらなる近似を用いる．ハンケル関数に対するロンスキーの関係式[28]：

$$\mathcal{W}[\mathrm{H}^{(1)}_{\nu}(z), \mathrm{H}^{(2)}_{\nu}(z)] = \mathrm{H}^{(1)}_{\nu}(z)\,\mathrm{H}^{(2)\prime}_{\nu}(z) - \mathrm{H}^{(1)\prime}_{\nu}(z)\,\mathrm{H}^{(2)}_{\nu}(z)$$
$$= -\frac{4j}{\pi z} \tag{6.46}$$

と特異点の条件 $\mathrm{H}^{(2)}_{\nu_p}(ka) = 0$ から

$$\mathrm{H}^{(1)}_{\nu_p}(ka) = \frac{-4j}{\pi ka}\frac{1}{\left.\frac{\partial}{\partial \chi}\mathrm{H}^{(2)}_{\nu_p}(\chi)\right|_{\chi=ka}} = \frac{-4j}{\pi ka}\frac{1}{\mathrm{H}^{(2)\prime}_{\nu_p}(ka)} \tag{6.47}$$

を得る．上式を式 (6.45) に代入すると R_p^n は

$$R_p^n = \frac{-j}{ka} \frac{1}{H_{\nu_p}^{(2)\prime}(ka) \left. \dfrac{\partial}{\partial \nu} H_\nu^{(2)}(ka) \right|_{\nu=\nu_p}} H_{\nu_p}^{(2)}(k\rho_<) H_{\nu_p}^{(2)}(k\rho_>)$$

$$\cdot \exp[-j\nu_p\{|\phi - \phi_0| + 2n\pi\}] \tag{6.48}$$

となる．式中の $H_{\nu_p}^{(2)\prime}(ka)$, $\left.\dfrac{\partial}{\partial \nu} H_\nu^{(2)}(ka)\right|_{\nu=\nu_p}$ については，$\nu_p \sim ka$ であるから式 (6.43) の関係を用いて，エアリー関数 $\mathrm{Ai}(\chi)$, $\mathrm{Bi}(\chi)$ で近似すると[29)]

$$H_{\nu_p}^{(2)\prime}(ka) \sim -\left(\frac{2}{\nu_p}\right)^{2/3} \left[\mathrm{Ai}'(-\alpha_p e^{-j4\pi/3}) + j\mathrm{Bi}'(-\alpha_p e^{-j4\pi/3})\right]$$

$$= 2e^{j2\pi/3}\left(\frac{2}{ka}\right)^{2/3} \mathrm{Ai}'(-\alpha_p), \tag{6.49}$$

$$\left.\frac{\partial}{\partial \nu} H_\nu^{(2)\prime}(ka)\right|_{\nu=\nu_p} \sim \left(\frac{2}{\nu_p}\right)^{2/3} \left[\mathrm{Ai}'(-\alpha_p e^{-j4\pi/3}) + j\mathrm{Bi}'(-\alpha_p e^{-j4\pi/3})\right]$$

$$= -2e^{j2\pi/3}\left(\frac{2}{ka}\right)^{2/3} \mathrm{Ai}'(-\alpha_p) \sim -H_{\nu_p}^{(2)\prime}(ka) \tag{6.50}$$

が得られる．

また残るハンケル関数 $H_{\nu_p}^{(2)}(k\rho_<)$, $H_{\nu_p}^{(2)}(k\rho_>)$ については，$\nu_p \ll (k\rho_< < k\rho_>)$ の関係から，式 (6.12) で与えられたデバイの近似式を用いて整理すると

$$R_p^n \sim 2\left(\frac{2}{ka}\right)^{-1/3} \frac{e^{-j5\pi/6}}{\{\mathrm{Ai}'(-\alpha_p)\}^2} \sqrt{\frac{1}{8\pi k\rho \sin\gamma}} \sqrt{\frac{1}{8\pi k\rho_0 \sin\gamma_0}} e^{-j\psi_p^n}, \tag{6.51}$$

$$\psi_p^n = k\rho(\sin\gamma - \gamma\cos\gamma) + k\rho_0(\sin\gamma_0 - \gamma_0\cos\gamma_0) + \nu_p|\phi - \phi_0| + 2n\pi$$

$$= k\rho\sin\gamma + k\rho_0\sin\gamma_0 + \nu_p(|\phi - \phi_0| - \gamma - \gamma_0 + 2n\pi) \tag{6.52}$$

となる．ただし，$\nu_p = k\rho\cos\gamma = k\rho_0\cos\gamma_0$ である．

先にも述べたように，特異点 ν_p は，ka の近くにあるので，上式で粗い近似として $\nu_p \sim ka$ と考えると $a = \rho\cos\gamma = \rho_0\cos\gamma_0$, $l = \rho\sin\gamma$, $l_0 = \rho_0\sin\gamma_0$ を用いて

$$R_p^n \sim 2\left(\frac{2}{ka}\right)^{-1/3} \frac{e^{-j5\pi/6}}{\{\mathrm{Ai}'(-\alpha_p)\}^2} \sqrt{\frac{1}{8\pi kl}} \sqrt{\frac{1}{8\pi kl_0}} e^{-j\psi_p^n}, \tag{6.53}$$

$$\psi_p^n = k[l + l_0 + a(|\phi - \phi_0| - \gamma - \gamma_0 + 2n\pi)] \tag{6.54}$$

と表される.

位相項 ψ_p^n を図 **6.6** を参照して $n=0$ について物理的に解釈すると，波源 S から l_0 進んだ後，点 Q_1 で円筒表面に接するように入射し，表面に沿って距離 $a(|\phi-\phi_0|-\gamma-\gamma_0)$ だけ伝搬し，点 Q_2 で観測点 P に向かって距離 l だけ伝搬することになる．この解釈に基づけば，波は円筒表面に沿って這うように伝搬する表面波となるので，この波を**クリーピング波**と呼ぶ．この伝搬経路は，波源 S から観測点 P までの光路のうち，「光路長は極値になっている」という条件を満たし，フェルマーの原理の拡張にもなっている．一般の整数 n に対しても，円筒の周りを n 回周ってから観測される波を表すことになる．また式 (6.43) から ν_p は，厳密には ka の近くでその虚部は負であるので，結果として表面を伝搬する部分で，位相項 ψ_n^p は虚部をもち，進行するに従って減衰することがわかる．このクリーピング波の減衰の様子を見るためには，位相項についてのもうすこし詳細な近似が必要である．文献[34)] において石原らは，こうしたクリーピング波の導体円筒による散乱表現を詳しく解析している．詳細はその文献に譲るが，特異点 ν_p が ka の近くにあることを念頭において，新たなパラメータ τ を用いて

$$\nu_p(\tau) = ka + \left(\frac{ka}{2}\right)^{1/3} \tau \tag{6.55}$$

とおく．ka が十分大きいので，式 (6.48) 中の振幅項では $\nu_p = ka$ と考え，位相項については式 (6.55) を用いて整理すると，式 (6.52) に代わりに τ の関数として

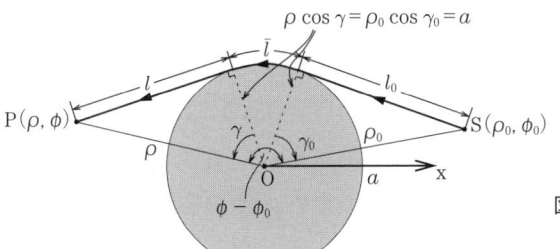

図 **6.6** 導体円筒に沿って伝搬するクリーピング波

$$\psi_p^n(\tau) = \sqrt{(k\rho)^2 - \nu_p^2} + \sqrt{(k\rho_0)^2 - \nu_p^2}$$
$$+ \nu_p \left\{ |\phi - \phi_0| - \cos^{-1}\left(\frac{\nu_p}{k\rho}\right) - \cos^{-1}\left(\frac{\nu_p}{k\rho_0}\right) + 2n\pi \right\} \quad (6.56)$$

を得る．この位相関数を τ^2 の項までテイラー展開して近似すると

$$\psi_p^n(\tau) \sim k(l_0 + \bar{l} + l) + \frac{\bar{l}}{a}\left(\frac{ka}{2}\right)^{1/3}\tau + \frac{1}{2k\bar{L}}\left(\frac{ka}{2}\right)^{2/3}\tau^2, \quad (6.57)$$

$$l = \sqrt{\rho^2 - a^2}, \quad L_0 = \sqrt{\rho_0^2 - a^2}, \quad \bar{l} = a\bar{\phi}, \quad \bar{L} = \frac{l\, l_0}{l + l_0}, \quad (6.58)$$

$$\bar{\phi} = |\phi - \phi_0| - \cos^{-1}\left(\frac{a}{\rho}\right) - \cos^{-1}\left(\frac{a}{\rho_0}\right) \quad (6.59)$$

となる．この結果に $\tau = \alpha_p e^{-j\pi/3}$ を代入して整理すると[34]

$$R_p^n \sim C(kl_0) U_{p,n}^E(Q_1, Q_2) \frac{e^{-jkl}}{\sqrt{l}}, \quad (6.60)$$

$$U_{p,n}^E(Q_1, Q_2) = \left(D_p^E A_p^E\right)^2 \exp[-j(k + \Omega_p^E)(\bar{l} + 2n\pi a)], \quad (6.61)$$

$$D_p^E = \left(\frac{ka}{2}\right)^{1/6} (2\pi k)^{-1/4} \left\{\mathrm{Ai}'(-\alpha_p)\right\}^{-1} e^{-j\pi/24}, \quad (6.62)$$

$$A_p^E = \exp\left[\frac{1}{2}\left(\frac{\alpha_p}{2\bar{u}}\right)^2 e^{-j7\pi/6}\right], \quad \bar{u} = \left(\frac{ka}{2}\right)^{-1/3}\sqrt{\frac{k\bar{L}}{2}}, \quad (6.63)$$

$$\Omega_p^E = \left(\frac{ka}{2}\right)^{1/3} \frac{\alpha_p}{a} e^{j\pi/6} \quad (6.64)$$

を得る．こうして式 (6.60) の R_p^n は，波源 S から l_0 進んで点 Q_1 で円筒表面に接するように入射した波 $C(kl_0)$ と，表面に沿って点 Q_1 から点 Q_2 まで距離 $(\bar{l} + 2n\pi a)$ だけ伝搬する $U_{p,n}^E(Q_1, Q_2)$ と，点 Q_2 で観測点 P に向かって距離 l だけ伝搬する部分 $\dfrac{e^{-jkl}}{\sqrt{l}}$ の掛け合せで表現できる．

実際大きな p に対して，特異点 ν_p は虚部が大きくなるので，ν_p ($p \gg 1$) の評価によるクリーピング波は減衰が大きい．また円筒表面を1周以上 ($n \geq 1$) 伝搬してから観測されるクリーピング波も大きく減衰する．したがって通常の解析で主要となるのは，$p = 1$, $n = 0$ である[†]．また ν_p が複素数であることは，

[†] $\phi - \phi_0 < 0$ に対する時計回りに円筒表面を伝搬するクリーピング波も存在することに注意．

6.1 規範問題：導体円筒による散乱

円筒表面上に接入射する点 Q_1 と出射する点 Q_2 は，複素空間に拡張した点であり，クリーピング波の表面伝搬もこの複素空間内であるために減衰があると考えることもできる．

Hモードに対する結果も，上記のように導出した Eモードに対応するクリーピング波の表現と同様にして求めることができる．Hモードの場合，式 (6.38) の被積分関数に含まれる特異点 ν_p は，$H_\nu^{(2)\prime}(ka) = 0$ から求められる．この根を ν_p' とすれば，十分大きな ka に対して Eモードの根 ν_p に対応して

$$\pm \nu_p' = ka + \alpha_p' \left(\frac{ka}{2}\right)^{1/3} e^{-j\pi/3} \tag{6.65}$$

で与えられ，それぞれ一位の極である．ここで α_p' はエアリー関数の導関数 $\text{Ai}'(-\alpha_p)$ の p 番目のゼロ点であり，最初の数項を表 6.1 に示した．

$\hat{G}^{(2)}(\boldsymbol{\rho}, \boldsymbol{\rho}_0)$ の積分表現 (6.38) について，特異点 ν_p における留数評価を行うと

$$\hat{G}^{(2)}(\boldsymbol{\rho}; \boldsymbol{\rho}_0) = \sum_{p=1}^{\infty} \hat{R}_p^n, \tag{6.66}$$

$$\hat{R}_p^n = (-2\pi j)\frac{-1}{8j} \frac{H_{\nu_p'}^{(1)\prime}(ka)}{\left.\frac{\partial}{\partial \nu} H_\nu^{(2)\prime}(ka)\right|_{\nu=\nu_p'}} H_{\nu_p'}^{(1)}(k\rho_<) H_{\nu_p'}^{(2)}(k\rho_>)$$

$$\cdot \exp[-j\nu_p'\{|\phi - \phi_0| + 2n\pi\}] \tag{6.67}$$

を得る．Eモードと同様 $H_{\nu_p'}^{(1),(2)}(ka)$ に対してエアリー関数を，また $H_{\nu_p'}^{(2)}(k\rho)$, $H_{\nu_p'}^{(2)}(k\rho_0)$ に対してはハンケル関数のデバイの近似式を使って整理すると，式 (6.60),(6.61) と同様な表現となり[24),34]，

$$\hat{R}_p^n \sim C(kl_0) U_{p,n}^H(Q_1, Q_2) \frac{e^{-jkl}}{\sqrt{l}}, \tag{6.68}$$

$$U_{p,n}^E(Q_1, Q_2) = \left(D_p^H A_p^H\right)^2 \exp[-j(k + \Omega_p^H)(\bar{l} + 2n\pi a)], \tag{6.69}$$

$$D_p^H = \left(\frac{ka}{2}\right)^{1/6} (2\pi k)^{-1/4} (\alpha_p')^{-1/2} \left\{\text{Ai}(-\alpha_p')\right\}^{-1} e^{-j\pi/24}, \tag{6.70}$$

$$A_p^H = \exp\left[\frac{1}{2}\left(\frac{\alpha_p'}{2\bar{u}}\right)^2 e^{-j7\pi/6}\right], \tag{6.71}$$

$$\Omega_p^H = \left(\frac{ka}{2}\right)^{1/3}\frac{\alpha_p'}{a}e^{j\pi/6} \tag{6.72}$$

を得る．E モードの結果 (6.61) と比較すると，クリーピング波として円筒表面を伝搬する部分 $U_{p,n}^E(Q_1,Q_2)$ の振幅が，一部異なるだけで，同じ形をしていることがわかる．表 6.1 を参照すると，同じ p に対して $\alpha_p' < \alpha_p$ であるから，$\Im\mathrm{m}(\nu_p') < \Im\mathrm{m}(\nu_p)$ となり，円周上を伝搬するときの減衰は，H モードに比べて E モードのほうが大きい．これは H モードの場合には，クリーピング波 $\hat{R}_p^n$ は磁界 H_z に対応し，導体円筒上を伝搬するとき，その表面上の境界条件から，H_z 自身が存在可能である．それに対して E モードの場合には，R_p^n は導体表面の接線方向の電界成分 E_z に対応しているので，表面上で $E_z = 0$ なる境界条件を満足するために，E_z は表面上に存在できないため，大きな減衰を受けている[†]．

6.2　クリーピング波の表現の一般化

前節で求めた導体円筒の表面を伝搬するクリーピング波の物理的な解釈に基づいて，導体表面の曲率が滑らかに変化する表面を伝搬するクリーピング波の表現を求めてみよう．

図 **6.7** に示すような導体表面を考える．波源 S から観測点 P まで表面を伝搬して到達する波は，点 Q_1 で表面に接入射し，点 Q_2 から出射し観測点に到

[†] クリーピング波の伝搬経路について，円筒導体表面上を伝搬する部分の位相の物理的な解釈をしているわけで，実際にはわずかに表面から離れた空間（あるいは複素空間）を伝搬していると考えられる．この考え方は，エッジ回折波の場合にも表面に沿ってEモードの回折波が伝搬する場合の高次の回折波（スロープ回折波）に対応している．詳しくは 7.3 節を参照のこと．もちろん観測点が実際に導体表面上にある場合にはEモードの場合には $R_p^n = 0$ である．

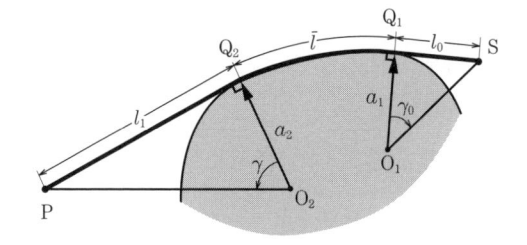

図 **6.7** 曲率の変化する筒状導体に沿って伝搬するクリーピング波

達する．Q_1 Q_2 間の表面で曲率は緩やかに変化するとして，両点の表面に沿った距離を $\bar{l}$ として式 (6.61), (6.69) の解釈に基づいて変形すればよい．例えば E モードについては，a は式 (6.60) によれば，導体円筒の半径であるが曲率が変化しているので，式 (6.62) の D_p^E については，点 Q_1, Q_2 における曲率半径 a_1, a_2 の値を一つずつ用いる．また式 (6.64) の減衰係数 Ω_p^E については，点 Q_1 から点 Q_2 まで測地線に沿った線分をパラメータ t で表せば，$a(t)$ を t における曲率半径として

$$\Omega_p^E = \frac{\alpha_p}{\bar{l}} e^{j\pi/6} \left(\frac{k}{2}\right)^{1/3} \int_{Q_1}^{Q_2} \{a(t)\}^{4/3} dt \tag{6.73}$$

と考えることができる．

6.3 ま と め

本章では，滑らかな導体表面で回折する波としてクリーピング波の表現を求めた．その過程をまとめると以下のようになる．

1. 線波源によって照射された導体円筒による散乱界を積分表現で求めた．
2. 積分表示から鞍部点法を用いて近似すると，照射領域では直接波と円筒表面で反射する反射波の寄与を得ることができ，その結果は幾何光学近似して求めた結果と一致する．
3. 直接波源から照射されていない領域では，鞍部点評価はできないが，経路変更によってハンケル関数の次数 ν に関して複素 ν 平面内の極に対する留数評価が可能である．

4. この留数評価を漸近解で近似すると，波源から円筒表面に接入射して表面に沿って伝搬し，その後観測点に向かって接線方向に出射するクリーピング波に対応していることが示された．

5. クリーピング波は，その伝搬する表面の曲率半径が大きい（平面に近い）ほど減衰が大きい．

6. ここで得られた導体円筒に沿ったクリーピング波の表現を一般化して，局所的に滑らかな表面に沿って伝搬するクリーピング波の表現を得た．

7. 一般に滑らかな表面に沿って伝搬する表面回折波（クリーピング波）は，エッジによって励振されるエッジ回折波よりも界の強さは弱い．

クリーピング波は滑らかな凸型表面に沿って伝搬するが，クリーピング波とは対照的に凹型の表面に沿って伝搬する波として，ウィスパリングギャラリモード波が存在する．この波は凹型の表面で反射を繰り返しながら伝搬するので，比較的強い波として伝搬することが知られている．ここではウィスパリングギャラリモード波についての議論は省略した．

7 GTDの問題点とその拡張

ケラーの導いたGTDによる回折波の表現は，物理的に明確でシンプルな表現である．しかし実際にそのまま使用するとなると，使いにくいところもある．本章では，こうしたGTDの問題点とその解決法について考えてみる．

7.1 回折係数の発散

エッジをもつ物体からの回折波を求める際に，GTDではエッジに等価的な波源を考え，その波源が回折係数という指向性をもって放射すると考えた．この回折係数は，第5章で求めた規範問題である導体楔による回折界 $G^d(\boldsymbol{\rho};\boldsymbol{\rho}_0)$ を基に導出した式 (5.21) を使用しているが，幾何光学波の入射境界，反射境界の近くでは，この回折係数が発散して使用できない．数学的には，積分表現 (5.15) から式 (5.21) の回折界を求めるときに，鞍部点法を適用する際に遠方 ($k\rho, k\rho_0 \gg 1$) という条件以外に鞍部点が幾何光学波に相当する特異点（極）から十分遠いということを前提として漸近近似式 (5.20) を導出した．しかし式 (5.21) は，モードにかかわらず $|\phi-\phi_0|, (\phi+\phi_0), (2\varphi-\phi-\phi_0) = \pi$ 等に対して分母がゼロとなり，このとき特異点が鞍部点の近くに存在するため，鞍部点が孤立しているという条件が満足されなくなり，鞍部点を中心としたテイラー展開による関数の近似が意味をなさなくなるためである．したがって物理的に回折波が発散することを意味しているのではなく，正しく積分を評価する必要がある．この影境界に近くの遷移領域では，界が複雑にふるまうために，単純な波数 k による逆べき級数による漸近展開では表現できないのである．この問

題を解決するためには次の方法がある．

7.1.1 一様漸近表現の利用

回折波の表現を導く際に，積分表示式，例えば二次元楔状物体に対する回折波の式 (5.15) 中に含まれる振幅関数 $B(\phi, \phi_0; w)$ において，その留数値が幾何光学界に相当する極 $w_p[= (\pi - |\phi - \phi_0|)/\varphi, \{\pi - |\phi - (2\varphi - \phi_0)|\}/\varphi]$ をもつので，孤立した鞍部点の評価では特異点が近いときに正しい評価ができない．一位の極が評価したい鞍部点の近くにある場合には，振幅関数のうち，発散する極のふるまいを鞍部点付近のテイラー展開から抜き出し，a, b を定数として

$$B(\phi, \phi_0; w) = \frac{a}{w - w_p} + b\bar{B}(w) \tag{7.1}$$

と表す．ここで $\bar{B}(w)$ は $w = w_p$ で正則な関数となり，通常の孤立鞍部点法で評価が可能である．上式 (7.1) の第 1 項の寄与は極 w_p が振幅項にあることを念頭において積分：

$$I^t(\Omega) = \int_C \frac{e^{-j\Omega g(w)}}{w - w_p} dw \tag{7.2}$$

を鞍部点 $w = w_s$ の周りで評価した一様漸近界を求めることができる[29]．

この場合の界は，**フレネル積分** (Fresnel integral) という特殊関数を用いて表される．詳細は文献29) に譲るが，積分 (5.15) に対してすべての観測点の方向に有効な一様界を得るには，先に導いた回折界 (5.20) に遷移項 $G^t(\boldsymbol{\rho}; \boldsymbol{\rho}_0)$：

$$G^t(\boldsymbol{\rho}; \boldsymbol{\rho}_0) = \bar{G}^t(\boldsymbol{\rho}; \rho_0, \phi_0) \pm \bar{G}^t(\boldsymbol{\rho}; \rho_0, -\phi_0) \mp \bar{G}^t(\boldsymbol{\rho}; \rho_0, 2\varphi - \phi_0), \tag{7.3}$$

$$\bar{G}^t(\boldsymbol{\rho}; \rho_0, \phi_0) = -\frac{e^{-j[k(\rho+\rho_0)+\pi/4]}}{4\sqrt{2\pi k(\rho+\rho_0)}} \left[\bar{F}(\xi) - \frac{e^{-j\pi/4}}{\xi\sqrt{2\pi}} \right] \text{sgn}(\pi - |\phi - \phi_0|) \tag{7.4}$$

を加えることになる．これは先の式 (7.1) の第 1 項に対応する項である．ここで複号は $\{^E_H\}$ モードを意味し，$\bar{F}(\xi)$ はフレネル積分といわれる特殊関数であり

$$\bar{F}(\xi) = \frac{2}{\sqrt{\pi}} e^{j2\xi^2} \int_{(1+j)\xi}^{\infty} e^{-y^2} dy \tag{7.5}$$

で定義され[†]，その引数 ξ は

$$\xi = \sqrt{\frac{k\rho\rho_0}{\rho + \rho_0}} \left|\cos \frac{\phi - \phi_0}{2}\right| \tag{7.6}$$

である．また $\mathrm{sgn}(x)$ は符号関数であり，$\mathrm{sgn}(x) = \{{+1,\ x>0 \atop -1,\ x<0}$ となる．

ここで導入した遷移項について少し考察してみよう．式 (7.4) に含まれるフレネル積分の引数 ξ は，式 (7.6) を変形すると

$$\xi = \sqrt{\frac{1}{\dfrac{1}{k\rho} + \dfrac{1}{k\rho_0}}} \left|\cos \frac{\phi - \phi_0}{2}\right| \tag{7.7}$$

となり，図 **7.1** のように，$k\rho$, $k\rho_0$ をそれぞれ電気抵抗と考えると，引数 ξ の平方 ξ^2 の中は，ちょうど両抵抗を並列接続した合成抵抗の形となっており，値 ξ^2 は，$k\rho$, $k\rho_0$ のうちのいずれか小さな値の方に大きく影響を受け，観測角 ϕ が $\phi = \pi \pm \phi_0$ のように入射，反射の影境界上で $\xi = 0$ となる．実際 $\xi =$ 一定の曲線は図 **7.2** に示すように放物線を描く．

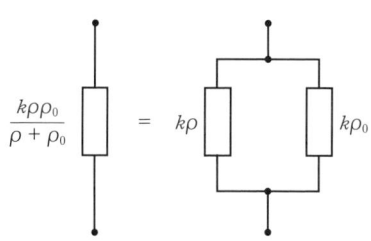

図 **7.1** フレネル積分 $\bar{F}(\xi)$ の引数 ξ^2 に対する距離 $k\rho, k\rho_0$ の依存性は，並列抵抗の合成抵抗と同じふるまいをする

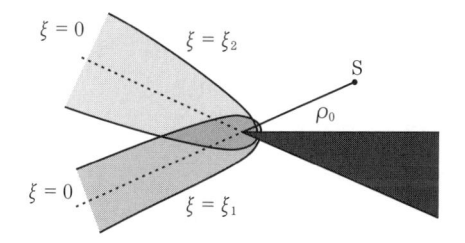

図 **7.2** フレネル積分 $\bar{F}(\xi)$ の引数 ξ が一定となるように観測点を変化させたとき，その曲線は放物線を描く．$\xi = 0$ は，幾何光学波の影境界を示す．通常 $0 \leq \xi \leq 1$ なるアミかけした左の 2 カ所の遷移領域で遷移項 $\bar{G}_t$ が重要となり，GTD はこの領域で回折係数 D が発散して使えなくなる

[†] フレネル積分という名称が同じでも，その定義の違いによって少しずつ異なる形が存在するので，注意が必要である．後出の式 (7.12) で用いた $F(X)$，式 (7.21) で用いた $\hat{F}(T)$ もそうした例である．

観測点が影との境界線上にあるとき，フレネル積分の引数 ξ はゼロとなる．これは観測角 ϕ が幾何光学波のある方向 ($\pi \pm \phi_0$) と等しくなる．すなわち評価したい回折波の積分 (5.15) において，鞍部点がちょうど極の真上に存在することになる．$\bar{F}(\xi = 0)$ は

$$\bar{F}(\xi = 0) = \frac{2}{\sqrt{\pi}} \int_0^\infty e^{-y^2} dy = 1 \tag{7.8}$$

となる．したがって式 (7.4) の第 1 項目はちょうど式 (5.14) で与えた幾何光学界 $G^t(\boldsymbol{\rho}; \boldsymbol{\rho}_0)$ の遠方界 $C(k|\boldsymbol{\rho} - \boldsymbol{\rho}_0|)$ の半分でかつ符号が異なるものとなる．一方，同式の中括弧内の第 2 項目は，$\xi = 0$ で発散する．最終的に幾何光学波の寄与と GTD による回折波の寄与 (5.20) を加え合わせると，発散する項が相殺し，最終的に幾何光学界の半分の寄与となる．

例えば入射波の影の境界上で，合成界は

$$\begin{aligned} G &\sim \frac{1}{4j} H_0^{(2)} \{k(\rho + \rho_0)\} - \frac{1}{2} C\{k(\rho + \rho_0)\} \\ &\sim \frac{1}{2} C\{k(\rho + \rho_0)\} + \mathcal{O}\left(\frac{1}{k\sqrt{\rho\rho_0}}\right) \end{aligned} \tag{7.9}$$

となり，入射幾何光学波 $\frac{1}{4j} H_0^{(2)} \{k(\rho + \rho_0)\}$ の半分となる．これは影境界の前後で幾何光学波がある・ないという不連続を滑らかに補い，境界上では半分になるという物理的な現象と一致する．

もし波源 S および観測点 P がエッジから十分遠くにあり，かつ影境界から十分遠くにあれば，式 (7.6) で与えたように，フレネル積分 $\bar{F}(\xi)$ の引数 ξ は十分大きくなる．このときフレネル積分は引数 ξ についての漸近展開が可能である．2.2 節で述べたように，部分積分法を利用すると，$\xi \gg 1$ に対して

$$\bar{F}(\xi) \sim \frac{e^{-j\pi/4}}{\sqrt{2\pi}} \frac{1}{\xi} + \mathcal{O}\left(\frac{1}{\xi^3}\right) \tag{7.10}$$

となる．このとき式 (7.4) の中括弧でくくられた項は相殺して，結局遷移項 $\bar{G}^t$ はゼロとなる．したがって楔による散乱界は幾何光学波 G^0 と回折波 G^d の両者を考えるだけで遷移項は必要なくなる（というか遷移項は加えてあってもその寄与はゼロとなる）．

7.1 回折係数の発散

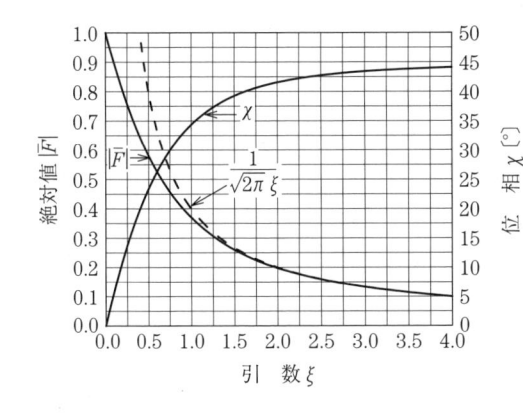

図 7.3 式 (7.5) で表されたフレネル積分 $\bar{F}(\xi) = |\bar{F}|e^{-j\chi}$ の絶対値 $|\bar{F}|$ と位相 χ の変化[29]．引数 ξ が大きいときのフレネル積分の漸近解である式 (7.10) との比較により，変数 ξ が 1 より大きければ，漸近解を精度よく使えることがわかる

図 7.3 に遷移領域で使うフレネル積分 (7.5) の値と，その引数 ξ が大きいときに使用できる漸近解の近似式 (7.10) の値を比較したものを示す．この図から，フレネル積分は複雑な積分表示になっているが，引数 ξ が 1 より大きければ非常に簡単な漸近解 (7.10) で精度よく近似できることがわかる．

こうしてすべての観測角で使用可能な回折波の表現は，一様漸近界を含む遷移項を加えることで得ることができることがわかった．ここで注意したいのは，この表現はあくまでも遠方 ($k\rho, k\rho_0 \gg 1$) で使えるものであり，高次の項を含めて正確な展開になっていないことである．例えば式 (5.20) において，鞍部点を通る SDP を実軸から 45° 傾けた直線で近似しているが，より正確な漸近展開のためには補正項が必要となる．唯一の例外は，ゾンマーフェルトによって導かれた半平板による平面波の回折の結果であり，この結果は高次項を含めて厳密な解となっている．

7.1.2 UAT（一様漸近回折理論）

特異点である極が近くにあるときの鞍部点評価の解析法には，異なる方法が存在し，主要項は同じでも，高次項がすこし異なる．ボーズマ (Boersma, J.)，アルワリア (Ahluwalia, D. S)，デシャン (Deschamps, G. A.)，リー (Lee, S. W.) らによって導出された理論は，UAT と呼ばれるが，半平板による回折問題においてゾンマーフェルトが導入した二価関数を利用して，平板上の境界条件を満

足させて漸近展開を求める．この理論によれば，円筒波による回折波について，高次項まで含めて厳密な漸近展開を求めることができる．

また後述する UTD との比較により，前項で導出したような遷移項を含めることによって，幾何光学的な影境界上で回折波の発散と相殺するように幾何光学波の表現を修正する方法を UAT ということもある．いずれにしても，影境界において発散項を相殺する極限操作は面倒であり，応用性，一般性は低い．この理論を利用した代表的な応用例は，平行平板導波管の開口における電磁波の散乱問題がある[50]．

7.1.3 UTD（一様幾何光学的回折理論）

GTD の回折係数 D が，影境界で発散して使用できなくなる問題点を克服するために，回折波の回折係数の表現にフレネル積分を使った表現を使って，より一般化した波源が入射した場合にも適用した方法に UTD がある．この手法はクユムジャンとパサックによって提唱された[17]．具体的には式 (5.44) で定義されたケラーの回折係数 D を

$$\begin{aligned}
D_{\substack{s\\h}}(\phi, \phi_0; \beta_0) &= \frac{-\exp[-j(\pi/4)]}{2n\sqrt{2\pi k}\sin\beta_0}\\
&\cdot \Bigg[\cot\left(\frac{\pi+(\phi-\phi_0)}{2n}\right) F[kLa^+(\phi-\phi_0)]\\
&+ \cot\left(\frac{\pi-(\phi-\phi_0)}{2n}\right) F[kLa^-(\phi-\phi_0)]\\
&\mp \Bigg\{\cot\left(\frac{\pi+(\phi+\phi_0)}{2n}\right) F[kLa^+(\phi+\phi_0)]\\
&+ \cot\left(\frac{\pi-(\phi+\phi_0)}{2n}\right) F[kLa^-(\phi+\phi_0)]\Bigg\}\Bigg]
\end{aligned} \quad (7.11)$$

で置き換える．ここで上式中の $F(X)$ は

$$F(X) = 2j\sqrt{X}\exp(jX)\int_{\sqrt{X}}^{\infty}\exp(-j\tau^2)d\tau \quad (7.12)$$

で定義されたフレネル積分であり，式 (7.5) で定義したものとは少し異なる．

7.1 回折係数の発散

また

$$a^{\pm}(\beta) = 2\cos^2\left(\frac{2n\pi N^{\pm} - \beta}{2}\right) \tag{7.13}$$

であり，$N^{\pm}$ は方程式：$\beta = \phi \pm \phi_0$ に対して

$$2n\pi N^+ - \beta = \pi, \quad 2n\pi N^- - \beta = -\pi \tag{7.14}$$

を満足する最も近い整数 ($N^{\pm} = 0, \pm 1$) を表す．パラメータ L は波源，観測点とエッジとの距離を表すパラメータで

$$L = \begin{cases} s\sin^2\beta_0 & \text{：平面波入射} \\ \dfrac{\rho\rho_0}{\rho + \rho_0} & \text{：円筒波入射} \\ \dfrac{ss_0}{s + s_0}\sin^2\beta_0 & \text{：円錐波・球面波入射} \end{cases} \tag{7.15}$$

となる．ここで s_0 は波源から回折点まで距離を，また s は回折点から観測点までの距離を表す．β_0 は波源から回折点に入射する光線と稜線のなす角であり，回折波はその角度 β を半頂角とする円錐状に励振される（p.80 の図 5.5 参照）．円筒波がエッジに入射する場合には，稜線と円筒波を放射する線波源との距離を $\rho_0 = s_0\sin\beta_0$ で，また回折波と稜線の距離を $\rho = s\sin\beta$ としている．

さらに複雑な入射波に対する L の表現は，文献17) に与えられている．

式 (7.12) で定義されたフレネル積分は引数 X が小さいときにはテイラー展開によって

$$\begin{aligned} F(X) \sim & \left[\sqrt{\pi X} - 2X\exp\left(j\frac{\pi}{4}\right) - \frac{2}{3}X^2\exp\left(-j\frac{\pi}{4}\right)\right] \\ & \cdot \exp\left\{j\left(\frac{\pi}{4} + X\right)\right\} \end{aligned} \tag{7.16}$$

と近似できる．もし式 (7.11) の四つのフレネル積分のうち，引数がゼロになる角度においては，上式の 1 項目を代入して計算すると，回折界がちょうど幾何光学界の半分になり，結果として影境界上では合成界は幾何光学界の半分になる．

またフレネル積分の引数 X が大きいときは，2.2 節で説明したように式 (7.12)

の積分を部分積分で評価すると

$$F(X) \sim 1 + j\frac{1}{2X} - \frac{3}{4}\frac{1}{X^2} - j\frac{15}{8}\frac{1}{X^3} + \frac{75}{16}\frac{1}{X^4} \tag{7.17}$$

という漸近展開を得る．もし式 (7.11) の四つのフレネル積分についてすべての引数が十分大きくなる角度においては，上式の 1 項目，すなわち $F(X) \approx 1$ を代入して計算すると，ケラーが導いた GTD の回折係数 (5.44) と一致することを示すことができる．

この UTD 表現は，形式的に式 (5.44) で与えられた回折係数 $D_{\frac{s}{h}}(\phi, \phi_0; \beta_0)$ を式 (7.11) で置き換えるだけで，任意の観測角で有効な界表現が得られるので，非常に便利である．

7.1.4 その他の一様漸近表現

回折界について，前述した一様漸近界の他にも類似した結果が求められている．導体楔に点波源による球面波が入射した場合の回折波の表現は，野邑[51]によって，また円筒波入射の場合の結果については，本郷によって報告されている[52]．例えば円筒波入射の場合の二次元回折界 $G^d(\boldsymbol{\rho}; \boldsymbol{\rho}_0)$ と式 (7.4) の遷移項 $G^t(\boldsymbol{\rho}; \boldsymbol{\rho}_0)$ に対応した表現として[52]

$$\begin{align}
G^d(\boldsymbol{\rho}; \boldsymbol{\rho}_0) &= u(\rho, \rho_0, \phi - \phi_0) + \tau\, u(\rho, \rho_0, \phi + \phi_0), \tag{7.18}\\
u(\rho, \rho_0, \beta) &= \frac{1}{4j}\left\{H\left(\frac{\pi - \beta}{n}\right) + H\left(\frac{\pi + \beta}{n}\right)\right\}, \tag{7.19}\\
H(\gamma) &= -\operatorname{sgn}\left(\sin\frac{\gamma}{2}\right)\cos\frac{\gamma}{2}\sqrt{\frac{2}{\pi k(\rho + \rho_0)}}e^{-j[k(\rho+\rho_0)-T^2-\pi/4]}\hat{F}(T), \tag{7.20}\\
\hat{F}(T) &= \frac{e^{j\pi/4}}{\pi}\int_T^\infty e^{-j\mu^2}d\mu, \tag{7.21}\\
T &= \sqrt{\frac{2k\rho\rho_0}{\rho + \rho_0}}\,n\left|\sin\frac{\gamma}{2}\right| \tag{7.22}
\end{align}$$

を得る．ここで n は楔の開き角 $\varphi = n\pi$ から求めたパラメータである．UTD の表現ともわずかに異なるが，基本的にはフレネル積分を使った表現であり，回

折波がすべての観測角で有効な表現となる．また観測点が影境界 (SB) から十分離れた $T \gg 1$ の場合，式 (7.21) のフレネル積分 $\hat{F}(T)$ をその引数 T が十分大きいとした漸近展開の初項で置き換えると，式 (7.18) は先に導出した GTD の式 (5.20) に帰着することを示すことができる．また，ここで求めた回折波の表現は相反性が成り立つので，ϕ_0 と ϕ を交換して，波源と観測点とを入れ替えても同じ結果となることを示すことができる．

7.2 振幅の発散

7.2.1 焦線近くの光線

GTD を用いて回折波を式 (5.42) に基づいて計算する際に，回折を生じるエッジを中心とした局所座標 (s, β, ϕ) を決めて観測点まで到達する回折波を求めることになる．このとき回折点の近くのエッジの形状を，回折点で稜線に接する導体楔で近似して，エッジ回折波を計算するが，稜線が直線でなく，曲線の場合にはその曲率の影響が回折波面に組み込まれる．

幾何光学近似では，p.32 の図 3.5 に示すように，進行方向に対して垂直な波面を二つの焦線 R_1, R_2 を主曲率半径とする二次曲面で近似して波面を作る．したがって光線は焦線の位置 $(s = -R_1, s = -R_2)$ で発散するので，この近傍では正しい界を与えない．

p.80 の式 (5.37) に示すように，GTD においてはエッジ回折波について，二つある焦線の一つをエッジ上におき，式 (5.38) で与えられるもう一つの焦線 R_1 は，入射波の波面の曲率半径 ρ_e^i，入射方向 $\hat{s}_0$ と回折方向 $\hat{s}$ によっては負になることもある．曲率半径が負というのは，初期波面が凹面となっていることを示し，その場合，回折波は一度振幅が収束していき，伝搬中の $s = -R_1$ で焦線を結ぶことになる．光線自体は焦線で発散し有効な界を与えないが，焦線を通過した後 $(s > -R_1)$ においては，式 (5.45) で与えた振幅の補正を示す $A(s)$ の平方根の中が負になるので，二つある分岐のうち

$$A(s) = \sqrt{-|X|} = \sqrt{|X|}\sqrt{-1} = \sqrt{|X|}e^{-j\pi/2} \tag{7.23}$$

を取る．これは収束波が焦点を通過して発散波に変わるときに，位相が $\pi/2$ だけ進むという現象に対応している．

幾何光学近似では，焦線上で発散するが，実際には二つ以上の光線が同位相で重なった状態になっており，強い界強度をもっている．この近傍の界のふるまいは複雑であり，光線をスペクトル積分表示で表して鞍部点法で評価するとき，光線の寄与に相当する鞍部点が，評価する積分経路の近くに複数存在する場合や高次の鞍部点が存在することに相当する．

一般に位相の異なる光線の和は，それらの光線の干渉により強め合ったり，弱め合ったりして激しい振動を生じるが，焦線近くになると位相がそろっているので強め合うことになり，詳しい解析を行う必要がある．

7.2.2 等価端部電磁流法

エッジ回折波は GTD を用いて表すと，回折光線は回折を生じるエッジ上にある指向性をもつ波源からの放射の形をしている．例えば導体楔によるエッジ回折波の表現式 (5.20) (p.74) を用いれば，$C(k\rho)$ が線電流源からの放射波を表す自由空間における二次元グリーン関数の漸近解（遠方界）であることを考えると，エッジ上に回折波を生じる指向性をもつ等価的な線波源があるとみなすことができる．こうした等価波源をもとにして回折波を考える手法を**等価端部電磁流法** (equivalent edge current method; EEC 法)，または単に**等価波源法** (equivalent source method; ESM 法) と呼ぶ†．

例えば，二次元問題については，p.69 の図 5.1 の原点 O（エッジ）上に等価的な電磁流源 $\boldsymbol{J}_{eq} = I_{eq}\delta(\boldsymbol{\rho})\hat{\boldsymbol{z}}$ があると考えれば，波源から遠方では電界 E_z と磁界 H_ϕ は p.27 の式 (3.14)，(3.16) により

$$E_z \sim -j\omega\mu I_{eq}C(k\rho), \quad H_\phi \sim jkI_{eq}C(k\rho) \tag{7.24}$$

で与えられる．上式と楔によるエッジ回折波の式 (5.20) において，E モードで

---

† 呼称については，その後の拡張，一般化や修正によって種々の名称が提案されている．

あるから $\tau = -1$ とおいて

$$E_z \sim -j\omega\mu I_e C(k\rho_0) D_{-1}(\phi, \phi_0; \varphi) C(k\rho) \tag{7.25}$$
$$= E_z^i(\text{at O}) D_{-1}(\phi, \phi_0; \varphi) C(k\rho) \tag{7.26}$$

となる．ここで $E_z^i(\text{at O})$ はエッジのある原点 O への入射電界を表す．両式を比較すれば，明らかにエッジ上の等価電流源の大きさ I_{eq} は

$$I_{eq} = I_e C(k\rho_0) D_{-1}(\phi, \phi_0; \varphi) \tag{7.27}$$
$$= \frac{1}{-j\omega\mu} E_z^i(\text{at O}) D_{-1}(\phi, \phi_0; \varphi) \tag{7.28}$$

と決定できる．

この考え方を一般の三次元問題に拡張して考える．最初に回折を起こすエッジ近傍の形状が導体楔にエッジに一致するように楔を配置して，そのエッジ上に指向性をもつ等価微小電磁流波源 $\boldsymbol{J}_{eq}, \boldsymbol{M}_{eq}$ を置き，エッジに沿ってこうした微小電磁流源をすべてに分布させる．次に分布したこれらの電磁流源からの放射波を積分して界を求める．

図 7.4 に示すように，エッジ E に入射した波が作るエッジ回折波は，点 E 近くで稜線（$\hat{e}$ 方向）に沿った微小電磁流 $\boldsymbol{J}_{eq}, \boldsymbol{M}_{eq}$ から放射されると考えると

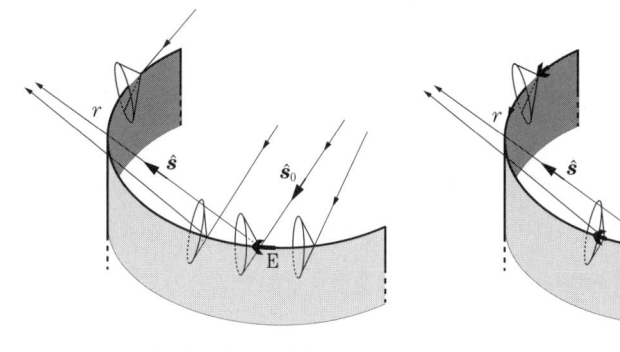

(a) エッジ回折によって作られた
    エッジ回折波

(b) EEC では，等価的にエッジ上
    に流れる微小電磁流波源から
    の放射の和として表す

図 7.4　曲った稜線上に作られるエッジ回折波

$$\boldsymbol{J}_{eq} = I_{eq}\hat{\boldsymbol{e}}, \quad \boldsymbol{M}_{eq} = M_{eq}\hat{\boldsymbol{e}} \tag{7.29}$$

であるから，これらの電磁流源から作られる電界 $d\boldsymbol{E}^d$ は

$$d\boldsymbol{E}^d = -\frac{jk}{4\pi}\{Z_0 I_{eq}(\hat{\boldsymbol{s}}\times\hat{\boldsymbol{e}})\times\hat{\boldsymbol{s}} + M_{eq}(\hat{\boldsymbol{e}}\times\hat{\boldsymbol{s}})\}\frac{e^{-jkr}}{r} \tag{7.30}$$

で与えられる．ここで $\hat{\boldsymbol{s}}$ は回折点から観測点方向へ向いた単位ベクトル，r はエッジから観測点までの距離，Z_0 は自由空間中の波動インピーダンスをそれぞれ表す．こうして回折を生じるすべてのエッジ上の電磁流からの寄与は，上式を稜線 C に沿って積分して

$$\boldsymbol{E}^d = \int_C -\frac{jk}{4\pi}\{Z_0 I_{eq}(\hat{\boldsymbol{s}}\times\hat{\boldsymbol{e}})\times\hat{\boldsymbol{s}} + M_{eq}(\hat{\boldsymbol{e}}\times\hat{\boldsymbol{s}})\}\frac{e^{-jkr}}{r}dl \tag{7.31}$$

と表される[53)〜56)]．

等価電磁流の強さ I_{eq}, M_{eq} は，二次元の線電磁流源の場合と同様にしてGTDを用いてエッジ回折波を表現した結果の式 (5.42) と，エッジ上の微小電磁流からの放射波の表現式 (7.30) を比較して決定すると

$$I_{eq} = \frac{j}{kZ_0\sin\beta_0}D_{-1}(\phi,\phi_0;\varphi)(\boldsymbol{E}^i\cdot\hat{\boldsymbol{\beta}}_0), \tag{7.32}$$

$$M_{eq} = \frac{j}{k\sin\beta_0}D_{+1}(\phi,\phi_0;\varphi)(\boldsymbol{E}^i\cdot\hat{\boldsymbol{\phi}}_0) \tag{7.33}$$

となる．ここで β_0 は p.80 の図 5.5 に示したように，回折を生じるエッジにおいて入射波のなす角を，$D_\tau(\phi,\phi_0;\varphi)$ は式 (5.21) に与えたエッジ回折波の指向性を表す回折係数を表している．

GTD によれば，エッジ回折波はフェルマーの原理を拡張して回折点を求め，その回折点で励振したエッジ回折波の離散的な和で表す．するとエッジのある稜線が曲率をもつ場合には，近接して励振された二つ以上のエッジ回折波が交わることにより焦線を結び，幾何光学界は発散するので，そのままでは適用できない．一方 EEC では等価波源に置き換えてそれらの連続的な積分で評価すると，特性が平滑化されて焦線近傍でも有界な界表現を得ることができる†．

---

† もちろんすべての場合にうまく焦線近くの界が精度よく表現できるわけではないので，試行錯誤が必要となる．

7.3 高次の回折波（スロープ回折波）

GTD の回折波の表現を適用すれば，二つ以上のエッジで回折して観測される多重エッジ回折波を考えることができることは，すでに 5.2.2 項で述べた．こうした多重エッジ回折波は，1 回エッジ回折波に比べたら非常に弱い界であるが，深い影領域においては主要となる場合もある．

例えば図 **7.5** (a) に示すように，散乱体が二つ以上エッジをもつ場合には，観測点 P が波源 S からも，またエッジ O_1 からも見えない影領域にあるとする．この場合，観測点に到達可能となる主要の波は，フェルマーの原理によって点 $S \to $ エッジ $O_1 \to$ エッジ $O_2 \to$ 点 P の光路をもつ 2 回エッジ回折波になる[†1]．

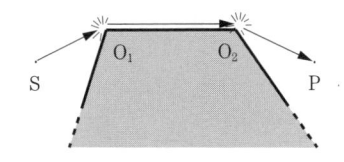

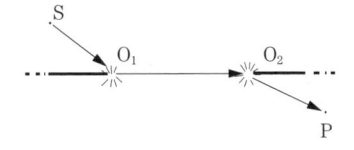

(a) 導体表面を伝搬する E モードの多重エッジ回折波

(b) 導体スリットを伝搬する H モードの多重エッジ回折波

図 **7.5** 2 回エッジ回折波において主要となる回折波がゼロとなる例

2 回エッジ回折波でも，1 回エッジ回折波が表面を伝搬することなく，自由空間を伝搬して異なる散乱体のエッジで回折した場合には，先に述べた 5.2.2 項 (p.85) の式 (5.47) のように，二つのエッジ回折波の組合せで表現すればよい．しかし図 **7.6** に示すように，二つのエッジが同一の散乱体上にある場合，最初のエッジ O_1 で回折した回折波が，散乱体表面を伝搬して次のエッジ O_2 で再度回折を起こす．もし散乱体が二次元の多角柱状であり，波源が電流源である E モードの問題の場合[†2]には，エッジ回折波は，導体表面に接する電界成分は

[†1] さらにエッジ O_1, O_2 間を何度も回折してから観測点に到達する多重エッジ回折波も存在し，以下の議論を基に計算可能である．

[†2] 平面波の電界が柱状物体の軸方向を向いて入射する場合もこれに相当する．

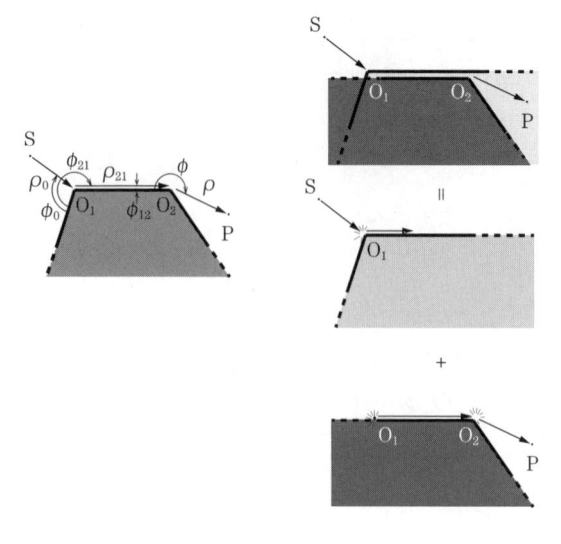

図 7.6 散乱体の表面にある二つのエッジによって回折する2回エッジ回折波は，それぞれのエッジを一つずつもつ楔状導体の重ね合せと考えて，エッジ間の回折を組み合わせて界を構成する

ゼロという境界条件を満足するために，表面に沿った方向に対してp.74の式(5.21)の回折係数が

$$D_{-1}(\phi=0,\phi_0;\varphi) = D_{-1}(\phi=\varphi,\phi_0;\varphi) = 0 \tag{7.34}$$

のようにゼロとなる．したがって2回エッジ回折を生じるエッジO_2に向かう1回エッジ回折波はゼロとなり，このままでは2回エッジ回折波は励振されないことになる．こうした回折係数がゼロとなる状況は，Hモードの場合においても図7.5(b)に示すように，スリットの両端のエッジによる多重エッジ回折波を計算したいときに生じる．これは半平板によるHモードの回折波に対して，回折係数が

$$D_{+1}(\phi=\pi,\phi_0;\varphi=2\pi) = 0 \tag{7.35}$$

となるからである．このスリットの多重エッジ回折波の問題については，GTDの提案された初期の頃にすでに文献57)で指摘され，その解決法について提案されている．エッジへの入射波が等方的でなく，エッジ回折波のように指向性をもつ場合には，入射波の指向性の微係数に関係した高次の入射平面波を考えて，その高次入射波によるエッジ回折波を考える必要がある．この考え方に基づい

7.3 高次の回折波（スロープ回折波）

て導出されたエッジ回折の理論を**スロープ回折** (slope diffraction) と呼ぶ[†].

図 **7.7** に示すように，導体楔のエッジ O から離れた点 $S(\rho, \phi_0)$ のところに指向性 $F(\vartheta)$ をもつ電磁流源があり，この波源によって照射された場合のエッジ回折を考える．このとき指向性関数 $F(\vartheta)$ は $\vartheta = \vartheta_0$ の周りで展開すると

$$F(\vartheta) = F(\vartheta_0) + F'(\vartheta_0)(\vartheta - \vartheta_0) + \cdots$$
$$= \sum_{m=0}^{\infty} \frac{F^{(m)}(\vartheta_0)}{m!} (\vartheta - \vartheta_0)^m \tag{7.36}$$

となるから，エッジへの照射波は，エッジ O 近傍で ρ_0 と垂直な方向を ξ と取れば，$\rho_0(\vartheta - \vartheta_0) \sim \xi$ であるので

$$F(\vartheta) C(k\rho_0) = \sum_{m=0}^{\infty} \frac{F^{(m)}(\vartheta_0)}{m!} (\vartheta - \vartheta_0)^m C(k\rho_0)$$
$$\sim \sum_{m=0}^{\infty} \frac{F^{(m)}(\vartheta_0)}{m!} \left(\frac{\xi}{\rho_0}\right)^m C(k\rho_0) \tag{7.37}$$

となる．これはちょうど波源を多重極展開して表した形を類似しており，高次の微分係数の入射波は，伝搬しながら $(k\rho_0)^{-(m+1/2)}$ で大きく減衰する．したがって通常は，$m = 0$ に相当する電磁流からの入射を考えれば，主要となる回折波を計算できる．しかし図 7.5 に示した例のように回折係数のために，$F(\vartheta_0) = 0$ となる場合には，主要項となるのは $m = 1$ に相当する $F'(\vartheta_0)$ であり，回折係

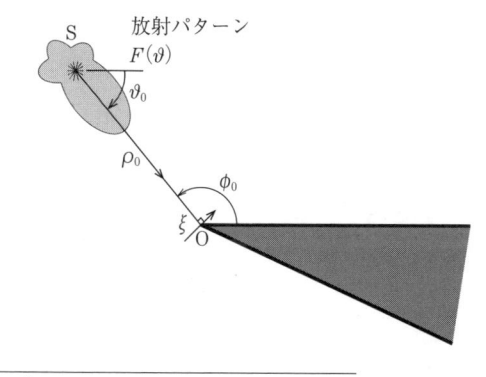

図 7.7 非等方性の放射指向性をもつ電磁流源によって照射された楔による回折

[†] スロープ回折の名称は，入射波の一次微分係数，すなわち傾き（スロープ）に関係した回折という意味から用いられている．

数の一次微分係数が必要となる[57]. 一次微分係数の場合よりさらに高次の入射波に対する回折波の詳細な導出については文献[52),58)~60)] を参考にされたい.

導体表面を伝搬する図 7.6 に示すような 2 回エッジ回折波 u_2^d は, エッジ O_1, O_2 における楔の開き角を φ_1, φ_2 とすれば, H モード ($\tau = +1$) に対して[61)~63)]

$$u_2^d(\rho, \phi) = C(k\rho_0) D_{+1}(\phi_{21} = \varphi_1, \phi_0; \varphi_1) \frac{C(k\rho_{21})}{2}$$
$$\cdot D_{+1}(\phi, \phi_{12} = 0; \varphi_2) C(k\rho) \tag{7.38}$$

を得る. 二次元散乱体の一様な軸方向を z 方向とすれば, H モードの場合には u_2^d は H_z 成分に対応し, 上式の回折係数は, 入射方向と出射方向の角度が導体表面上でゼロとはならないので, 表面に沿って伝搬するエッジ回折波が存在し, 式 (5.47) と比べると, 同じように見えるが $\frac{1}{2}$ の係数だけ異なる. これは表面を伝搬する回折波の大きさが, 等価的に影像効果を含んでいるために, 等価波源の大きさを決定するときに, 半分を取る必要がある.

E モード ($\tau = -1$) については, 表面に沿って伝搬するエッジ回折波が, E_z 成分に対応しているため, 境界条件からゼロとなるので, 主要項となるのは一次の微係数入射波である. 物理的には, 表面からわずか上方に離れた空間を伝搬し, 次のエッジに到達する表面波を考えることになる. その結果は

$$u_2^d(\rho, \phi) = C(k\rho_0) \tilde{D}_{-1}(\tilde{\phi}_{21} = \varphi_1, \phi_0; \varphi_1) \frac{C(k\rho_{21})}{2jk\rho_{21}}$$
$$\cdot \tilde{D}_{-1}(\phi, \tilde{\phi}_{12} = 0; \varphi_2) C(k\rho) \tag{7.39}$$

となる. ここで入射角度 ϕ_0 あるいは放射角度 ϕ が導体表面方向であるゼロ, もしくは φ となると, 回折係数 $D_{-1}(\phi, \phi_0; \varphi)$ はゼロとなるので, その角度について微分を取ってその微分係数を用いる. 物理的には散乱体表面からわずか上方の空間を伝搬していく表面波を表していることになり, その伝搬波は減衰が大きい. 例えば

$$\tilde{D}_{-1}(\tilde{0}, \phi_0; \varphi) = \left.\frac{\partial}{\partial \phi} D_{-1}(\phi, \phi_0; \varphi)\right|_{\phi=0}, \tag{7.40}$$

$$\tilde{D}_{-1}(\tilde{\varphi}, \phi_0; \varphi) = -\left.\frac{\partial}{\partial \phi} D_{-1}(\phi, \phi_0; \varphi)\right|_{\phi=\varphi} \tag{7.41}$$

とする．ここで散乱体表面 $\phi = 0$ に対して，もう一つの面 $\phi = \varphi$ をわずか上方を取るためには，法線方向が $\phi = 0$ の面と反対の符号となるので，$\phi = \varphi$ を代入するときは，微分係数の式 (7.41) においては右辺にマイナス符号を付けている．

導体表面上の連続した三つ以上のエッジを回折して伝搬する多重エッジ回折波も，上記の 2 回エッジ回折波の表現を拡張して求めることができる．例えば図 **7.8** に示すような 3 回エッジ回折波 u_3^d については，H モードの場合

$$\begin{aligned}u_3^d &= C(k\rho_0) D_{+1}(\varphi_1, \phi_0; \varphi_1) \frac{C(k\rho_{21})}{2} \\ &\quad \cdot D_{+1}(\varphi_2, 0; \varphi_2) \frac{C(k\rho_{32})}{2} D_{+1}(\phi, 0; \varphi_3) C(k\rho),\end{aligned} \tag{7.42}$$

また E モードの場合には

$$\begin{aligned}u_3^d &= C(k\rho_0) \tilde{D}_{-1}(\tilde{\varphi}_1, \phi_0; \varphi_1) \frac{C(k\rho_{21})}{2jk\rho_{21}} \\ &\quad \cdot \tilde{D}_{-1}(\tilde{\varphi}_2, \tilde{0}; \varphi_2) \frac{C(k\rho_{32})}{2jk\rho_{32}} \tilde{D}_{-1}(\phi, \tilde{0}; \varphi_3) C(k\rho)\end{aligned} \tag{7.43}$$

となる．ここで φ_1, φ_2, φ_3 はそれぞれエッジ O_1, O_2, O_3 の開き角を表す．以上のように，GTD の表現を用いると，高次の多重エッジ回折波も非常に簡単に表現できて都合がよい．しかしこの表現は観測方向が影との境界 (SB) 方向に

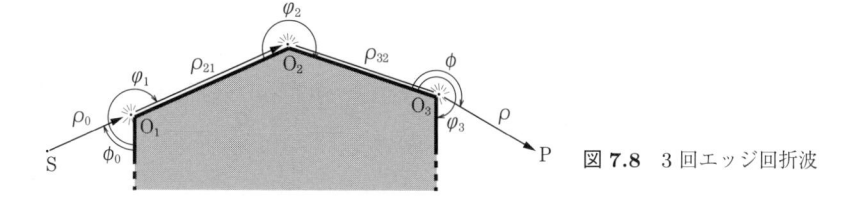

図 **7.8** 3 回エッジ回折波

近い場合には，回折係数が発散するので，数値計算には向かない．この欠点を防ぐには，例えば式 (5.44) で与えた GTD の回折係数の代わりに UTD で求めた式 (7.11) の回折係数で置き換えて計算することもできる．同様にしてエッジ上の等価波源の大きさを決定する際に，GTD の表現の代わりに一様漸近界の表現を用いることによって，発散を防ぐことはできるが，一部不連続な界となる[61],[62]．この不連続を解決するには，さらに UAT を用いた詳細な解析[14],[64]が必要になるが，ここではその議論は省略する．

7.4 ま と め

本章では，GTD によるエッジ回折波の表現をそのまま適用すると，観測点の方向によっては発散し，正しい界を得ることができないという欠点について，その理由と改善方法について示した．まとめると以下のようになる．

1. GTD によれば，回折波は回折点に入射する波と，その点から回折係数と呼ばれる指向性関数をもつ放射波として表現できるが，入射・反射波との影境界（SB）近くの遷移領域では回折係数が発散する．

2. この領域でも使える解を求めるためには，エッジ回折波の積分表示に対して，特異点となる入射・反射波の寄与を考慮した鞍部点法による一様漸近解が必要である．一様解の導出法に違いにより，UAT, UTD 等の表現がある．

3. 曲率をもった稜線上に沿ってエッジ回折された波は，その曲率の影響を受けて回折波が交わり焦線が生成され，界が発散することがある．この場合には稜線に沿って等価的なエッジ電磁流を仮定し，その電磁流からの放射積分を評価することでより精度のよい結果を得ることができる．

4. E モードの表面入射波によるエッジ回折のように，指向性をもつ入射波が入射方向にゼロとなるような場合にも，スロープ回折と呼ばれる高次の回折波も導出できる．

8 GTDの応用例

本章では，具体的な電磁波の散乱，伝搬問題に GTD を適用して定式化した応用例について紹介する．GTD をそのまま使って解析すると，入射・反射波との影境界（SB）近くで発散したりして，そのままではすべての観測方向で精度の解を得ることができないことが多い．こうした場合には第 7 章で述べたように，形式的に GTD の表現を用い，その回折係数を一様漸近解である UTD 等を使って求めたものに置き換えて精度のよい結果を得ることもできる．

8.1　導体ストリップによる散乱問題

本節では比較的簡単な散体形状として導体ストリップ[†]を取り上げ，平面電磁波が入射したときの散乱界を GTD を用いて定式化する．

導体ストリップによる電磁波散乱問題の比較的古い成果は文献1) に詳しくまとめられており，その後も発表が続いている[66)~68)]．ストリップ散乱体と補対の関係にあるスクリーンのスリット開口による電磁波の透過問題も，すでに 1956 年にカープ (Karp) とラサック (Russek) によって GTD の適用が報告されている[6),57),65)]．ユー (Yu) とラダック (Rudduck) は，導体ストリップに H モードの平面波を入射して作る散乱界を，多重エッジ回折波の寄与まで含めて GTD で定式化し，マシュー (Mathieu) 関数を用いて表した厳密解と詳細に比較検討している[66)]．彼らは多重回折の効果を含めると，ストリップ幅が 0.125λ

[†] ストリップとは薄い帯状の形状をいう．数学的には楕円柱を扁平にした極限として定義されることが多い．

以上であればまずまずの,また 0.55λ 以上であれば十分な精度が得られると報告している.また小林は導体ストリップによる散乱問題に対してウィーナホッフ(Wiener-Hopf)法による解析結果と文献1)のGTDによる結果を比較し,GTDの結果は厳密解の漸近展開と一致しないと報告している[69].ここで求めたGTDによる解析結果は彼の示した漸近解と一致し,GTDによっても正しい結果が得られることが報告されている[70].

8.1.1 散乱界の定式化

図 **8.1** に示すように幅 $d(=2w)$ の無限に薄い導体ストリップ板が z 軸と平行に置かれ,平面電磁波が x 軸と角度 θ_0 で入射している場合を考える[†].このとき,入射波 u^i:

$$u^i = \exp(jkx\cos\theta_0 + jky\sin\theta_0) \tag{8.1}$$

は磁界が入射面に垂直な H モードに対しては H_z を,また電界が入射面に垂直な E モードに対しては E_z を表すものとする.

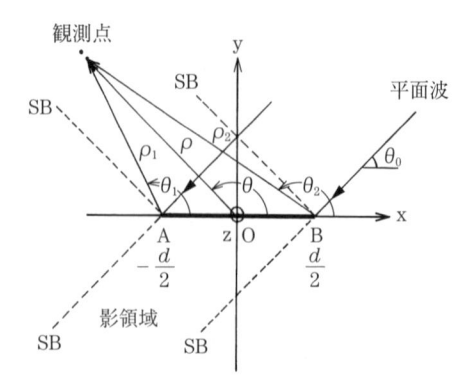

図 **8.1** 導体ストリップによる回折

GTD を用いて散乱界を構成する場合,「回折は局所現象である」という考えに基づき,ストリップ導体の表面,エッジによってそれぞれ反射,回折を受け

[†] 以下の議論では入射角度 θ_0 を $(0 \leq \theta_0 \leq \pi)$ の範囲に限定するが,散乱体の対称性よりなんら一般性を失わない.

8.1 導体ストリップによる散乱問題

たいろいろな光線を求めそれらの和をとる．以下にそれらの求め方を別々に概説する．

（1） 反射平面波 u^r　完全導体の表面で生じる反射波の寄与はスネルの反射則を満足するように決定される．入射波と散乱体とのなす角度で決められた光学的な影境界 (SB) で区切られた反射波の存在領域において，散乱合成界に反射波 u^r:

$$u^r = \tau \exp(jkx\cos\theta_0 - jky\sin\theta_0) \tag{8.2}$$

を加える．ここで $\tau(=\pm 1)$ は導体表面での反射係数を示し，H モードのとき $\tau = +1$ を，E モードのときは $\tau = -1$ となる．導体ストリップのような有限な物体による散乱の場合，遠方では散乱体が相対的に無限小の大きさになり，図 8.1 中の二つの SB は重なってしまうため，事実上反射波の寄与を必要とする領域は存在しなくなる．また同様に入射波の影となる領域も遠方ではなくなり，すべての観測方向で入射波が存在する[71]．

（2） 1 回エッジ回折波 u_1　入射平面波がエッジ A，B それぞれに直接入射して作るエッジ回折波を 1 回エッジ回折波 u_1 とする．GTD は回折を起こすエッジ間の距離が波長に比べて十分大きいと仮定する．したがって，1 回エッジ回折波についてはストリップを構成する二つのエッジの他方を無限にもっていった場合の回折界，すなわち半平板による回折界を用いる (図 **8.2** (a) 参照)．

半平板による平面電磁波の回折は，ゾンマーフェルトによりフレネル積分を

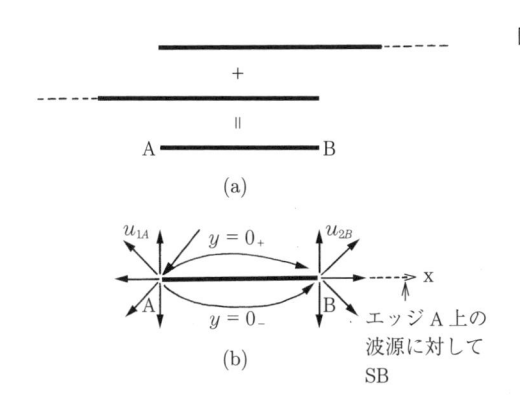

図 **8.2**　2 回エッジ回折波 u_{2B} の考え方．(a) ストリップ導体は二つのエッジ A, B をそれぞれ一つずつもつ半平板の組合せでできていると考える．(b) 平面波がエッジ A に入射して作る 1 回エッジ回折波 u_{1A} がストリップ導体表面を伝搬し，エッジ B で作る 2 回エッジ回折波 u_{2B}．表面を伝搬する 1 回エッジ回折波は，表面上部と表面下部を伝搬する二通りの波が存在する．

128   8. GTDの応用例

用いて厳密に解かれた問題[4])であり，GTDはその厳密界の漸近解より回折波の大きさを決定している．こうして，エッジAによる回折波u_{1A}はそのエッジを原点とする局所円筒座標$(\rho_1, 0 \leq |\theta_1| \leq \pi)$を用いて観測点を表すと，エッジAに入射する平面波を$u^i(A)$として

$$u_{1A} = C(k\rho_1) D_\tau \binom{\theta_1}{2\pi+\theta_1}, \theta_0; 2\pi) u^i(A) \quad (\theta_1 \gtrless 0) \tag{8.3}$$

と表される．ここで，$C(k\rho_1)$は p.27 の式 (3.13) で導出した二次元自由空間のグリーン関数の漸近解を表し，$D_\tau(\phi, \phi_0; 2\pi)$は回折係数と呼ばれる回折波の放射パターンを表す関数で

$$D_\tau(\phi, \phi_0; 2\pi) = -\left\{ \sec\left(\frac{\phi-\phi_0}{2}\right) + \tau \sec\left(\frac{\phi+\phi_0}{2}\right) \right\} \tag{8.4}$$

となる．これは第 5 章の p.74 の式 (5.21) で表した回折係数について，半平板として$\varphi = 2\pi$とおいたものとなる．こうして回折波の式 (8.3) はそのエッジ上に入射波と回折パターンD_τを掛け合せた大きさをもつ等価的な波源をもっているように解釈することができる．このように GTD の表現は簡便であり，物理的な意味付けが可能なため便利である．しかし，式 (8.3) は厳密解の漸近解を導出するための条件$\sqrt{k\rho_1}\cos\{(\theta_1 \pm \theta_0)/2\} \gg 1$を満足する領域に使用が限られるため[†]，観測点が十分遠方($k\rho_1 \gg 1$)であっても SB に近ければ用いることができない．この SB 近傍の領域は，二つ以上の光線が複雑に干渉し合う領域であって遷移領域と呼ばれる．事実，この領域では波数kによる逆べき級数の展開は不可能となる．こうして SB より離れたエッジより遠方の領域にある観測点に対して，1 回エッジ回折波は二つのエッジ A, B よりの寄与を加えて

$$\begin{aligned} u_1 = &C(k\rho_1) D_\tau \binom{\theta_1}{2\pi+\theta_1}, \theta_0; 2\pi) e^{-jk(d/2)\cos\theta_0} \\ &+ C(k\rho_2) D_\tau(\pi+\theta_2, \pi+\theta_0; 2\pi) e^{jk(d/2)\cos\theta_0} \quad (\theta_1 \gtrless 0) \end{aligned} \tag{8.5}$$

と表される．さらに観測点が散乱体より十分遠方であれば

[†] 例えば式 (7.5) で表したフレネル積分$\bar{F}(\xi)$の引数ξについて，$\rho_0 \to 0$(平面波近似)したうえで，十分大きいとして漸近近似に置き換えることができる条件と考えればよい．

$$\begin{cases} \rho_{1,2} \simeq \rho \pm (d/2)\cos\theta, \\ \theta \simeq \theta_1 \simeq \theta_2, \\ C(k\rho_{1,2}) \simeq C(k\rho)e^{\mp ik(d/2)\cos\theta} \end{cases} \quad (8.6)$$

と近似できるので，式 (8.5) は

$$u_1 = C(k\rho)D_\tau(\substack{\theta \\ 2\pi+\theta}, \theta_0; 2\pi)e^{-jkd(\cos\theta+\cos\theta_0)/2}$$
$$+ C(k\rho)D_\tau(\pi+\theta, \pi+\theta_0; 2\pi)e^{jkd(\cos\theta+\cos\theta_0)/2} \quad (\theta \gtrless 0) \quad (8.7)$$

となる．式 (8.7) は $|\theta| = \pi - \theta_0$ となる SB 上において回折係数 D が発散すると同時に，二つのエッジからの寄与が相殺する $\infty - \infty$ の形となる．しかし極限操作によって SB 上においても有界となることを確かめることができ，結局式 (8.7) の u_1 は $k\rho \gg 1$ であれば使用可能な表現となる．こうした特殊な極限操作は平面波入射の遠方散乱界に対して適用できる数少ない事例である[70),71)]．

（3）多重エッジ回折波 u_m 上記の 1 回エッジ回折波は厳密解の波数 k の逆べき級数による漸近展開の主要項を用いて導出した．入射波，または反射波の寄与と比較すると u^i, u^r は $\mathcal{O}(1)$ であるのに対して，1 回エッジ回折波 u_1 は $\mathcal{O}(k^{-1/2})$ と 1/2 次だけ波数 k の逆べきの次数が高いことになる．さらに高次の波数の逆べき展開を組み込むためには，二つ以上のエッジを多重回折して観測点に到達する多重回折波を考慮しなければならない．

平面波がエッジ A に入射して作る 1 回エッジ回折波 u_{1A} は表面を伝搬してエッジ B に到達し，新たなる 2 回エッジ回折波 u_{2B} を励振する．GTD によると，例えば図 8.2(b) のようにエッジ A よりエッジ B に導体の上部 $(y = 0_+)$ を伝搬してエッジ B で作られる 2 回エッジ回折波 u_{2B}^+ は，p.122 の式 (7.38) の表示を参考にして

$$u_{2B}^+ = C(k\rho_2)D_\tau(\pi+\theta_2, 2\pi; 2\pi)\frac{1}{2}C(kd)D_\tau(0, \theta_0; 2\pi)u^i(A) \quad (8.8)$$

と書くことができる[52),63),67)]．上式右辺の中央部にある $(1/2)$ 項は表面を伝搬する回折波の等価波源の映像効果を補正するためである．2 回エッジ回折波にはまた導体ストリップの平板下部 $(y = 0_-)$ を伝搬する波 u_{2B}^-：

$$u_{2B}^- = C(k\rho_2)D_\tau(\pi+\theta_2,0;2\pi)\frac{1}{2}C(kd)D_\tau(2\pi,\theta_0;2\pi)u^i(A) \qquad (8.9)$$

も存在する．したがって $u_{2B} = u_{2B}^+ + u_{2B}^-$ であるが，回折係数 $D_\tau(\phi,\phi_0)$ を具体的に計算すると，最終結果は上，下二つの寄与とも同じとなり，片方の2倍をとって $u_{2B} = u_{2B}^+ + u_{2B}^- = 2u_{2B}^+ = 2u_{2B}^-$ と表すこともできる．

Hモード ($\tau = +1$) については，こうして2回エッジ回折波 u_2 の主要項を求めることができるが，Eモード ($\tau = -1$) に対しては ϕ，もしくは ϕ_0 が $0, 2\pi$ に対して回折係数 $D_{-1}(\phi,\phi_0)$ がゼロとなってしまうため結局 (8.8),(8.9) 両式による2回エッジ回折波 $u_{2B}^\pm$ はゼロとなる．したがって，Eモードに対してはさらに高次の漸近展開項の寄与を求めなければならない．この高次の寄与は1回エッジ回折波を励振するためにエッジ上においた等価波源に指向性パターンが含まれ，導体表面上を伝搬する表面波が非等方性の波となるために励振される波である[59]．この高次の表面波によるエッジ回折波は，7.3節で調べたスロープ回折波と呼ばれるものであり，Eモードの場合には式 (8.8) に対応する2回エッジ回折波の主要項は，式 (7.39) で求めたように

$$u_{2B}^+ = C(k\rho_2)\tilde{D}_{-1}(\pi+\theta_2,\widetilde{2\pi};2\pi)\frac{-j}{2kd}C(kd)\tilde{D}_{-1}(\tilde{0},\theta_0;2\pi)u^i(A) \qquad (8.10)$$

で与えられる[59),63),67)]．ここで，$\tilde{D}_{-1}(\tilde{\cdot},\cdot;2\pi)$ は (~) 印の付いた変数をそのまま代入するとゼロとなるため，その変数についての導関数をとることを意味している．以上をまとめて2回エッジ回折波 u_2 の主要項についての遠方界は，Hモードについては

$$u_2 = C(k\rho)C(kd)\left[\frac{4\,\text{sgn}(\theta)}{\cos(\theta/2)\sin(\theta_0/2)}e^{-jkd(\cos\theta-\cos\theta_0)/2}\right.$$
$$\left.+\frac{4}{\sin(\theta/2)\cos(\theta_0/2)}e^{jkd(\cos\theta-\cos\theta_0)/2}\right], \qquad (8.11)$$

Eモードについては

$$u_2 = C(k\rho)C(kd)\frac{-j}{kd}\left[\text{sgn}(\theta)\frac{\sin(\theta/2)\cos(\theta_0/2)}{\cos^2(\theta/2)\sin^2(\theta_0/2)}e^{-jkd(\cos\theta-\cos\theta_0)/2}\right.$$

$$+ \frac{\cos(\theta/2)\sin(\theta_0/2)}{\sin^2(\theta/2)\cos^2(\theta_0/2)} e^{jkd(\cos\theta - \cos\theta_0)/2} \Bigg] \tag{8.12}$$

となる．ただしここで sgn (θ) は符号関数であり，$\theta \gtreqless 0$ に対し sgn $(\theta) = \pm 1$ である．この表示はともに等価的な波源をそれぞれのエッジ上においているために，図 8.2(b) に示すように SB が，導体平板と同じ x 軸方向に現れる．したがって，2 回エッジ回折波 u_2 の表示は $\theta = 0, \pm\pi$ で両モードとも発散する．

m 回エッジ回折波 u_m についても 2 回エッジ回折波 u_2 を導出したのと同じ方法で $m-1$ 回エッジの回折波の表現より，m 回エッジ回折波のための等価的なエッジ波源を考えることによって計算される．文献67) の結果を用いると，m(≥ 2) 回エッジ回折波 u_m は正の整数 n に対して漸化式の形に表すことができ，H モードに対して

$$u_{2n} = [-2C(kd)]^{2(n-1)} u_2, \tag{8.13}$$

$$u_{2n+1} = [-2C(kd)]^{2(n-1)} u_3, \tag{8.14}$$

$$u_3 = C(k\rho)(-2)[C(kd)]^2 \left[\frac{4\,\mathrm{sgn}(\theta)}{\cos(\theta/2)\cos(\theta_0/2)} e^{-jkd(\cos\theta+\cos\theta_0)/2} \right.$$
$$\left. + \frac{4}{\sin(\theta/2)\sin(\theta_0/2)} e^{jkd(\cos\theta+\cos\theta_0)/2} \right]. \tag{8.15}$$

また E モードについても同様に

$$u_{2n} = \left[\frac{-j}{2kd} C(kd)\right]^{2(n-1)} u_2, \tag{8.16}$$

$$u_{2n+1} = \left[\frac{-j}{2kd} C(kd)\right]^{2(n-1)} u_3, \tag{8.17}$$

$$u_3 = C(k\rho) \frac{1}{2} \left[\frac{-j}{kd} C(kd)\right]^2 \left[\frac{\sin(\theta/2)\cos(\theta_0/2)}{\cos^2(\theta/2)\sin^2(\theta_0/2)} e^{-jkd(\cos\theta+\cos\theta_0)/2} \right.$$
$$\left. \cdot \mathrm{sgn}(\theta) + \frac{\cos(\theta/2)\sin(\theta_0/2)}{\sin^2(\theta/2)\cos^2(\theta_0/2)} e^{jkd(\cos\theta+\cos\theta_0)/2} \right] \tag{8.18}$$

と表される．以上をまとめて，導体ストリップによる散乱界は多重エッジ回折波 u_m の和を $\bar{u}$ として

$$\bar{u} = u_1 + u_2 + u_3 + \cdots = \sum_{m=1}^{\infty} u_m \tag{8.19}$$

と表される.また,幾何級数の収束和の形を利用すると2回以上の多重エッジ回折波は2回,3回エッジ回折波の形にまとめることができて[59),67)]

$$\bar{u} = u_1 + \frac{u_2 + u_3}{1 - R_\tau}, \tag{8.20}$$

$$R_\tau = \begin{cases} [-2C(kd)]^2 & \text{H モード } (\tau = +1), \\ \left[\dfrac{-jC(kd)}{2kd}\right]^2 & \text{E モード } (\tau = -1). \end{cases} \tag{8.21}$$

ここで,$1 - R_\tau = 0$ は導体ストリップ散乱体の複素共振周波数を求めるための共振条件式となる[59),67)].またこの結果はウィーナーホップ法による定式化により得られた非一様漸近展開の主要項と同じである[69)].

先に求めたGTDによる解は,エッジによる多重回折波の足し合せという明確な物理的な解釈をもち理解しやすい反面,SB方向 $(\theta = 0, \pm\pi)$ の観測角においては使用できない.SBを中心とした遷移領域は二つ以上の光線が相互干渉するような場所であり,光線が集中してできる焦線や焦点近傍の領域同様,簡単な光線近似では表現できない部分である.こうした短所は,GTDの提案の頃から指摘され,以来さまざまな改善のための手法が報告されている.ここでは,p.116の7.2.2項で述べた等価波源法(ESM)[63)]によってSBにおける発散を防ぎ,有界な解を得る方法を用いることにする.

この方法によると比較的簡単に有界な界を得ることができるが,漸近展開の高次の項の寄与をすべて含めて計算していないため,波源と二つのエッジ,観測点が一直線に並ぶような特別な場合にはSB上で有界であっても不連続となることもある[63)].こうした欠点をさらに改善するためには一様漸近論(UAT)[64)]や,スペクトル領域での解法[68)]等による精密な解析が必要となる.一方,等価波源の方法に関してもさまざまな方法が考案されている.特に三次元散乱体によるコーナー・曲面回折,SB・コースティックにおける発散防止の工夫については,ストリップ近似,物理光学近似等の修正に関する研究が注目される[72)].本書では解析を二次元の散乱問題に限定し,多重回折波の寄与を簡単に考慮することを念頭においているため文献63)の方法を選んだ.

8.1 導体ストリップによる散乱問題

m 回エッジ多重回折波 u_m の SB 上の発散を防ぐには，$m-1$ 回目のエッジ多重回折波を等価波源に置き換える際にそのままでは発散する GTD の回折係数を，形式的に一様漸近解より決定してやればよい．p.69 の図 5.1 に示すような楔状物体の開き角 φ を $\varphi = 2\pi$ とした半平板による円筒波の回折波の一様漸近解を $u_\tau(\rho, \phi; \rho_0, \phi_0)$ とすれば，すべての観測点の方向に対し GTD の形に表されると仮定して

$$u_\tau(\rho, \phi; \rho_0, \phi_0) = C(k\rho) D_\tau(\phi, \phi_0; 2\pi) C(k\rho_0), \tag{8.22}$$

すなわち

$$D_\tau(\phi, \phi_0; 2\pi) = \frac{u_\tau(\rho, \phi; \rho_0, \phi_0)}{C(k\rho) C(k\rho_0)} \tag{8.23}$$

より回折係数を決定することができる．この式 (8.23) で数値的に決定された回折係数 D_τ を式 (8.4) の代わりに用いることによって形式的に GTD の表現を使うことができ，すべての観測方向に対して発散しない表現が可能となる．こうした一様な回折係数の解析的な表現には，UTD によるものがある[17]．こうして，$m-1$ 回エッジの多重回折波を起こすエッジ上に式 (8.23) の回折係数をもつ非等方性の等価波源を置き，m 回エッジ回折波をその等価波源よりの回折波として再度，一様漸近解で表現すればよい．

（4）斜入射時の遠方散乱パターン まず最初にストリップ幅が $d = 4\lambda$ の場合について，GTD による結果を図 **8.3** に示す．散乱パターンはストリップ面 (x 軸) に対して対称となるため，$-90° \leq \varphi(= \theta - 90°) \leq 90°$ の結果を示す．点線は 1 回エッジ回折波 u_1 によるパターンを示す．入射角 45° に対しては

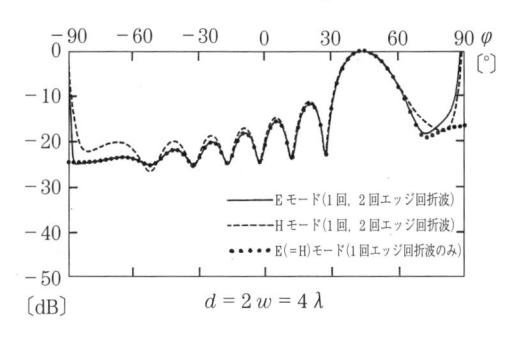

図 **8.3** 導体ストリップによる遠方散乱パターン．GTD の 1 回エッジ回折波と 2 回エッジ回折波による結果

E, H両モードとも散乱パターンの絶対値は同じとなる. 式 (8.11), 式 (8.12) で求めた2回エッジ回折波 u_2 まで含めると両モードに差異が現れる. 実線はEモード, 破線はHモードの2回エッジ回折波までの寄与の和による散乱パターンである. GTDによる解析では2回エッジ回折波まで含めると, 1回エッジ回折波の SB に当たる $\varphi = \pm 90°$ で発散し, これ以上多重エッジ回折波の寄与を加えても形はほとんど変化しない.

図 8.4 は, ESM を用いてストリップ幅 $d(=2w)$ をそれぞれ 2λ, 4λ, 8λ としたときの遠方散乱パターンである. 等価波源によって修正した結果は SB における発散が防がれ, GTD の欠点を補正していることがわかる. E(実線), H(破線) 両モードとも散乱パターンの形はほぼ同様であり, 異なるのはストリップ面と平行な $\varphi = \pm 90°$ 付近である. Hモードの場合には $\varphi = \pm 90°$ で界が急激に減衰している. ストリップの幅が大きくなると散乱パターンは激しく振動するようになる.

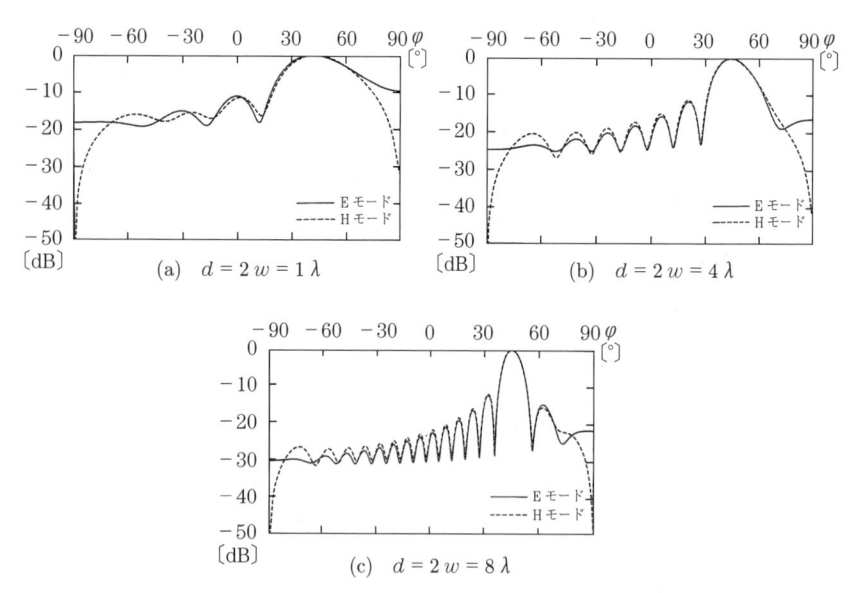

図 8.4　導体ストリップからの遠方散乱パターン[70]

8.1.2 導体ストリップの全散乱幅

導体ストリップによる平面波入射時の全散乱幅は散乱界の前方散乱界より計算することができる[1),73)]．いま，入射波 $u^i(\propto E_z^i, H_z^i)$ に対する二次元散乱界 $u^s(\propto E_z^s, H_z^s)$ が遠方で

$$u^s \sim \sqrt{\frac{2}{\pi k \rho}} e^{-j(k\rho - \pi/4)} P(\phi) u^i \qquad (8.24)$$

と表されるとき，全散乱幅 σ_T は前方散乱方向 ϕ_f のパターン関数 $P(\phi_f)$ を用いて

$$\sigma_T = -\frac{4}{k} \Re\left[\lim_{\rho \to \infty} P(\phi_f) \right] \qquad (8.25)$$

と表される．上式を用いると σ_T は GTD の結果に対しては簡単に解析的な値を求めることができる．

最初に H モードによる結果を示す．1, 2 回エッジ回折波による寄与をそれぞれ $\sigma_T^{(1)}, \sigma_T^{(2)}$ とすると，式 (8.7) の u_1，式 (8.11) の u_2 の GTD の結果より式 (8.25) を計算して

$$\frac{\sigma_T^{(1)}(\theta_0)}{4w} = \sin\theta_0, \qquad (8.26)$$

$$\frac{\sigma_T^{(2)}(\theta_0)}{4w} = \frac{-1}{2\sqrt{\pi}(kw)^{3/2}} \left[\frac{\cos\{2kw(1-\cos\theta_0) - \pi/4\}}{1-\cos\theta_0} \right.$$
$$\left. + \frac{\cos\{2kw(1+\cos\theta_0) - \pi/4\}}{1+\cos\theta_0} \right] \qquad (8.27)$$

となる．GTD によって求められた 3 回以上の多重エッジ回折波の結果をすべて含めた式 (8.20) の $\bar{u}$ を用いると

$$\frac{\bar{\sigma}_T(\theta_0)}{4w} = \sin\theta_0 - \frac{1}{2\sqrt{\pi}(kw)^{3/2}} \left[1 + \frac{\sin(4kw)}{2\pi kw} + \left(\frac{1}{4\pi kw}\right)^2 \right]^{-1}$$
$$\cdot \left[\left(1 + \frac{\sin(4kw)}{4\pi kw}\right) \frac{\cos\{2kw(1-\cos\theta_0) - \pi/4\}}{1-\cos\theta_0} \right.$$
$$+ \frac{\cos(4kw)}{4\pi kw} \frac{\cos\{2kw(1-\cos\theta_0) + \pi/4\}}{1-\cos\theta_0}$$
$$\left. + \left(1 + \frac{\sin(4kw)}{4\pi kw}\right) \frac{\cos\{2kw(1+\cos\theta_0) - \pi/4\}}{1+\cos\theta_0} \right.$$

$$+ \frac{\cos(4kw)}{4\pi kw} \frac{\cos\{2kw(1+\cos\theta_0)+\pi/4\}}{1+\cos\theta_0}\Bigg]$$

$$+ \frac{1}{2\pi(kw)^2} \frac{\cos(4kw)}{\sin\theta_0} \left[1 + \frac{\sin(4kw)}{2\pi kw} + \left(\frac{1}{4\pi kw}\right)^2\right]^{-1} \tag{8.28}$$

となる．上式は文献6) の GTD による結果と一致している．しかしながら，この結果は GTD によって多重回折波の主要項のみを用いて全散乱幅を計算しているために，$k^{-5/2}$ 以下の展開項は正しくない．こうした高次の展開まで求めるには，多重回折波の主要項のみではなく補正項を含めて計算しなければならない．例えば H モードの全散乱幅を k^{-3} までの漸近展開項を求めるためには，2，3 回多重エッジ回折波の主要項ばかりでなく，それらの一次補正項が必要となる．多重エッジ回折波の補正項を漸化的に求めるには，文献68) の方法が適用できる．この方法によれば 2，3 回エッジ回折波 u_2, u_3 は，式 (8.11)，式 (8.15) の主要項に加えて

$$u_2 = C(k\rho)C(kd)\left[\frac{4\,\text{sgn}(\theta)}{\cos(\theta/2)\sin(\theta_0/2)}e^{-jkd(\cos\theta-\cos\theta_0)/2}\right.$$
$$\cdot\left\{1 + \frac{j}{4k\rho}\cos^{-2}\frac{\theta}{2} + \frac{j}{4kd}\left(\cos^{-2}\frac{\theta}{2} + \sin^{-2}\frac{\theta_0}{2} - \frac{1}{2}\right) + \mathcal{O}(k^{-2})\right\}$$
$$+ \frac{4}{\sin(\theta/2)\cos(\theta_0/2)}e^{jkd(\cos\theta-\cos\theta_0)/2}\left\{1 + \frac{j}{4k\rho}\sin^{-2}\frac{\theta}{2}\right.$$
$$\left.\left. + \frac{j}{4kd}\left(\sin^{-2}\frac{\theta}{2} + \cos^{-2}\frac{\theta_0}{2} - \frac{1}{2}\right) + \mathcal{O}(k^{-2})\right\}\right], \tag{8.29}$$

$$u_3 = C(k\rho)(-2)[C(kd)]^2\left[\frac{4\,\text{sgn}(\theta)}{\cos(\theta/2)\cos(\theta_0/2)}e^{-jkd(\cos\theta+\cos\theta_0)/2}\right.$$
$$\cdot\left\{1 + \frac{j}{4k\rho}\cos^{-2}\frac{\theta}{2} + \frac{j}{4kd}\left(\cos^{-2}\frac{\theta}{2} + \cos^{-2}\frac{\theta_0}{2} + 1\right) + \mathcal{O}(k^{-2})\right\}$$
$$+ \frac{4}{\sin(\theta/2)\sin(\theta_0/2)}e^{jkd(\cos\theta+\cos\theta_0)/2}\left\{1 + \frac{j}{4k\rho}\sin^{-2}\frac{\theta}{2}\right.$$
$$\left.\left. + \frac{j}{4kd}\left(\sin^{-2}\frac{\theta}{2} + \sin^{-2}\frac{\theta_0}{2} + 1\right) + \mathcal{O}(k^{-2})\right\}\right] \tag{8.30}$$

8.1 導体ストリップによる散乱問題

となる．上式より 2 回エッジ回折波の一次補正項と 4 回エッジ回折波の主要項，3 回エッジ回折波の一次補正項と 5 回エッジ回折波の主要項が波数 k の漸近展開において同じオーダーであることがわかる．上式の結果と GTD による 4, 5 回エッジ回折波の主要項を用いて全散乱幅式 (8.25) を計算すると

$$\frac{\sigma_T^{(2)}(\theta_0)}{4w} = \frac{-1}{2\sqrt{\pi}(kw)^{3/2}} \left[\frac{\cos\{2kw(1-\cos\theta_0)-\pi/4\}}{1-\cos\theta_0} \right.$$
$$\left. + \frac{\cos\{2kw(1+\cos\theta_0)-\pi/4\}}{1+\cos\theta_0} \right]$$
$$+ \frac{1}{32\sqrt{\pi}(kw)^{5/2}} \left[\frac{(7+\cos\theta_0)\cos\{2kw(1-\cos\theta_0)+\pi/4\}}{(1-\cos\theta_0)^2} \right.$$
$$\left. + \frac{(7-\cos\theta_0)\cos\{2kw(1+\cos\theta_0)+\pi/4\}}{(1+\cos\theta_0)^2} \right], \qquad (8.31)$$

$$\frac{\sigma_T^{(3)}(\theta_0)}{4w} = \frac{1}{2\pi(kw)^2 \sin\theta_0} \left[\cos(4kw) + \frac{\sin(4kw)}{8kw} \frac{5-\cos^2\theta_0}{\sin^2\theta_0} \right], \qquad (8.32)$$

$$\frac{\sigma_T^{(4)}(\theta_0)}{4w} = \frac{-1}{8\pi^{3/2}(kw)^{5/2}} \left[\frac{\cos\{2kw(3-\cos\theta_0)+\pi/4\}}{1-\cos\theta_0} \right.$$
$$\left. + \frac{\cos\{2kw(3+\cos\theta_0)+\pi/4\}}{1+\cos\theta_0} \right], \qquad (8.33)$$

$$\frac{\sigma_T^{(5)}(\theta_0)}{4w} = -\frac{\sin(8kw)}{8\pi^2(kw)^3 \sin\theta_0}. \qquad (8.34)$$

これらを加え合せて

$$\frac{\sigma_T}{4w} = \frac{1}{4w}\left(\sigma_T^{(1)} + \sigma_T^{(2)} + \sigma_T^{(3)} + \sigma_T^{(4)} + \sigma_T^{(5)} + \mathcal{O}(k^{-7/2})\right) \qquad (8.35)$$

を得る．この結果の $k^{-5/2}$ までは文献1) の σ_T の漸近展開の式 (4.199) と完全に一致し，最後の k^{-3} の項は新たな結果である．また $\theta_0 = \pi/2$ とおいた垂直入射の場合は，文献1) の σ_T の漸近展開の式 (4.200) と完全に一致している[†]．

[†] 以下比較に用いた文献1) の結果の式 (4.113),(4.118),(4.200) は関数解析的な手法で求められた結果であり，GTD に関連した手法によって得られたものではないことを付記しておく．

138　　8. GTD の 応 用 例

E モードについても同様に求めることができる．GTD の結果から式 (8.25) を計算して，多重エッジ回折波の補正項のオーダーに注意して整理すると，全散乱幅は[70]

$$\frac{\sigma_T^{(1)}(\theta_0)}{4w} = \sin\theta_0,$$

$$\begin{aligned}\frac{\sigma_T^{(2)}(\theta_0)}{4w} = \frac{1}{16\sqrt{\pi}(kw)^{5/2}} &\left[\frac{1+\cos\theta_0}{(1-\cos\theta_0)^2}\left\{\cos[2kw(1-\cos\theta_0)+\pi/4]\right.\right.\\ &+ \left(\frac{3}{1-\cos\theta_0}+\frac{3}{8}\right)\frac{\cos[2kw(1-\cos\theta_0)-\pi/4]}{2kw}\\ &- \left(\frac{45}{4}\frac{1}{(1-\cos\theta_0)^2}+\frac{14}{16}\frac{1}{1-\cos\theta_0}+\frac{103}{384}\right)\\ &\left.\cdot\frac{\cos[2kw(1-\cos\theta_0)+\pi/4]}{4(kw)^2}\right\}\\ &+ \frac{1-\cos\theta_0}{(1+\cos\theta_0)^2}\left\{\cos[2kw(1+\cos\theta_0)+\pi/4]\right.\\ &+ \left(\frac{3}{1+\cos\theta_0}+\frac{3}{8}\right)\frac{\cos[2kw(1+\cos\theta_0)-\pi/4]}{2kw}\\ &- \left(\frac{45}{4}\frac{1}{(1+\cos\theta_0)^2}+\frac{14}{16}\frac{1}{1+\cos\theta_0}+\frac{103}{384}\right)\\ &\left.\left.\cdot\frac{\cos[2kw(1+\cos\theta_0)+\pi/4]}{4(kw)^2}\right\} + \mathcal{O}(k^{-3})\right],\end{aligned} \quad (8.36)$$

$$\frac{\sigma_T^{(3)}(\theta_0)}{4w} = -\frac{\cos(4kw)}{128\pi(kw)^4\sin\theta_0} + \mathcal{O}(k^{-5}). \quad (8.37)$$

こうして

$$\frac{\sigma_T}{4w} = \frac{1}{4w}\left(\sigma_T^{(1)}+\sigma_T^{(2)}+\sigma_T^{(3)}+\mathcal{O}(k^{-5})\right) \quad (8.38)$$

を得る．

表 8.1 の GTD1 は GTD による 1，2 回エッジ回折波のみによって全散乱幅を，GTD2 はすべての多重エッジ回折波を含めた $\bar{u}$ より全散乱幅 $\bar{\sigma}_T$ を，また

8.1 導体ストリップによる散乱問題

表 8.1 垂直入射時の全散乱幅[70)]

kw	厳密解	E モード GTD1 GTD2 GTD3 ESM	誤差〔%〕	厳密解	H モード GTD1 GTD2 GTD3 ESM	誤差〔%〕
1	0.99085	0.93390 0.93557 1.18182 0.99074	5.74759 5.57804 19.2733 0.01110	0.54540	0.80326 0.64281 0.34073 0.51996	47.2791 17.8602 37.5266 4.66447
2	0.99478	1.00091 1.00093 0.98973 0.99470	0.61622 0.61823 0.50664 0.00080	1.18426	1.19894 1.18612 1.20134 1.18475	1.23960 0.15706 1.44251 0.04137
4	0.99896	0.99823 0.99974 0.99914 0.99882	0.07308 0.07208 0.01702 0.01402	0.94244	0.95792 0.94697 0.94033 0.94257	1.64254 0.48067 0.22389 0.01379
8	0.99976	0.99982 0.99981 0.99975 0.99976	0.00600 0.00500 0.00100 0.00000	1.02332	1.02196 1.02399 1.02345 1.02343	0.13290 0.06547 0.01270 0.01075
16	—	1.00001 1.00001 1.00002 1.00002	— — — —	—	0.99136 0.99164 0.99171 0.99170	— — — —
32	—	1.00000 1.00000 1.00000 1.00000	— — — —	—	0.99711 0.99701 0.99699 0.99699	— — — —
64	—	1.00000 1.00000 1.00000 1.00000	— — — —	—	0.99998 0.99998 0.99997 0.99997	— — — —

GTD3 は回折波の補正項を含めた漸近表示式より全散乱幅をそれぞれ計算した．また ESM はすべての多重回折波を含めて散乱波を求め，全散乱幅を式 (8.25) より数値計算した．表 8.1 からも明らかなように非常に簡単な計算で $kw = 1$ の場合についてもかなりよい近似になっていることがわかる．GTD による計算ではストリップ幅が大きなとき，多重エッジ回折波の項を含めるほど精度がよくなるが，ストリップ幅が小さなときは，むしろ 2 回エッジ回折波程度まで

で散乱幅を計算した方が良好な値となる．こうした結果は波数 k に対する散乱幅の漸近展開の特徴をよく表している．ESM を用いるとストリップの幅が小さなとき，GTD に比べ一桁以上精度がよくなっていることは注目に値する．

ESM の方法によって kw を 0.25 から 10.0 まで変化させて $\sigma_T/4w$ を計算させたのが図 **8.5** である．図中の実線は E 波，破線は H 波の結果を，また ●, × 印は厳密解の結果[74]) を示す．$kw = 0.7$ 以上では厳密解とよく一致しており，文献66) の結果とほぼ同じ結論を得る．

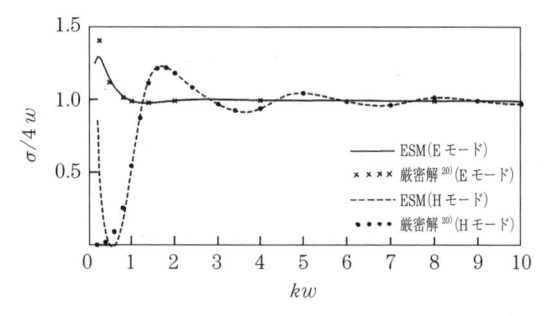

図 **8.5** 垂直入射時の全散乱幅[70])

本節では高周波近似解法である GTD，ESM を用いて導体ストリップによる平面波の散乱について定式化し，全散乱幅の漸近表示を求めた．全散乱幅と遠方散乱パターンについての数値計算によると，ストリップ幅がかなり小さくても $kw \geq 1$ であれば，GTD，ESM によって多重エッジ回折波の寄与を含めることにより精度の十分よい計算ができることがわかる．

8.2　厚みのある半平板による回折

導体楔による電磁波の回折問題は，テレビ放送波の山岳回折量を把握するのに使われたように，大都市部のおける高層建築物による電波障害の推定には，高層建築物を厚みのある半平板で近似することによって影領域の回折量を計算できる．

半平板の厚みが波長に比べて十分薄ければ，ゾンマーフェルトによって厳密

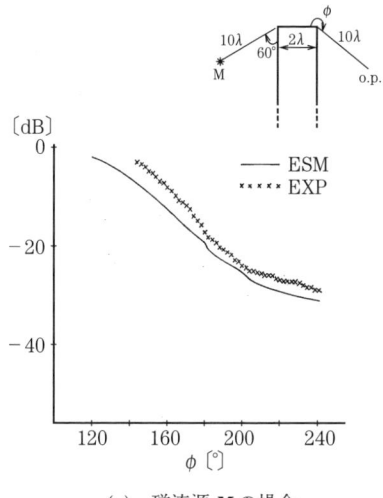

8.2 厚みのある半平板による回折

(a) 磁流源 M の場合

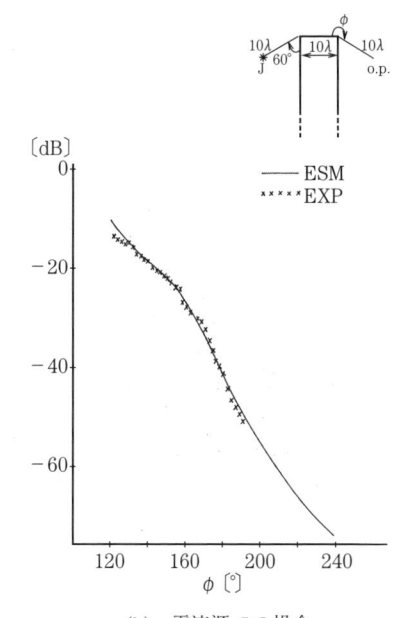

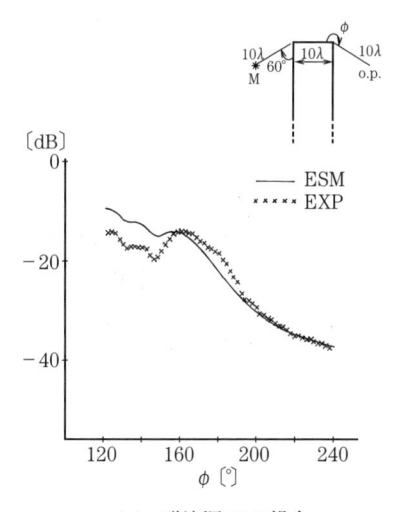

(a) 磁流源 M の場合

(b) 電流源 J の場合

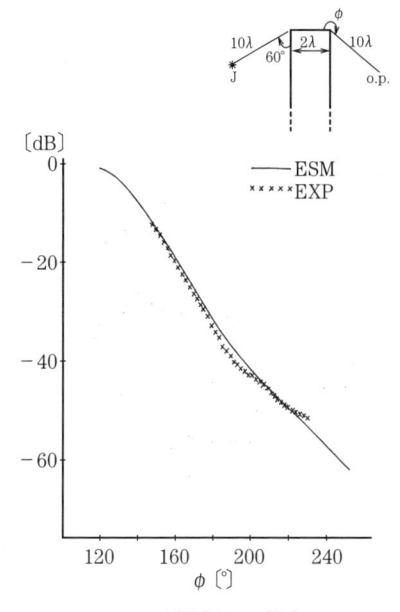

(b) 電流源 J の場合

図 **8.6** 厚みのある半平板による回折例 1（半平板の厚さ 2λ, 測定周波数 10 GHz）

図 **8.7** 厚みのある半平板による回折例 2（半平板の厚さ 10λ, 測定周波数 10 GHz）

に解かれている無限に薄い半平板による平面電磁波の回折の結果[4])から,ある程度推察できる.逆に厚さが波長に比べて厚くなると,建物を二つの離れたエッジをもつ多角柱状導体で近似することによって,2回エッジ回折を求めることで影領域の電磁波伝搬量を計算できる.

図 8.6 は,厚みが 2 波長の,また図 8.7 は,厚みが 10 波長の半平板の回折量を深い影の領域で計算した結果と実測の値[75)]を比較したものである[62)].

図中の理論値 (ESM) は,一つ目のエッジによる 1 回エッジ回折波 u_1^d と,その 1 回エッジ回折波が導体表面を伝搬して二つ目のエッジに入射して作られた,2 回エッジ回折波 u_2^d の和によって計算している.例えば 2 回エッジ回折波は,p.122 の式 (7.38),(7.39) を基に計算すると SB 上で回折係数が発散するので,式 (8.23) で示したように,等価波源に一様漸近界を用いて回折係数を計算した.一方,測定値 (EXP) は,ホーンアンテナによる照射によって紙面に垂直な方向に電界,磁界があるようなモード面を置くことによって電流源,磁流源による結果を模擬し,散乱体がない場合の直接波の値で規格化した[75)].

図中の観測角 ϕ が,$180°$ より小さな領域では,1 回エッジ回折波と 2 回エッジ回折波の両方が存在するが,1 回エッジ回折波が主要となる.それに対して観測角 ϕ が $180°$ を越えた場合には 2 回エッジ回折波しか存在しないが,観測角が大きくなるにつれて滑らかに減衰している様子がわかる.E モードの場合には境界条件により,2 回エッジ回折波はスロープ回折波になるため,H モードに比べて減衰が大きい.

8.3　多角柱による散乱

8.2 節で求めた厚みのある半平板による回折界の計算を応用すれば,多角柱による散乱界を任意の多重エッジ回折波まで拡張して計算することができる.

図 8.8 は,一辺が 1.6 波長の導体四角柱から 0.8 波長離れたところに置かれた磁流源 M によって照射されたときの放射界を直接波,反射波ならびにエッ

8.3 多角柱による散乱

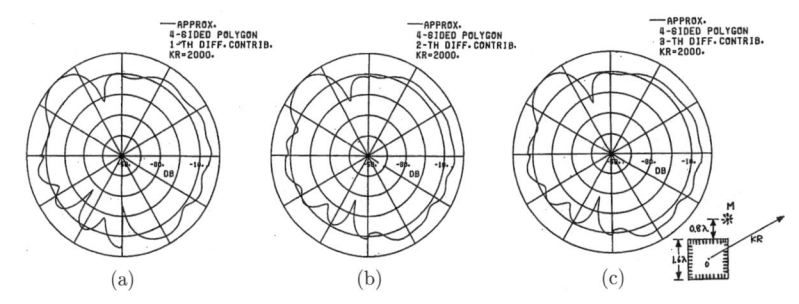

(a)　(b)　(c)

図 **8.8**　一辺が 1.6 波長の導体四角柱の近くに置かれた
磁流源 M による放射パターン

ジ回折波の和で計算した例である．図 (a) は直接波，反射波と各エッジによる 1 回エッジ回折波の寄与から，最大放射方向の電力値で規格化した角度パターンを示している．また図 (b) は 2 回エッジ回折波まで，図 (c) は 3 回エッジ回折波まで加えた結果である．1 回エッジ回折波までで放射指向性はほぼ決まるが，2 回エッジ回折波の影響が影領域の方向に表れており，2 回エッジ回折波まで考慮すれば，界は収束していることがわかる．

図 8.8 において，放射パターンを観察すると，波源から真下に当たる 180° の方向で放射パターンが滑らかに接続していないことがわかる．実用上は問題とはならないが，磁流源 M が，ちょうど四角柱の一辺の延長上に置かれているために，1 回エッジ回折波の SB が 2 回エッジ回折波を励振するエッジ上を通過する．このため，入射波，1 回エッジ回折波の合成された遷移領域の波が，2 回エッジ回折波のための入射波になり，正しい入射波を計算するには，UAT のようなより詳細な取り扱いが必要となる．

同じ導体四角柱について，波源を電流源 J に換えた場合の結果を図 **8.9** に示す．この場合も 2 回エッジ回折波までを加えると，放射パターンは収束する．図 (a)～(c) については図 8.8 と同様である．

3 回エッジ回折波まで加えた放射パターンをモーメント法による結果[76]ならびに Self-consistent GTD による結果[77]と比較したものが，図 **8.10** である．図 (a) は磁流源 M の場合，図 (b) は電流源 J の場合である．わずかな放射パターンの差異が影方向に見られるものの，三者はよく一致している．また波源

144   8. GTDの応用例

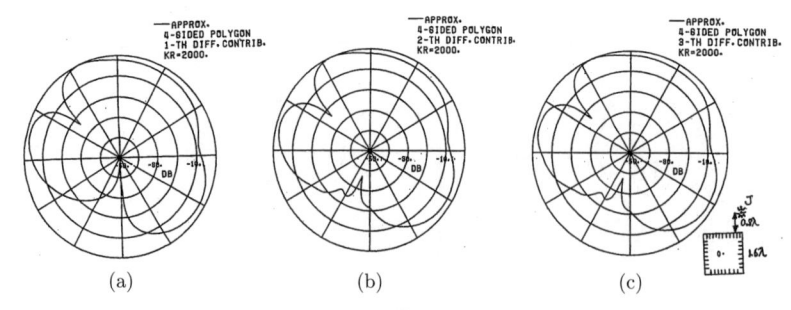

図 8.9　一辺が 1.6 波長の導体四角柱の近くに置かれた電流源 J による放射パターン

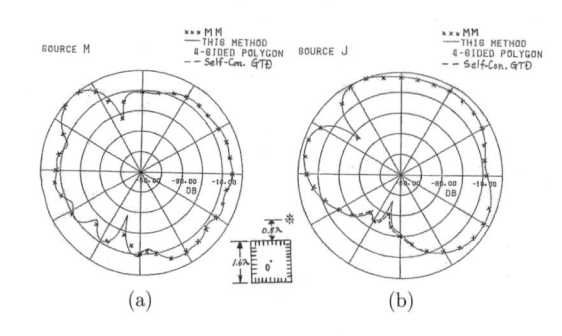

図 8.10　一辺が 1.6 波長の導体四角柱の近くに置かれた線電磁流源による放射パターン

が磁流源 M から電流源 J へと変化すると，放射パターンの主ローブとヌルの方向がちょうど反対になっていることがわかる．これは散乱体の表面での反射波が観測点で観測されるときに，境界条件の違いのため反射係数の符号が異なるため，波源からの直接波と干渉して放射パターンを作る際，磁流源の場合の結果と電流源の場合の結果で位相が反転して強弱が入れ替わるためである．

図 8.11 は，正八角柱を二分して作られた変形五角柱の中心から半波長のところに置かれた電磁流源からの放射パターンを，また図 8.12 は正六角形の表面から半波長のところに置かれた電磁流源からの放射パターンを示している．両電磁流源の場合とも，波源の位置が散乱体に近いために，影の領域への回り込みが比較的小さく，図 8.10 と同様に主ローブとヌルの方向が反転している．磁流源の場合の結果はモーメント法の結果[76]ともよく一致している．

また散乱体の形状と波源の配置が対称的である関係から，放射パターンは左

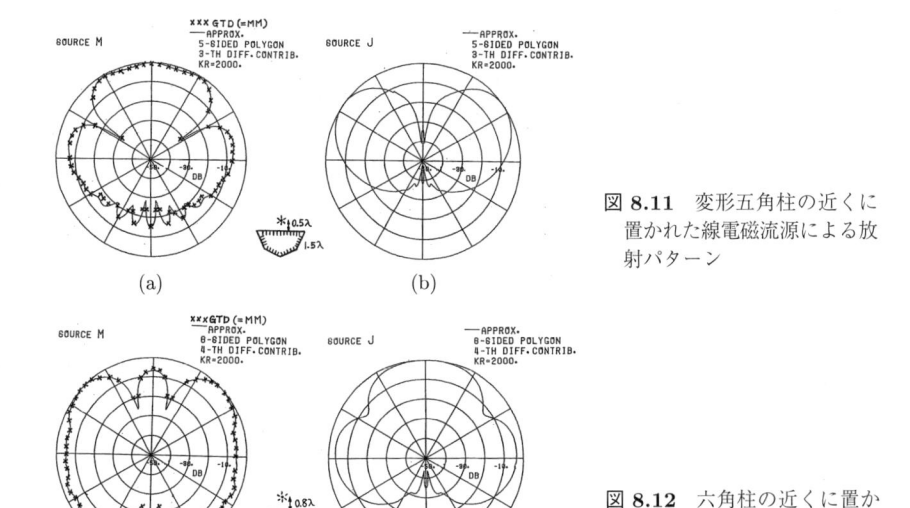

図 **8.11** 変形五角柱の近くに置かれた線電磁流源による放射パターン

図 **8.12** 六角柱の近くに置かれた線電磁流源による放射パターン

右対称になり，左右の側面からの回り込みの影響で影領域でも干渉が生じて放射パターンは振動している．

8.4 円柱による散乱

8.4.1 クリーピング波による結果

導体円筒による電磁波散乱問題は解析的な厳密解が求められるので，近似界の精度を確かめるには，都合がよい．ここでは先に求めた幾何光学波やクリーピング波を使った近似の精度について，石原らの解析結果[34]を紹介する．

文献34)によれば，ケラーの導出した GTD の考えに基づくクリーピング波の表現[35]は，p.102 の式 (6.63) において $\bar{u} \to \infty$ とおいた十分遠方な界に相当し，この場合 p.104 の式 (6.71) の A_p^H は $A_p^H \to 1$ となる．またパサックらはフレネル積分を使った一様漸近界を提案しているが[36]～[38]，石原らの導出した修正 UTD と呼ぶ留数級数表示（クリーピング波の和）表現の方が，深い影の領域でより精度の高い結果を得ることが報告されている[34]．

8. GTD の応用例

図 **8.13** は,半径 a が $a = 100\lambda$ の導体円筒による平面波散乱による散乱界を計算したものである[34].ここで $\rho_0 = 110\lambda$,$\rho = 100\lambda$ であり,波源と観測点の間の角度 $|\phi - \phi_0|$ を変化させたときの界の変化を示している.観測角が $|\phi - \phi_0|$ の影境界 (SB) を境として,角度が小さい領域が照射領域,角度が大きいところが影領域となる.p.89 の式 (6.2) や式 (6.6) で与えた固有関数展開による厳密解の計算結果 (白丸) に対して,照射領域では幾何光学波である直接波と反射波による結果 (破線) が SB 近くを除いて一致している.一方影領域では,クリーピング波による回折波によって計算できるが,GTD による結果 (一点鎖線) に比べ,パサックらの UTD による結果 (黒丸)(文献37) の式 (22), (26))は,SB 近傍で精度がよい.しかしながら観測点が深い影領域にあると,E モードでは精度が劣化する.

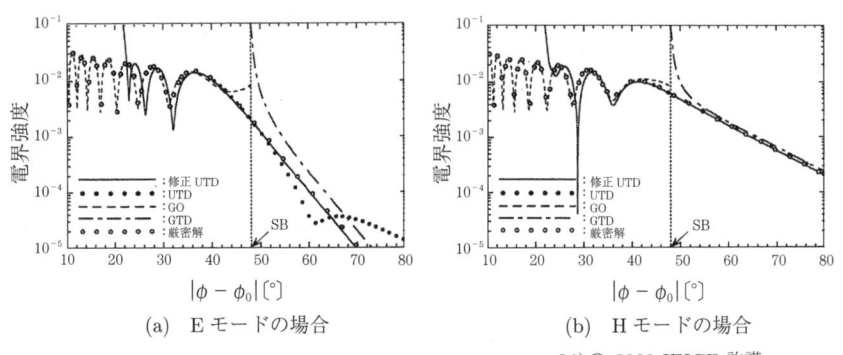

(a) E モードの場合

(b) H モードの場合

図 **8.13** 導体円柱に沿って伝搬するクリーピング波[34] ⓒ 2000 IEICE 許諾
番号:14RA0078

式 (6.60), (6.68) で与えられた石原らの導出したクリーピング波 (留数級数) 和による結果 (実線) は,深い影の領域ばかりか,SB を越えて照射領域に入ったところまで精度がよい.図 8.13 (a) は,磁流源によって照射されたとき,また図 (b) は電流源によって照射された場合の結果であるが,電流源による結果のほうが影の領域での減衰が激しく,急激に界が小さくなる.これは円筒導体表面に沿って伝搬するクリーピング波が,エッジ回折波のスロープ回折と同様に境界条件の関係で,高次の表面波となって伝搬するからで,定式化の上では,

クリーピング波の寄与を与える複素 ν 平面内の特異点 ν_p (式 (6.55)) が,大きな虚部をもつことに由来する.

8.4.2 多角形近似による円筒散乱

導体円柱のように滑らかな表面をもつ散乱体による回折波は,クリーピング波によって求められるが,表面の曲率が変化するような散乱体の場合には,その曲率の変化に応じて表面に沿った伝搬経路を計算する必要があり計算量が増える.そこで,曲率に沿ったクリーピング波の代わりに曲面を多角形で近似して,各エッジでのエッジ回折波で表現する方が計算が容易である.ここで注意しなくてはいけないのは,曲面を精度よく近似するためにエッジの数を増やすと,エッジ回折波の数が増えて計算量が増大することになり,計算効率が悪くなるばかりか,エッジ間の距離が短くなり,波長より短くなると,高周波近似

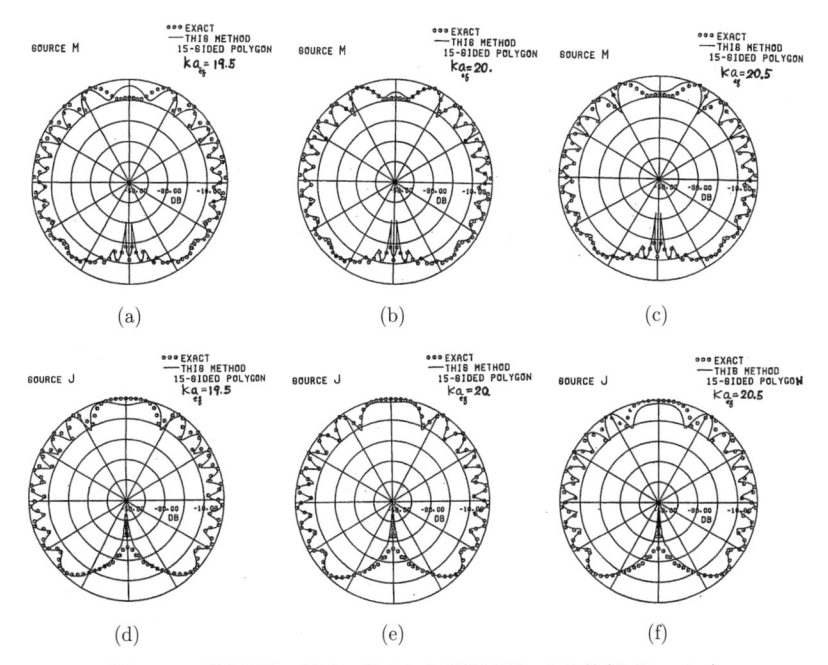

図 **8.14** 導体円柱の近くに置かれた電磁流源による放射パターンを正 15 角柱で近似した例

で計算しているという前提条件が崩れ，近似精度が悪くなることである．以下に導体円柱を多角柱で近似した場合の散乱パターンを中心にして，多角柱近似について紹介する[62]．

導体円柱近くに置かれた電磁流源 M または J からの放射パターンを図 8.14 に示す．散乱体の断面となる半径 a の円を正多角形で近似するが，その多角形の面積を等価的な $ka = 19.5, 20.0, 20.5$ の円の面積となるように，0.5 刻みで変化させた正 15 角形による散乱パターンと，$ka = 20.0$ の円柱による厳密解 (p.89 の式 (6.2) または式 (6.6) を基にした結果) から求めた放射パターンを比較したものである．

図 8.14 (a)～(c) が磁流源 M の場合，図 (d)～(f) が電流源 J の場合をそれぞれ示している．これらの図を比較して，断面積の大きさを等しくなるように多角柱の大きさを決定した方が，放射パターンもよく一致していることがわかる．この結果は物理的にもある程度予測できる結論である．

次に断面積の大きさを同じくした正多角形のエッジの数を変化させ，正 10 角形，正 15 角形，正 20 角形で近似した場合の結果について，磁流源 M の場合の結果を図 8.15 に，電流源 J の場合の結果を図 8.16 にそれぞれ示す．正 10 角柱の放射パターンは円柱の場合と少し異なるが，正 15 角柱であると照射領域でパターンがわずかに異なるものの，よく一致するようになる．しかし正 20

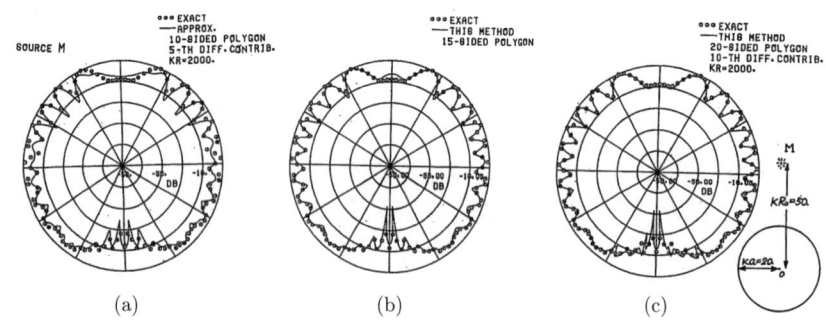

図 8.15 導体円柱の近くに置かれた磁流源 M による放射パターンを正 10, 15, 20 角柱で近似した例

8.4 円柱による散乱

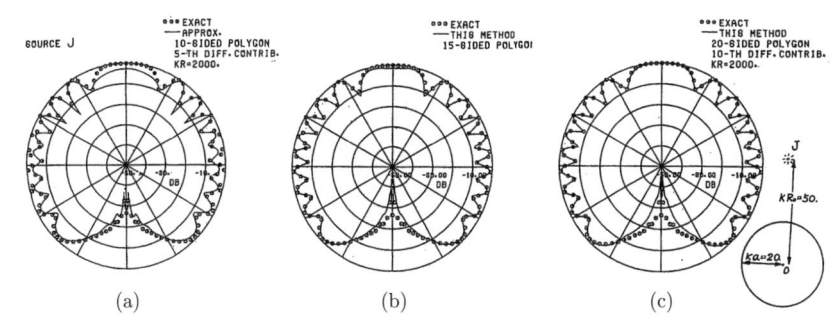

図 8.16 導体円柱の近くに置かれた電流源 J による放射パターンを正 10, 15, 20 角柱で近似した例

角柱になると，照射領域でよく一致する反面，逆に影領域で特に磁流源の場合（図 8.15 (c)）に不安定な振動を起こすようになる．エッジの数が増えると，その分多重回折波の計算が増えるため，正 15 角形あたりが効率的にはよい．なおこの際のエッジ間の距離は 1.34 波長となっている．したがって，1 波長程度を目安に多角形近似をすればよさそうであることがわかる．

正多角柱近似の場合のエッジの配置の仕方による変化を調べるために，正 15 多角柱を 6° ずつ回転させた場合の放射パターンの変化を図 8.17, 図 8.18 に示す．照射領域では滑らかな円筒表面が滑らかでない正 15 角形の表面で近似されるので，反射波がその反射面の傾きの影響を受けて反射ビーム方向がわずかに変化する様子が観察できる．それに対して影領域では大きな変化はない．

図 8.19 は 15 角柱であるが，照射領域ではエッジの数を増やして円柱表面をやや細かく近似し，影領域のエッジの数を減らして近似した場合の結果である．表面での反射波の精度をよくするにはエッジの数を増やすほうが，より滑らかな放射パターンを得ることができ，影領域では少ないエッジでも比較的良好な放射パターンとなっていることがわかる．

図 8.20 は，半円柱の近くに置かれた電磁流源による放射パターンを示す．前例で円柱を正 15 角柱で近似したことから，半円柱は 8 角柱として近似した．円柱の半径が 1.03 波長 ($ka = 6.5$) と比較的小さいにもかかわらず，放射パターンは他解法[76],[77] とよく一致している．

8. GTD の応用例

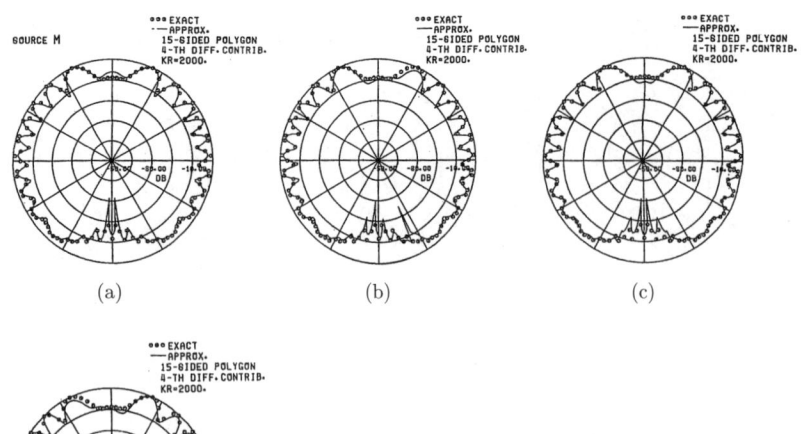

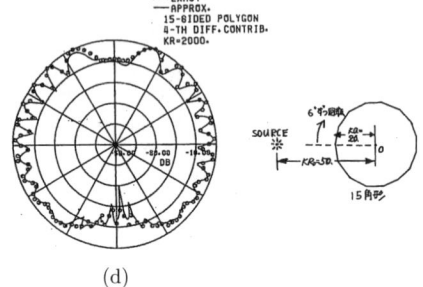

図 8.17 導体円柱の近くに置かれた磁流源 M による放射パターンを正 15 角柱で近似し，エッジの位置を 6° ずつ回転させた例

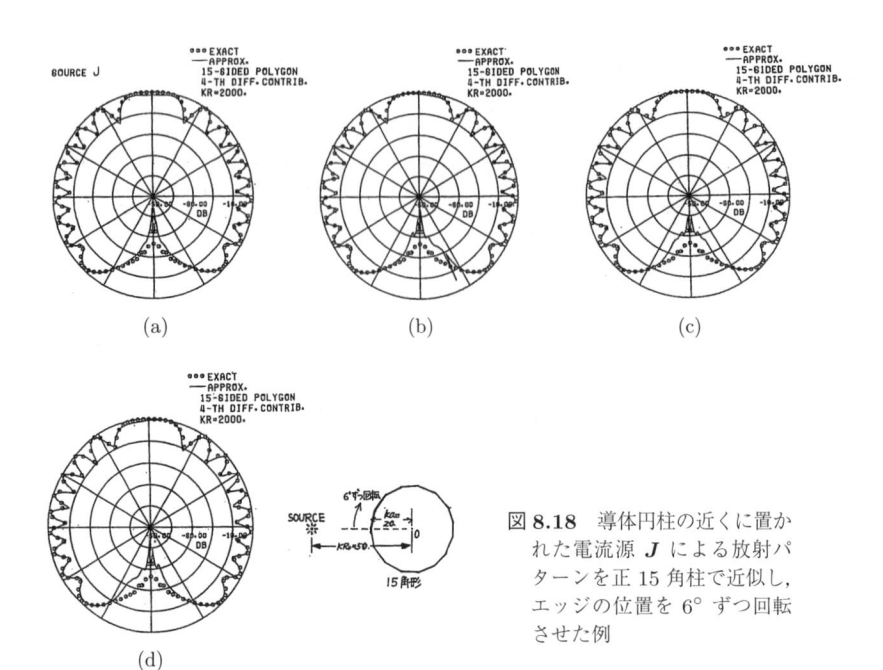

図 8.18 導体円柱の近くに置かれた電流源 J による放射パターンを正 15 角柱で近似し，エッジの位置を 6° ずつ回転させた例

8.4 円柱による散乱   151

図 8.19 導体円柱の近くに置かれた電磁流源による放射パターンを，照射領域でエッジの数を増やし，影領域でエッジの数を減らした場合の例

(a)　(b)　(c)　(d)

図 8.20 導体半円柱の近くに置かれた電磁流源による放射パターンを正八角柱で近似した例

(a) 線磁流源 M の場合　(b) 線電流源 J の場合

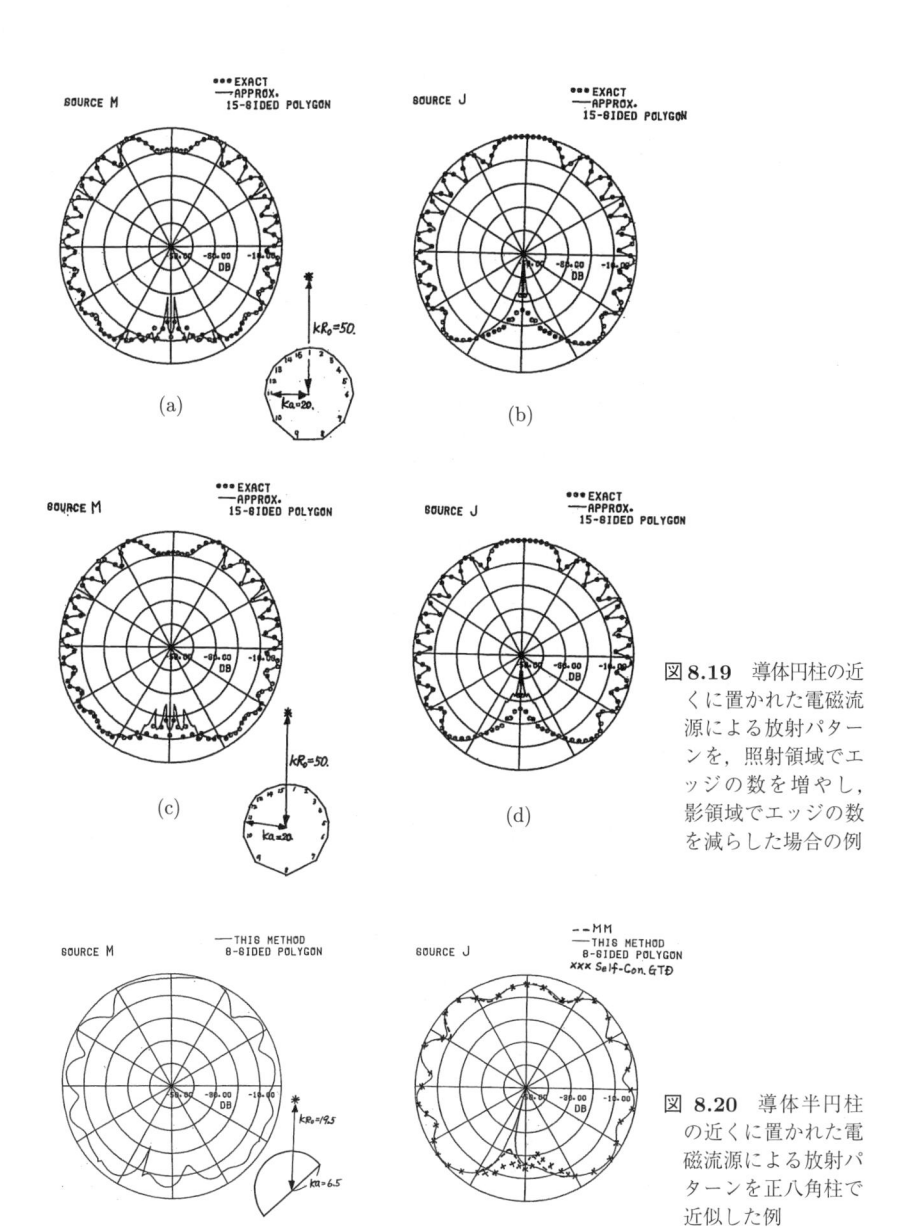

8.5 3次元多面体による散乱

　柱状物体による散乱解析の場合，軸方向が有限であっても波長に比べて十分な長さがあれば，断面形状が等しい二次元の散乱体として解析した結果を基にして，三次元の結果を推定することができる．しかしながら，一般の三次元の物体による任意の方向から照射した場合の散乱解析は困難な場合が多い．GTDを基にした計算法では，散乱体表面のエッジを回折して届くエッジ回折波を三次元的な立体形状に対して多重エッジ回折を含めて計算するには，効率のよい回折エッジ探索プログラムが必要となる．

　散乱体を多面体形状で近似して，各構成面を接続するエッジによる回折波を計算する方法として，7.2節で紹介した**等価端部電磁流法** (EEC) が便利である．三次元物体について，式 (7.31) を適用できるが，そのまま使用するとSB方向において式中の回折係数 D_τ が発散するので，このままでは使いにくい．一方，入射方向で切断した断面において二次元導体ストリップの散乱として考えれば，8.1節で定式化したように，平面波入射時の二つのエッジにおける1回エッジ回折波（式 (8.7)）は，個々のエッジ回折波はSB方向で発散するが，二つの寄与を足し合せると，SB方向でも一様な表現を得ることができる[70),71),78)]．この性質を利用して多面体を入射波の入射方向に応じて，図 **8.21** のようにストリップ導体近似することによって，SB方向の発散を巧みに防ぎながら計算する方

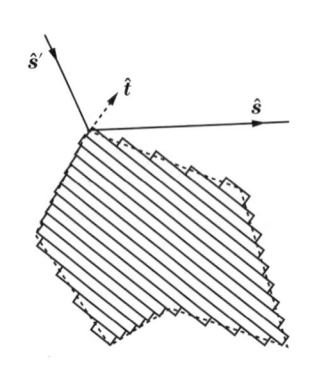

図 **8.21** 等価端部電磁流法による導体多面体の計算のための導体ストリップ近似

8.5 3次元多面体による散乱

法が，砂原らによって提案された．この手法は **separated equivalent edge current method** (SEECM) と呼ばれている[55), 56)]．

この SEECM を用いてレーダ散乱断面積 (RCS) を計算した例[56)]を紹介する．図 **8.22** は導体でできた有限長の三角柱からの，また図 **8.23** は有限長の四角柱からの RCS を計算した結果である．また図 **8.24** は有限長の円柱の断面を多角形近似して 25 面体とした結果を，また図 **8.25** は導体円錐を 35 面体で近

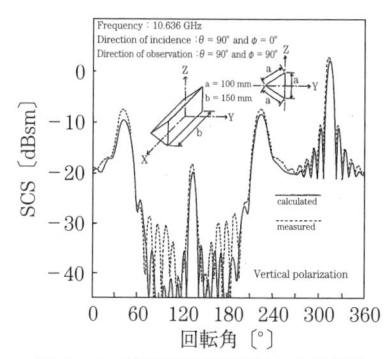

図 **8.22** 等価端部電磁流法による導体多面体のレーダ散乱断面積の計算[56)]†．三角柱の場合

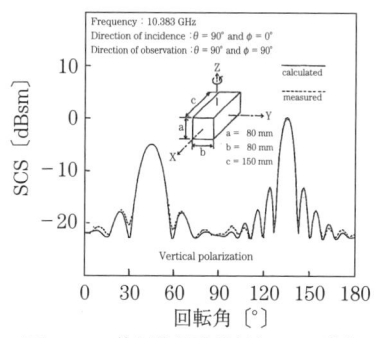

図 **8.23** 等価端部電磁流法による導体多面体のレーダ散乱断面積の計算[56)]†．四角柱の場合

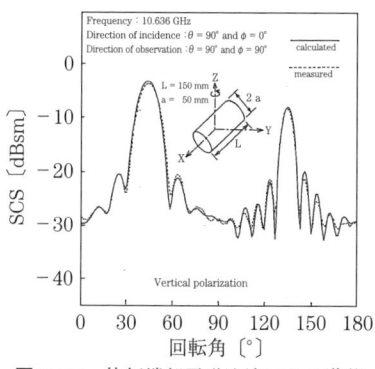

図 **8.24** 等価端部電磁流法による導体多面体のレーダ散乱断面積の計算[56)]†．25 角形で近似した円柱の場合

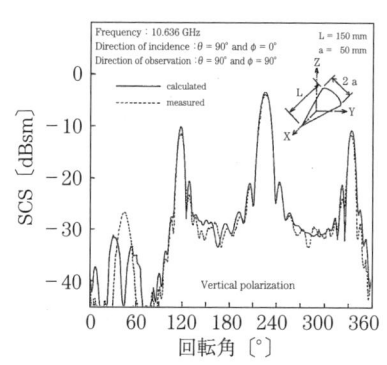

図 **8.25** 等価端部電磁流法による導体多面体のレーダ散乱断面積の計算[56)]†．円錐の場合

---

† ⓒ 1993 IEICE 許諾番号：14RA0077

似した結果をそれぞれ実測値と比較している．すべての解析結果は実測値とよく一致しており，複雑な三次元物体による散乱問題を解析する手法として，散乱体が波長に比べて十分大きければ，実用性の高い手法である．

8.6 導波・共振構造の取扱い

8.6.1 光線・導波管モード変換

電磁波の散乱解析において，凸型の表面部分からの散乱は，その散乱波が外向きに発散しながら伝搬する発散波であるので，取り扱いやすい．しかし構造物の内部や導波・共振構造をもつような構造の場合，解析しにくくなる．

例えば，図 8.26 に示すような平行平板導波管の内部に波源 S と観測点 P がある場合に，光線理論で解析することを考える．波源 S から観測点 P に向かう光線は，直接波のみならず導波管の上下管壁で何度も反射してから届く多重反射波が存在する．特に導波管や共振器のように管壁は損失をもたない場合には，理論的には無限回反射してから観測点に到達する光線までの和を取ることになり，収束が非常に悪い．これに対して，光線に相補的な立場にある導波管モードによって電磁界を表現すると，導波管の高さに応じて遮断周波数が決まり，その遮断周波数よりも高い周波数の電磁波しか伝搬しないので，導波管モードの和については有限項で打ち切ることが可能である．

無限長の導波管の管内のように，閉じた領域における光線と導波管モードの等価変換は，固有関数を用いたグリーン関数の別表現として導出されるが[79),80)]，開口を通して導波・共振構造が外部空間と結合している問題等を解析するとき

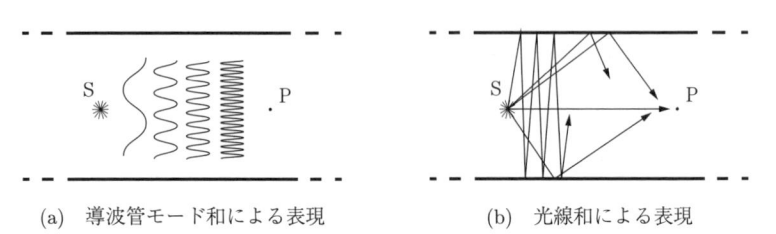

(a) 導波管モード和による表現　　(b) 光線和による表現

図 8.26 二次元平行平板導波管内の電磁界表現

8.6 導波・共振構造の取扱い

にも適用できることが示されている[81]．

こうした等価変換にはフーリエ変換に対する原関数とその像関数に対するポアソンの和公式：

$$\sum_{q=-\infty}^{\infty} f_q = \sum_{p=-\infty}^{\infty} F_p \tag{8.39}$$

の関係式が使われる[81]．ここで F_p は原関数 f_q の離散的な項数 q を $q = \tau/(2\pi)$ と連続変数 τ にした関数をフーリエ変換して得られた関数

$$F_p = \frac{1}{2\pi} \int_{-\infty}^{\infty} f(\tau) e^{ip\tau} d\tau \tag{8.40}$$

である．式 (8.39) は，原関数の空間における級数和 $\sum_{q=-\infty}^{\infty} f_q$ と，そのフーリエ変換した像関数の空間における級数和 $\sum_{p=-\infty}^{\infty} F_p$ は等価であることを示している．定数関数のフーリエ変換がデルタ関数で表されるように，原関数 f_q とそのフーリエ変換による像関数 F_p はそれぞれの空間変数に対する帯域分布が正反対であるので，原関数空間で収束の悪い級数は，そのフーリエ変換した像空間で収束がよくなることになる．

このポアソンの和公式 (8.39) を導波管モード和と光線和の表現に適用すると，例えば光線和のフーリエ変換による像関数が導波管モード和になることが示されている[80]．さらにポアソンの部分和公式[80],[81]：

$$\sum_{q=q_1}^{q_2} f_q = \frac{1}{2} f_{q_1} + \frac{1}{2} f_{q_2} + \sum_{p=-\infty}^{\infty} F_p(q_1, q_2), \tag{8.41}$$

$$F_p(q_1, q_2) = \frac{1}{2\pi} \int_{\tau_1=2\pi q_1}^{\tau_2=2\pi q_2} f(\tau) e^{ip\tau} d\tau \tag{8.42}$$

を用いると，光線と導波管モードの両方を用いたより収束のよい混成表示を作ることもできる[80]．こうした光線・モード変換を使って平行平板導波管の開口における導波管モードの反射問題[82]，導波管モードの放射問題[83]，円形導波管の開口における放射・反射問題[84] 等が解析されている．以下に方形溝による散乱問題[85]~[87] と有限長平行平板導波管キャビティによる散乱問題[91] について説明する．

8.6.2 方形溝による散乱

平面波が，図 **8.27** のような導体平板上に設けられた方形溝に入射したときに作る散乱界について考える[85)~87)]．溝が非常に狭ければ，等価波源を溝の開口において散乱界を近似することもできるが，ここでは溝の開口が波長に比べて大きいとして，溝内の底部に向かって平行平板導波管モード，あるいは溝内で開放型の共振器モードが励振されると考えることができる．

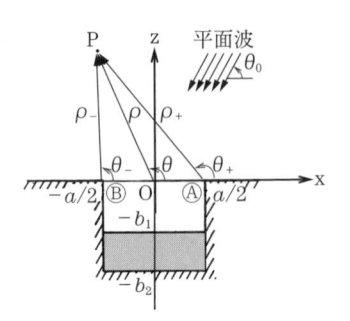

図 **8.27** 導体平板上に設けられた方形溝による散乱．深さ b_2 の溝は底から $(b_2 - b_1)$ だけ比誘電率の異なる媒質が装荷されている

開口端のエッジに入射した平面波は，溝内外にエッジ回折波を放射する．その一部は直接観測点に届く．また一部は溝の中に入り管壁 $x = \pm a/2$ で多重反射を繰り返して，誘電体層，あるいは溝の底 $z = -b_2$ で反射し，開口端で溝内外へ再度放射を繰り返す．そこで図 **8.28** に示すように，溝の開口部で溝があたかも $z = -\infty$ まで半無限に伸びた導波管であると仮定して，光線・導波モード変換[81)]を利用して，導波モードを励振し，その後その導波モードの誘電体層

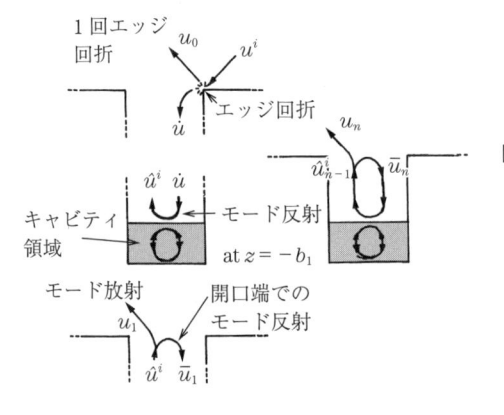

図 **8.28** 方形溝内における導波管モードの再放射のメカニズム．外部から照射された平面波によって導波管モードが溝内に励振され，溝の底での反射と開口での再放射をエネルギーがすべて消失するまで繰り返す

での反射・透過，終端での反射，ならびに開口端での反射，溝外への放射の繰返しの形に表す[85),87)]．

溝内の電磁界を導波管モードで表現することにより，本来それらのモードの無限和である電磁界表現は，溝幅 a によって決定される導波管モードの遮断周波数によって，最低次 $p=0$ のモードから $p \leq ka/\pi$ を満足する整数 p までのモード和で打ち切って計算することができる．一度導波モードに変換してしまえば，誘電体層があっても，また管内に不連続や散乱体が存在しても古典的な導波管理論で解析することができるので都合がよい．

図 **8.29** は，比較的広くて浅い中空の方形溝 ($a = 10\lambda$, $b_1 = b_2 = 1.4\lambda$) による H モードの平面波の散乱界を計算した例である[85),87)]．図 8.29 (a) は，二次元モノスタティック ($\theta = \theta_0$) RCS の値を計算した結果である．垂直入射 ($\theta_0 = \theta = 90°$) 方向に対して，大きな散乱量が観測されるが，これは溝底からの直接の反射波の影響が強いためである．また開口端のエッジによって励振されたエッジ回折波（図中の長破線）と，溝内からのモードの再放射波の寄与（図中の短破線）がほぼ同じレベルで存在することがわかる．

これに対して斜めに入射した場合，通常の反射波は $\theta = \pi - \theta_0$ の方向に伝搬

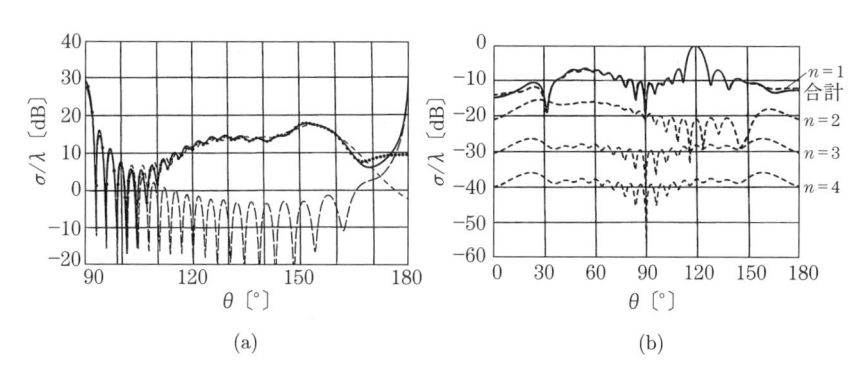

図 **8.29** 広くて浅い中空の方形溝 ($ka = 62.830$, $b_1/a = b_2/a = 0.14$) による散乱界[87)]．(a) 二次元モノスタティック ($\theta = \theta_0$) RCS 計算値．実線：本解析法の合成界，短破線：溝内からのモード放射界，長破線：溝端部のエッジ回折波，点線：BIM 法による結果[88)]．(b) $\theta_0 = 60°$ で溝内に入射して作られたモードが，底部で繰返し反射し開口から放射する再放射界

するので，モノスタティック構成の場合には観測されないが，溝内を多重反射して放射する寄与に対応するモード再放射が主たる寄与となっている．図中には比較のため境界積分法 (BIM) による計算結果[88]も入れたが，入射角が $\theta_0 = 170$ ～$180°$ を除いて両結果が一致している．光線理論による結果は，$\theta = 180°$ 近くで発散しているが，これは溝の側壁による反射境界に近いためである．

図 8.29 (b) は，$\theta_0 = 60°$ で入射した平面波が作る溝内の導波管モードの再放射界を，溝底でのモードの反射回数 n ごとの再放射界 u_n とそれらの和 $\sum_{n=1}^{\infty} u_n$ の大きさを比較したものである．この結果から溝底での反射のたびに約 10 dB の減衰があることがわかり，比較的浅くてもモード放射の界は，その指向性のほとんどが，溝底での 1 回反射の結果で決定されていることがわかる．

図 8.30 は，比較的狭い中空の方形溝 ($a = 2.2\lambda$, $b_1 = b_2 = 1.6\lambda$) からのモノスタティック RCS の結果を示している．図 (a) は，溝端でのエッジによる 1 回エッジ回折波のみから導波管モードを計算して，参照解としてスペクトル法による結果[89]と比較した．$\theta_0 = \theta = 150°$ 付近で，本解析法と参照解の結果に差異が生じている．これに対し，溝幅が比較的狭いことから開口両端のエッジによる多重エッジ回折を考慮して，エッジ回折波ならびにモード再放射波を計

(a)

(b)

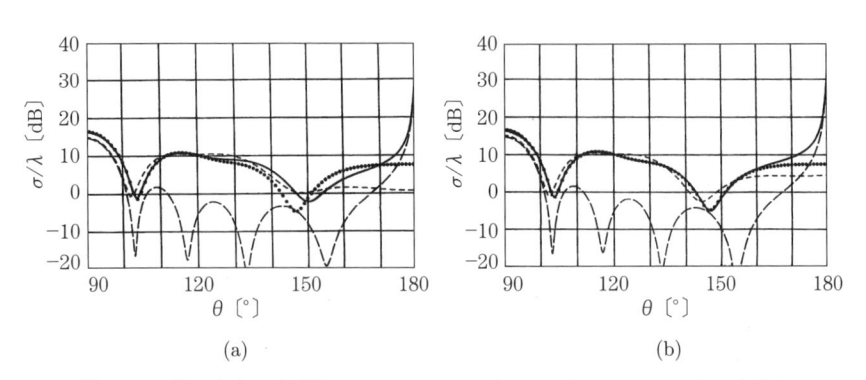

図 **8.30** 狭い中空の方形溝 ($ka = 13.823$, $b_1/a = b_2/a = 0.727272$) による二次元モノスタティック ($\theta = \theta_0$)RCS 計算値[87]　実線：本解析法の合成界，短破線：溝内からのモード放射界，長破線：溝端部のエッジ回折波，点線：別解法による結果[89]　(a) モードを 1 回エッジ回折波によってのみで励振した場合．(b) モードを多重エッジ回折波を含めて励振した場合

算すると，結果は図 (b) のようになり，参照解とよく一致するようになる．

次に図 8.30 と同じ大きさの方形溝の内部に，比誘電率，比透磁率がそれぞれ $\varepsilon_r = 2.5$, $\mu_r = 1.8$ である媒質を充填した結果を図 8.31 に示す．図 (a) は溝の半分まで，また図 (b) は溝全部に媒質を充填した場合となる．両者を比べると，溝端のエッジ回折波の寄与は同じであるが，溝内からのモード再放射の寄与が変化しており，特に溝内の半分だけ媒質を充填した図 8.31 (a) の場合は，垂直入射方向の RCS を抑制できている．

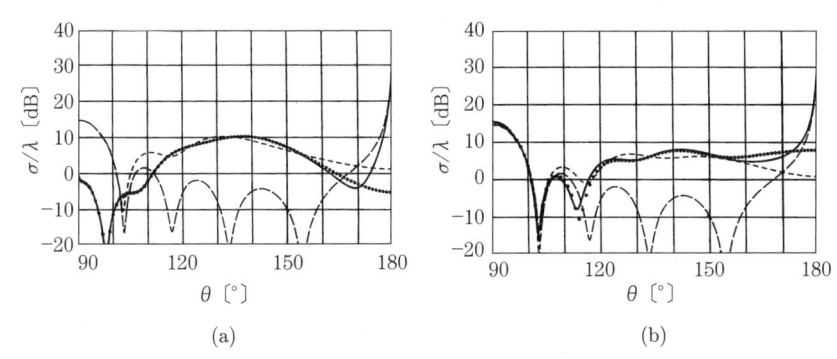

図 8.31　誘電体を充填した狭い方形溝 ($ka = 13.823, \varepsilon_r = 2.5, \mu_r = 1.8$) による二次元モノスタティック ($\theta = \theta_0$)RCS 計算値[87]　実線：本解析法の合成界，短破線：溝内からのモード放射界，長破線：溝端部のエッジ回折波，点線：別解法による結果[90]　(a) 誘電体を半分充填した場合 ($b_1/a = 0.363, b_2/a = 0.727$) (b) 誘電体を上部まで充填した場合 ($b_1 = 0, b_2/a = 0.727$)

8.6.3　有限長平行平板導波管キャビティによる散乱

次に図 8.32 (a) に示したような有限長の平行平板導波管の一端を開放，他端を終端した切り口がコの字形状をした平行平板導波管キャビティに，E モードの平面波が入射した場合のモノスタティック RCS の計算例について示す[91]．

解析手法は，方形溝のときと同じように，平行平板導波管キャビティの開口に入射した平面波によって生じたエッジ回折波を求め，そのうちキャビティ内に入射する回折波から，キャビティ内の電磁界を光線・モード変換によって得られた導波管モード和で表して，キャビティ外への再放射界を求める．

8. GTD の応用例

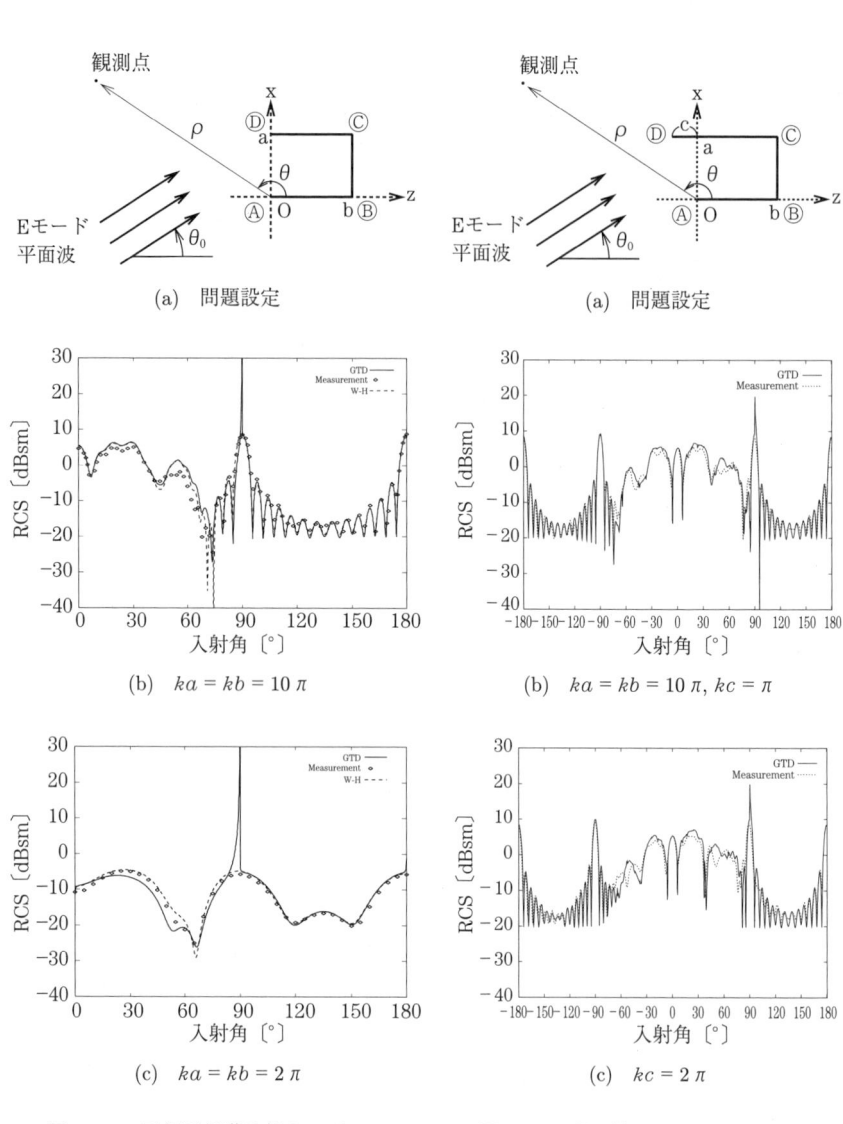

観測点

(a) 問題設定

(b) $ka = kb = 10\pi$

(c) $ka = kb = 2\pi$

図 **8.32** 平行平板導波管キャビティのモノスタティック RCS の解析結果[91]

観測点

(a) 問題設定

(b) $ka = kb = 10\pi$, $kc = \pi$

(c) $kc = 2\pi$

図 **8.33** 開口端がそろっていない平行平板導波管キャビティのモノスタティック RCS 解析結果[91]

図 (b), (c) は，開口 a および深さ b が，それぞれ波長に比べて大きい場合 ($ka = kb = 10\pi$) と比較的小さい場合 ($ka = kb = 2\pi$) の結果を示している[91]．図中には電波暗室で測定した結果 ($\diamond$) とウィーナーホップ法 (W–H) による解析結果[92] も示した．ここで三次元の測定結果と比較するために，本解析法とウィーナーホップ法の両結果は，二次元問題として解いた結果を，三次元の問題用に変換して比較しているが，三つの結果はよく一致している．特に図 (c) は導波管モードが内部に二つしか励振されていないような，かなり小さな散乱体であるが，実測値とよく一致している．図中 $\theta = \theta_0 = 90°$ 方向で，本解析結果は発散しているが，この方向が開口端の二つのエッジに対する反射境界に当たり，幾何光学界の計算が難しい方向である．

平面波が直接開口へ入射する場合 ($-90° < \theta_0 = \theta < 90°$)，モード再放射界の影響が強く出ていること，また開口が見えない方向から平面波が入射した場合には，キャビティ内にモードがほとんど励振されないので，導体外部表面からの反射が主となり，導体四角柱のからの散乱応答とほぼ等しい．

光線・モード変換法は，導波管の開口端がそろった通常の形ばかりでなく，図 **8.33** (a) のように開口端がそろっていないような場合についても適用できる．その結果を図 (b), (c) に示す．図 (b) は上端の開口端が下端に比べて 0.5 波長長い場合を，また図 (c) は上端の開口端が 1 波長長い場合のモノスタティック RCS の計算結果を示す．これらの結果は上下端の長さが異なるので，$\theta_0 = 0$ を中心とした対称なパターンとはならないことが期待される．$\theta_0 = \theta = 30°$ 付近の RCS 値は RCS で，$\theta_0 = \theta = -30°$ のそれに比べわずかではあるが増加しているが，キャビティ後方からの照射 ($|\theta_0| \geq 90°$) に対しては変化がほとんど見られない．この場合も暗室による測定結果とよく一致していることがわかる．

8.7　ストリートセル伝搬予測

建物に囲まれた都市部における電波伝搬量の推定に GTD を適用した例について紹介する[93],[94]．近年の携帯電話に代表される小形無線端末の増加に伴い，

162   8. GTD の応用例

効率のよい基地局の配置が望まれており，そのためには都市部において個々の建物によって散乱される電波の伝搬環境の推定が必要となる．多様な形状，媒質を使った建造物が増加している大都市においては，従来の統計的な手法による電波伝搬の推定が困難であり，その場所に特定した地理・建物情報を用いた詳細な伝搬解析が望まれる．

光線理論の利点は，必要な領域で重要と考えられる波の寄与，例えば直接波，反射波，透過波，そして回折波を加えて合成電磁界の収束を見ながら計算できる点である．したがって計算時間と記憶容量を考えながら解析を進めることができる．しかしながら物体の寸法が波長に比べて十分大きいといった前提を基に界を組み立てるので，建物の微細な構造を含めて解析することはできない．また壁の厚みを考えて，その壁内での多重の反射は考慮できるが，コンクリート材質のような損失誘電体の場合のエッジ回折波は，回折係数が厳密に求められていないので，現状では正確に計算できない．そこで導体の場合のエッジ回折波で近似することが多い．

基地局配置問題のように，ある特定の観測点における電波伝搬損の推定ではなく，比較的広域の伝搬損分布が必要な場合には，放射アンテナから電波を光線近似を用いて追跡しながら，各点の電波強度を記憶していく **SBR**(shooting and bouncing rays) 法 が有効となる[96],[97]．ここでは，この SBR 法を用いて解析した結果について紹介する．

図 **8.34** は，ある都市部における交差点周りの通り（図中の矢印）に沿った見

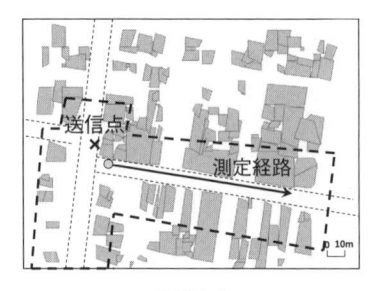

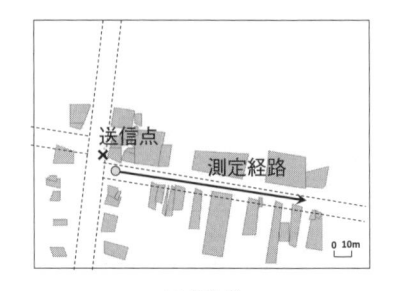

モデル 1　　　　　　　　　　　　　　モデル 2

図 **8.34**　通りに沿った電波伝搬を推定するための地図情報[93]

通し外伝搬路 (non line of sight; NLOS) での電波伝搬損を計算するために，その交差点付近の建物情報を地図から抽出した例である[93]．幾何光学近似によって，建物壁による反射や建物の角によるエッジ回折を考慮するため，通常建物の数が増加すると，計算時間が増大するので，できるだけ建物の数を減らした効率のよい計算法が必要である．図 8.34 では，交差点近くに置かれた送信アンテナから放射された電波が，交差点の角を曲がった見通し外の通りに沿ってどのように伝搬するかを推定するために，付近の建物すべてを抽出した場合がモデル 1，そして推定したい通りの建物情報のみを再抽出した場合の結果をモデル 2 として表している．

図 8.35 はモデル 1 の建物情報による，また図 8.36 はモデル 2 の建物情報による SBR 法による解析結果を示している．建物モデルや道路の地理情報は，すべて 20 cm 間隔で標本化し，送受信のアンテナは高さ 1.4 m 垂直ダイポールを仮定し，周波数は 5 GHz として計算している．200 m 四方の空間を建物の外側での 20 回までの多重反射を用いて光線追跡するのに，モデル 1 に対して約 130 時間，モデル 2 では約 61 時間が必要となる[†]．建物数が減ると反射波の追跡計算量が減るので，どの建物が散乱解析に重要であるかを見極めてモデルを作る必要がある．

この二つの分布図の結果から，交差点付近の建物情報と，通りに沿った伝搬は

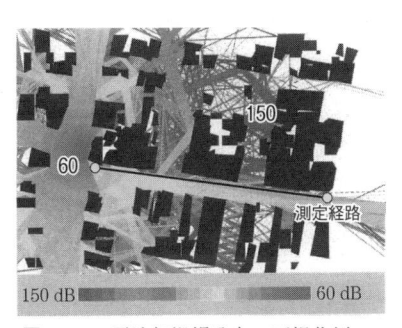

図 8.35 電波伝搬損分布の可視化例 1

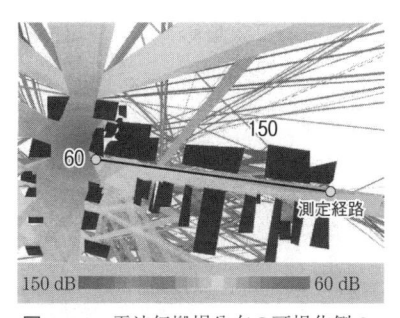

図 8.36 電波伝搬損分布の可視化例 2

[†] 1.5 GHz の CPU クロック周波数をもつ PC による計算時間．

その通りの両側の壁の情報があれば，それで十分であることがわかる．図 8.34 に示した見通し外の通りに沿った解析結果を実測値（18 cm 間の短区間平均値）と比較したのが，**図 8.37** ならびに**図 8.38** である．両結果とも通りに沿った側面の建物や地面による多重反射の和によって表されるので，合成界はそれらの干渉によって激しく振動しながら，ゆっくりと減衰している．この**ファストフェージング** (fast fading) と呼ばれる界の急激な振動変化まで測定値と合せるのは，建物位置情報や地理情報の精度から無理であるが，振動や減衰の様子は実測値とよく似ていることがわかる．

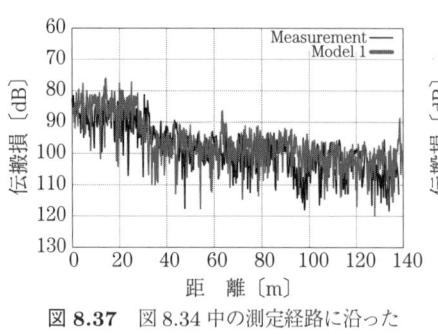

図 8.37 図 8.34 中の測定経路に沿った電波伝搬損推定例 1

図 8.38 図 8.34 中の測定経路に沿った電波伝搬損推定例 2

日本の中小都市部における道路はその幅が狭く，その周りの建物もかなり余裕をもって作られ，建物間にかなりの隙間もあることで，通りに沿った電波伝搬損を計算するときには，西欧のそれに比べて損失が大きくなる傾向がある．したがって西欧で作られた伝搬推定公式はそのまま適用が難しいことが多い．こうした状況を調べるために，日本の都市部の地理情報から作った**図 8.39** のような人工的な通りのモデルを作り，その通りに沿った見通し外伝搬路での伝搬

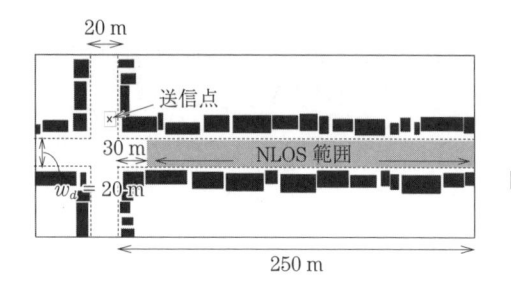

図 8.39 通りに沿った見通し外電波伝搬損の推定．通りに沿って置かれた建物情報[94]

損分布を直接波と多重反射波を用いて解析したのが図 **8.40** である[94),95)]．ここで道路幅は 10 m と 5 m とした．通りの断面（道路幅方向）における伝搬損の平均値を使って，それぞれの道路幅に対する平均的な伝搬損を求めたのが図 **8.41** の実線 (ave. of simulation) である．同図の実線 (linear curve fitting) はその平均値から直線近似して得られたもの，破線 (ITU-R model) は ITU の交差点近くの伝搬損の近似推定公式[98)] から求めたものである．日本の場合，通りに沿った伝搬損は西欧のそれに比べ 5 から 10 dB 程度大きいことがわかる．これは，先にも述べた建物間の隙間や配置ばかりでなく建築材料の違いも考えられ，今後のより詳しい研究が望まれる．

(a) 道路幅 10 m

(b) 道路幅 5 m

図 **8.40** 通りに沿った見通し外電波伝搬損の推定のための建物情報と伝搬損分布[94)]．道路幅を 10 m と 5 m とした場合の伝搬損の変化を道路に沿って可視化表示した例

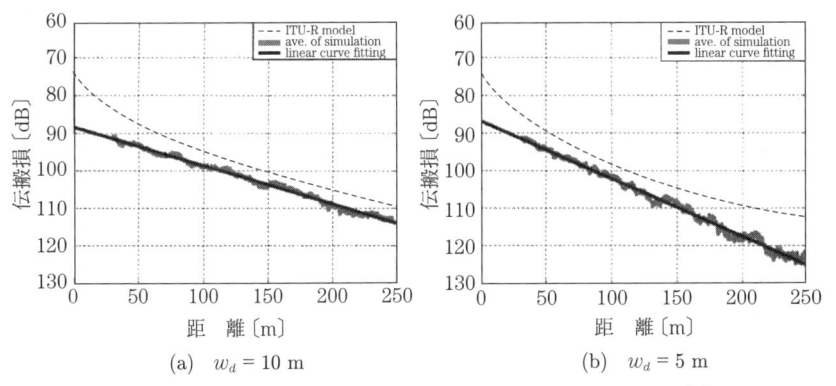

(a) $w_d = 10$ m

(b) $w_d = 5$ m

図 **8.41** 道路幅による通りに沿った見通し外電波伝搬損の変化[94)]

8.8 ま と め

本章では,電磁波の散乱・伝搬問題を GTD に関連した高周波漸近解法を適用して求めた例について示した.こうした解析の特徴について,再記すると以下のようになる.

1. GTD を用いた解析の場合,波源から放射された電磁波が,散乱体の表面で反射,透過,そして回折した波の合成として表される.
2. それら個々の波の寄与は散乱体の局所的な形状や構造の情報を基に,フェルマーの原理を拡張して光路(位相)が決定され,その光路に沿った散乱過程に従って振幅の変化を計算すればよい.
3. GTD は,局所的な散乱体の形状を抽出した規範形状に対する電磁波散乱問題からその回折係数を決定するが,厳密に解けない場合も多い.その場合には物理光学近似や数値解析に基づいて係数を近似してもよい.
4. 形式的には合成界は,多重の反射波,透過波,そして回折波の級数和となるが,それぞれの波は解析的に求めることができるので,波数の逆べき数による漸近展開の形からどの寄与が重要であるかが容易にわかる.したがって,必要な精度に応じて打ち切って計算ができる.

ここで挙げた応用例は,GTD に代表される高周波近似解法を用いて解析したほんの一部にすぎない.最近は多くの文献に応用例が示されているので,こうした例を参考にして,種々の電磁波問題へ高周波漸近解法が適用されることを願って筆をおく.

付　録

A.1　デルタ関数

ここでは**デルタ関数**と呼ばれる**超関数**†について概説する．例えば電磁気では，近くに電子や原子核の集まりとして電荷が分布していても，遠方で観測するときには，いちいち個々の電荷からの問題と考えないで，ある一点に正味の電荷が集中しているように考えて問題を解くこともある．実際，点電荷は遠くで見ると点に見えるが，非常に近づいて見れば実際にはある体積をもった電荷の集合体であってもよい．数学的には点は体積が，また線は幅がゼロであることが必要であるが，物理現象を表すとき数学的に理想化した超関数を使って問題を定式化すると，簡単に表現できて解けることがある．

超関数論の発端は1927年に**ディラック**がデルタ関数 $\delta(x)$ を量子力学の論文の中で便宜的に使用したことに始まった．その後**シュワルツ** (Schwartz, L.) らによって数学的な位置付けがなされ今日に至っている．このデルタ関数は

$$\delta(x-x') = \begin{cases} 0, & (x \neq x'), \\ \infty, & (x = x') \end{cases} \tag{A.1}$$

かつ

$$\int_{-\infty}^{\infty} \delta(x-x')\,dx = 1 \tag{A.2}$$

となるような関数であり，理工学の分野では，ある一点に理想的に集中した電荷や荷重を表したりするのに便宜上使われる理想的な関数である．普通の関数からこのような超関数への拡張の仕方にはいろいろな方法が考えられているが，ここでは超関数を

---

† 日本語で単に'超関数'と呼ばれるものは英語においては定義の違いにより distribution, generalized function, あるいは hyper function などと呼ばれている．

無限回微分可能な関数の極限として考え，ごく初歩的な超関数の概念とそれらのフーリエ変換について紹介することにする．詳しい理論は巻末の文献[99],[100]を参考にしてほしい．

A.1.1 超関数の定義

ある関数列 $\{f_n(x)\}$ と任意の関数 $\phi(x)$ に対して極限

$$\lim_{n \to \infty} \int_{-\infty}^{\infty} f_n(x)\phi(x)\,dx \tag{A.3}$$

が存在するとき，関数列 $\{f_n(x)\}$ は**基本列** (regular sequence) という[†]．もし二つの基本列が任意の急減少関数 $\phi(x)$ に対して極限値が等しいとき，これらの基本列は**同等**という．

例えば，関数列 $\{e^{-x^2/n}\}$, $\{e^{-x^2/n^2}\}$, $\{e^{-x^4/n^4}\}$ は基本列である．$\{e^{-x^2/n}\}$ は図 **A.1** のように，任意の関数 $\phi(x)$ に対して

$$\lim_{n \to \infty} \int_{-\infty}^{\infty} e^{-x^2/n}\phi(x)\,dx = \int_{-\infty}^{\infty} \phi(x)\,dx \tag{A.4}$$

となる．関数列 $\{e^{-x^2/n^2}\}$, $\{e^{-x^4/n^4}\}$ についても同じ極限値 $\int_{-\infty}^{\infty} \phi(x)\,dx$ となるからこれら三つの基本列は同等である．

こうした同等な基本列 $\{f_n(x)\}$ は一つの超関数 $f(x)$ を定めるといい

$$\lim_{n \to \infty} \int_{-\infty}^{\infty} f_n(x)\phi(x)\,dx = \int_{-\infty}^{\infty} f(x)\phi(x)\,dx \tag{A.5}$$

と表す．

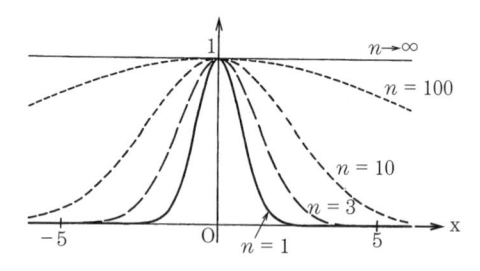

図 **A.1** 超関数 1 を定める基本列 $\{e^{-x^2/n}\}$

(**超関数としての定数関数の定義**) 先の例の同等な基本列 $\{e^{-x^2/n}\}$, $\{e^{-x^2/n^2}\}$, $\{e^{-x^4/n^4}\}$ などは一つの超関数 $I(x)$ を定める．$I(x)$ は

[†] より正確には，ここで議論している関数 $f(x)$ は，任意の自然数 N に対して $|x| \to \infty$ において $f \approx |x|^{-N}$ とふるまう**急減少関数**と呼ばれる関数を指している．シュワルツの原著では急減少関数を 'good function' と呼んでいる[100]．

A.1 デルタ関数

$$\int_{-\infty}^{\infty} I(x)\phi(x)\,dx = \int_{-\infty}^{\infty} \phi(x)\,dx \tag{A.6}$$

を満足し，この超関数 $I(x)$ を単に 1 と表す．また超関数 $I(x)$ の定数 C 倍を単に C と書く．

(デルタ関数の定義)　関数列 $\{\sqrt{n/\pi}\,e^{-nx^2}\}$ は任意の自然数 n に対して

$$\int_{-\infty}^{\infty} \sqrt{\frac{n}{\pi}}\,e^{-nx^2}\,dx = 1 \tag{A.7}$$

となり，いつも面積 1 となる関数列である．この関数列の極限が定める超関数を**デルタ関数**といい $\delta(x)$ で表す†．すなわち任意の関数 $\phi(x)$ に対して式 (A.5) より

$$\int_{-\infty}^{\infty} \delta(x)\phi(x)\,dx = \lim_{n\to\infty} \int_{-\infty}^{\infty} \sqrt{\frac{n}{\pi}}\,e^{-nx^2}\phi(x)\,dx = \phi(0) \tag{A.8}$$

である．こうしてデルタ関数 $\delta(x)$ と他の関数 $\phi(x)$ の積の積分はデルタ関数が発散する（無限大となる）ところの値をとることがわかる．また簡単な変数変換によって

$$\int_{-\infty}^{\infty} \delta(x-x')\phi(x)\,dx = \phi(x') \tag{A.9}$$

となることを示すことができる．ここで式 (A.9) の積分は，区間 $(-\infty,\infty)$ で積分する必要はなく，デルタ関数 $\delta(x-x')$ が無限大となる x' を含む有限区間であればよい．したがってある正数 $\varepsilon>0$ に対して

$$\int_{x'-\varepsilon}^{x'+\varepsilon} \delta(x-x')\phi(x)\,dx = \phi(x') \tag{A.10}$$

となる．図 **A.2** に示すように，デルタ関数 $\delta(x)$ は高さ 1 をもつ矢印の形で示されることがある．

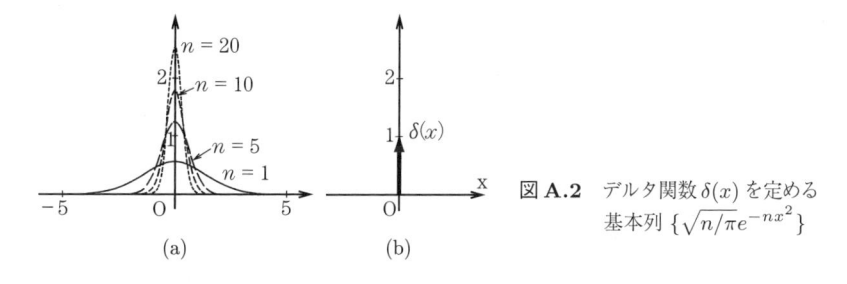

図 **A.2**　デルタ関数 $\delta(x)$ を定める基本列 $\{\sqrt{n/\pi}\,e^{-nx^2}\}$

---

† デルタ関数を定義する基本列は複数あり，$\{\sqrt{n/\pi}\,e^{-nx^2}\}$ はその代表例である．

またデルタ関数については以下の性質がある．

$$\delta(-x) = \delta(x) \quad (\delta は偶関数), \tag{A.11}$$

$$\delta(ax+b) = \frac{1}{|a|}\delta\left(x+\frac{b}{a}\right). \tag{A.12}$$

A.1.2 超関数のフーリエ変換

次に超関数のフーリエ変換を求める．ある関数 $f(x)$ のフーリエ変換を

$$F(u) = \mathcal{F}[f(x)] = \int_{-\infty}^{\infty} f(x)e^{jux}\,dx, \tag{A.13}$$

$$f(x) = \mathcal{F}^{-1}[F(u)] = \frac{1}{2\pi}\int_{-\infty}^{\infty} F(u)e^{-jux}\,du \tag{A.14}$$

で定義する[†]．

ある超関数 $f(x)$ を定める基本列 $\{f_n(x)\}$ のフーリエ変換による像関数 $\{\mathcal{F}[f_n(x)]\}$ も基本列となるので，基本列 $\{\mathcal{F}[f_n(x)]\}$ の定める超関数を**超関数 $f(x)$ のフーリエ変換**といい，$\mathcal{F}[f(x)]$ または $F(u)$ で表すことにする．

(**超関数 1 のフーリエ変換**) 超関数 1 を定める基本列の一つは $\{e^{-x^2/n}\}$ である．$e^{-x^2/n}$ のフーリエ変換はガウス分布パルスの結果を用いて

$$\begin{aligned}\mathcal{F}[e^{-x^2/n}] &= \int_{-\infty}^{\infty} e^{-x^2/n}e^{jux}\,dx \\ &= \sqrt{n\pi}e^{-nu^2/4} = 2\pi\sqrt{\frac{n}{4\pi}}e^{-nu^2/4}.\end{aligned} \tag{A.15}$$

基本列 $\{\sqrt{n/(4\pi)}e^{-nx^2/4}\}$ は超関数 $\delta(x)$ を定めるから

$$\begin{aligned}\mathcal{F}[1] &= \lim_{n\to\infty}\mathcal{F}[e^{-x^2/n}] \\ &= 2\pi\lim_{n\to\infty}\left[\sqrt{\frac{n}{4\pi}}e^{-nu^2/4}\right] = 2\pi\delta(u)\end{aligned} \tag{A.16}$$

を得る．

フーリエ変換の相似性の性質によって，原関数 $f(x)$ の分布とそのフーリエ変換の

[†] フーリエ変換と逆変換の定義は，被積分関数の指数部 $+jux$ の符号の取り方や，振幅項の定数 $1/(2\pi)$ の取り方で異なる定義が存在するので，注意が必要である．

像関数 $\mathcal{F}[f(x)] = F(u)$ の分布は，ちょうど対称的な分布，すなわち $f(x)$ が拡く分布していると，$F(u)$ は局所的に集中していることがわかる．超関数 1 のフーリエ変換はその極限ともいうべきもので，原関数が x 軸上で一様分布 [1] しているのに対して，フリーエ変換の像関数 $[2\pi\delta(u)]$ は u 軸上の 1 点 $u = 0$ に集中している．また式 (A.16) をフーリエ変換の定義式 (A.13) に代入すると

$$\mathcal{F}[1] = \int_{-\infty}^{\infty} 1 \cdot e^{jux}\, dx = \int_{-\infty}^{\infty} e^{jux}\, dx = 2\pi\delta(u), \tag{A.17}$$

すなわちデルタ関数に対する有益な公式：

$$\delta(u) = \frac{1}{2\pi}\int_{-\infty}^{\infty} e^{jux}\, dx = \frac{1}{2\pi}\int_{-\infty}^{\infty} e^{-jux}\, dx \tag{A.18}$$

を得る．

(**デルタ関数のフーリエ変換**) デルタ関数 $\delta(x)$ のフーリエ変換を求めよう．デルタ関数 $\delta(x)$ は基本列 $\{\sqrt{n/\pi}\, e^{-nx^2}\}$ によって定められている．ガウス分布パルスのフーリエ変換の結果式を用いると

$$\begin{aligned}\mathcal{F}[\delta(x)] &= \lim_{n\to\infty} \mathcal{F}\left[\sqrt{\frac{n}{\pi}}\, e^{-nx^2}\right] = \lim_{n\to\infty}\int_{-\infty}^{\infty}\sqrt{\frac{n}{\pi}}\, e^{-nx^2} e^{jux}\, dx \\ &= \lim_{n\to\infty} e^{-u^2/(4n)} = 1\end{aligned} \tag{A.19}$$

となる．すなわちデルタ関数 $\delta(x)$ のフーリエ変換は 1 である．この結果は定義にもどって基本列のフーリエ変換より求めたが，フーリエ変換の定義式 (A.13) を用いて，形式的にデルタ関数を原関数として代入し，デルタ関数の性質式 (A.9) を用いることによっても

$$\mathcal{F}[\delta(x)] = \int_{-\infty}^{\infty} \delta(x) e^{jux}\, dx = [e^{jux}]_{x=0} = 1$$

となることがわかる．また $\delta(x-a)$ のフーリエ変換は

$$\mathcal{F}[\delta(x-a)] = \int_{-\infty}^{\infty} \delta(x-a) e^{jux}\, dx = e^{jua} \tag{A.20}$$

となる．

(**超関数に対するフーリエ反転公式**) 超関数のフーリエ反転公式について考えよう．超関数 $f(x)$ を定める基本列を $\{f_n(x)\}$ とし，$f(x), f_n(x)$ のフーリエ変換をそれぞれ $\mathcal{F}[f(x)] = F(u)$, $\mathcal{F}[f_n(x)] = F_n(u)$ とする．すると基本列 $\{F_n(-x)\}$ は超関数

$F(-x)$ を定める.一方,$\mathcal{F}[F_n(-x)] = 2\pi f_n(u)$ であるから

$$\mathcal{F}[F(-x)] = 2\pi f(u) \tag{A.21}$$

となる.したがって,もし超関数 $f(x)$ のフーリエ変換 $F(u)$ が求められたら,原関数と像関数の入れ替えによって $F(-x)$ のフーリエ変換が $2\pi f(u)$ となる.先に求めたフーリエ変換 $\mathcal{F}[1] = 2\pi\delta(u)$ に適用すると,$\mathcal{F}[2\pi\delta(-x)] = 2\pi\mathcal{F}[\delta(x)] = 2\pi$,すなわち $\mathcal{F}[\delta(x)] = 1$ となり,式 (A.19) と同じ結果を得る.

(指数関数,三角関数のフーリエ変換) 式 (A.20) に先の反転公式を用いると

$$\mathcal{F}[e^{-jax}] = 2\pi\delta(u - a) \tag{A.22}$$

を得る.余弦,正弦関数を指数関数で表すことにより

$$\mathcal{F}[\cos ax] = \mathcal{F}\left[\frac{e^{jax} + e^{-jax}}{2}\right] = \pi\{\delta(u - a) + \delta(u + a)\}, \tag{A.23}$$

$$\mathcal{F}[\sin ax] = \mathcal{F}\left[\frac{e^{jax} - e^{-jax}}{2j}\right] = j\pi\{\delta(u - a) - \delta(u + a)\} \tag{A.24}$$

となる.

A.2　幾何光学波面の近軸近似

ここでは,幾何光学波が伝搬しているときの中心軸近くの波面の近似式 (3.43) の導出について述べる.

A.2.1　曲線の曲率半径

最初に曲線の曲率半径 R の計算法について求める.図 **A.3** に示すように,曲線 $z = f(x)$ 上の点 P とその近傍の点 Q に対して弧長 PQ を Δl とおく.点 P と点 Q における曲線の接線の傾きを α, β とすれば,$\beta = \alpha + \Delta\alpha$ である.弧長 PQ を近似的に円の一部と考え,その円の半径を R として,これを点 P における曲線の**曲率半径** (radius of curvature) R とする[†].円弧長 Δl,

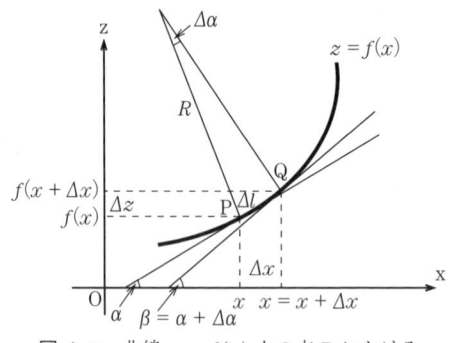

図 **A.3**　曲線 $x = f(x)$ 上の点 P における曲率半径 R

[†] 曲率半径の逆数を**曲率** (curvature) という.両者を混同しやすいので,注意が必要である.

その円弧を見込む角度 $\Delta\alpha$ と円の半径 R との関係から

$$R = \lim_{\Delta\alpha \to 0} \frac{\Delta l}{\Delta \alpha} = \frac{dl}{d\alpha} \tag{A.25}$$

となる．また弧長は近似的に

$$\Delta l = \sqrt{(\Delta x)^2 + (\Delta z)^2} = \sqrt{1 + \left(\frac{\Delta z}{\Delta x}\right)^2}\, \Delta x \tag{A.26}$$

で与えられる．ここで微分の定義から $\tan\alpha = f'(x)$, $\tan\beta = f'(x+\Delta x)$ であることを利用して，$\Delta\alpha$ が十分小さければ

$$\begin{aligned}\Delta\alpha &\approx \tan(\Delta\alpha) = \tan(\beta - \alpha) = \frac{\tan\beta - \tan\alpha}{1 + \tan\beta\,\tan\alpha} \\ &= \frac{f'(x+\Delta x) - f'(x)}{1 + f'(x+\Delta x)f'(x)}\end{aligned} \tag{A.27}$$

を得る．式 (A.26) と式 (A.27) を式 (A.25) へ代入して整理すると

$$\begin{aligned}R &= \lim_{\Delta\alpha \to 0} \frac{\Delta l}{\Delta\alpha} = \lim_{\Delta x \to 0} \frac{\sqrt{1 + \left(\frac{\Delta z}{\Delta x}\right)^2}\,\Delta x}{\left(\dfrac{f'(x+\Delta x) - f'(x)}{1 + f'(x+\Delta x)f'(x)}\right)} \\ &= \lim_{\Delta x \to 0} \frac{\sqrt{1 + \left(\frac{\Delta z}{\Delta x}\right)^2}}{\left(\dfrac{f'(x+\Delta x) - f'(x)}{\Delta x}\right) \cdot \left(\dfrac{1}{1 + f'(x+\Delta x)f'(x)}\right)}\end{aligned} \tag{A.28}$$

を得る．微分の定義から

$$\lim_{\Delta x \to 0} \frac{\Delta z}{\Delta x} = f'(x), \quad \lim_{\Delta x \to 0} \frac{f'(x+\Delta x) - f'(x)}{\Delta x} = f''(x) \tag{A.29}$$

であるから

$$R = \frac{\left\{1 + (f'(x))^2\right\}^{3/2}}{f''(x)} \tag{A.30}$$

となる．ここでは，陽関数の場合について曲率半径を求めたが，陰関数表現の場合も同様に求めることができる．

A.2.2 波面の近軸近似の方程式

いま z 軸上の基準点 z_0 を通る二次曲面を考える．z 軸と垂直な x 軸に対して対称

な曲面と考えれば，曲面は x について偶関数であるから実数 a を定数として

$$z = f(x) = z_0 + ax^2 \tag{A.31}$$

と近似できる．このとき $x = 0$, すなわち $z = z_0$ における曲率半径は，$f'(x) = 2ax$, $f''(x) = 2a$ を式 (A.30) に代入して

$$R(x=0) = \left.\frac{\{1 + (2ax)^2\}^{3/2}}{2a}\right|_{x=0} = \frac{1}{2a} \tag{A.32}$$

となる．ここで $a > 0$ なら式 (A.31) から明らかなように，曲面は z_0 の近くで z 軸に対して下に凸であり，円弧で近似したときの中心は $z > z_0$ に，逆に $a < 0$ なら曲面は上に凸であり，円弧で近似したときの中心は $z < z_0$ にある．こうして式 (A.31) の曲面の方程式は，曲率半径 R を使えば式 (A.33) のように表すこともできる．

$$z = f(x) = z_0 + \frac{x^2}{2R} \tag{A.33}$$

波源から拡がって伝搬していく波面を近似するために，波の伝搬方向を s 軸に取り，その s 軸と垂直な断面内に x₁ 軸，x₂ 軸を座標 (x_1, x_2, s) が右手系になるように定める．もし x₁ 軸に沿った波面を二次曲面で近似し，その曲率半径を R_1 とすれば，s 軸上の $s = -|R_1|$ に波面の中心がある．基準点 $\boldsymbol{r}_0(s=0)$ 付近で波面の位相 $\psi(\boldsymbol{r})$ は，基準点での位相を $\psi(\boldsymbol{r}_0)$ として

$$\psi(\boldsymbol{r}) = \psi(x_1, s = 0) = \psi(\boldsymbol{r}_0) - \frac{x_1^2}{2R_1} \tag{A.34}$$

となる．x₁ 軸と垂直で独立な x₂ 軸方向に沿った波面の拡がりも考慮すれば

$$\psi(\boldsymbol{r}) = \psi(x_1, x_2, s = 0) = \psi(\boldsymbol{r}_0) - \frac{1}{2}\left(\frac{x_1^2}{R_1} + \frac{x_2^2}{R_2}\right) \tag{A.35}$$

と表される．図 3.5 に示すように，波面が $s = 0$ の基準点 $\boldsymbol{r}_0$ から s だけ進んだ点における波面の位相を表す式は

$$\psi(\boldsymbol{r}) = \psi(x_1, x_2, s) = \psi(\boldsymbol{r}_0) + s - \frac{1}{2}\left(\frac{x_1^2}{R_1 + s} + \frac{x_2^2}{R_2 + s}\right) \tag{A.36}$$

となり，式 (3.43) を得る．

A.3　キルヒホッフ近似積分の漸近評価

ここでは，第 4 章で調べた導体楔による平面波の散乱問題を，キルヒホッフ（物理光学）近似によって求めた積分表示から，具体的な漸近解を導出する過程について補足する．

A.3.1 積分（式 (4.23)）の漸近評価

漸近評価したい式 (4.23) を再記すると

$$E_z^s = \frac{-kE_0 \sin\phi_0}{2} \int_0^\infty e^{jkx'\cos\phi_0} H_0^{(2)}(k\sqrt{(x-x')^2+y^2})dx' \quad (A.37)$$

である。

方法 A（スペクトル積分による評価） 被積分関数中のハンケル関数は，スペクトル積分表示式 (4.25) に対して $y'=0$ とおいて，

$$H_0^{(2)}(k\sqrt{(x-x')^2+y^2}) = \frac{1}{\pi}\int_{-\infty}^\infty \frac{e^{-j\eta(x-x')-j\sqrt{k^2-\eta^2}|y|}}{\sqrt{k^2-\eta^2}}d\eta \quad (A.38)$$

となる。こうして

$$E_z^s = \frac{-kE_0\sin\phi_0}{2\pi}\int_0^\infty\int_{-\infty}^\infty \frac{e^{jkx'\cos\phi_0-j\eta(x-x')-j\sqrt{k^2-\eta^2}|y|}}{\sqrt{k^2-\eta^2}}d\eta\,dx' \quad (A.39)$$

を得る。この二重積分に対して x' についての積分を最初に解析的に評価する。$x'\to\infty$ においてこの積分が収束するためには，指数部分から $\Im\mathrm{m}\,(k\cos\phi_0+\eta)>0$, すなわち $\Im\mathrm{m}\,\eta>-\Im\mathrm{m}\,(k\cos\phi_0)$ でなければならない。この条件から複素 η 平面において，極 $\eta_p=-k\cos\phi_0$ は，実軸上を $-\infty$ から ∞ へ走る積分経路よりも下半面にある。この条件を満たすとき，x' についての積分を評価して

$$E_z = \frac{-jkE_0\sin\phi_0}{2\pi}\int_{-\infty}^\infty \frac{e^{-j\eta x-j\sqrt{k^2-\eta^2}|y|}}{\sqrt{k^2-\eta^2}\,(k\cos\phi_0+\eta)}d\eta \quad (A.40)$$

を得る。

残ったもう一つの積分については解析的に評価できないので，波数 k が十分大きいと仮定して鞍部点法を用いる。η 平面のままでも評価できるが，ここでは変数変換 $\eta=k\sin w$ を用いて複素角度 w 平面に変換したほうがわかりやすい。観測点に対してもエッジを原点とする円筒座標 (ρ,ϕ) を使うと，$(-\pi<\phi<\pi)$ の範囲において $x=\rho\cos\phi=\rho\cos|\phi|$, $|y|=\rho\sin|\phi|$ であり，また被積分関数の指数部は

$$-j\eta x-j\sqrt{k^2-\eta^2}|y| = -jk\rho\sin w\cos|\phi|-jk\rho\cos w\sin|\phi|$$
$$= -jk\sin(w+|\phi|) \quad (A.41)$$

となるから

$$E_z^s = \frac{-jE_0\sin\phi_0}{2\pi}\int_C \frac{e^{-jk\rho\sin(w+|\phi|)}}{\cos\phi_0+\sin w}dw \quad (A.42)$$

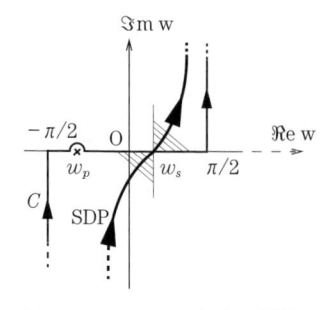

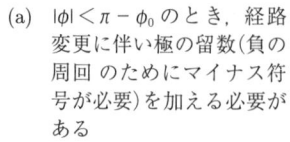

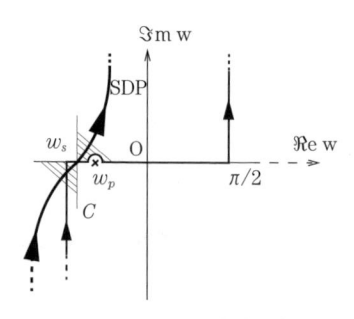

(a) $|\phi| < \pi - \phi_0$ のとき，経路変更に伴い極の留数（負の周回のためにマイナス符号が必要）を加える必要がある

(b) $|\phi| > \pi - \phi_0$ のとき，極の留数を加える必要はない

図 **A.4** 式 (A.42) と式 (A.62) を漸近評価するための複素角度 w 平面内の積分路 C と鞍部点 $w_s = \pi/2 - |\phi|$ を通る SDP

を得る．ただし積分路 C は図 **A.4** に示す通りである．複素角度 w 平面には $w_p = \phi_0 - \pi/2$ に一位の極が存在し，その位置は積分路 C よりわずか下に位置する．

この被積分関数の指数部から鞍部点 w_s を求める．指数部を積分変数 w で微分してゼロとおいて鞍部点を探すと

$$\frac{\partial}{\partial w}\{-jk\rho\sin(w+|\phi|)\} = -jk\rho\cos(w+|\phi|) = 0 \tag{A.43}$$

から，経路の変更可能な鞍部点として，$w_s = \pi/2 - |\phi|$ を得る†．鞍部点 w_s に対する寄与を E_d^{po} として積分経路 C を SDP に変更して評価すると

$$\sin w_s = \sin(\pi/2 - |\phi|) = \cos|\phi| = \cos\phi, \tag{A.44}$$

$$-jk\rho\sin(w_s + |\phi|) = -jk\rho\sin(\pi/2) = -jk\rho. \tag{A.45}$$

また

$$\frac{\partial^2}{\partial w^2}\{-jk\rho\sin(w+|\phi|)\}_{w=w_s} = \frac{\partial}{\partial w}\{-jk\rho\cos(w+|\phi|)\}_{w=w_s}$$
$$= jk\rho\sin(w_s + |\phi|) = jk\rho\sin(\pi/2) = jk\rho \tag{A.46}$$

であるから

---

† $\sin w$ は周期関数であるから，変換 $\eta = k\sin w$ は 1 対 1 の変換ではない．したがって $\cos(w+|\phi|) = 0$ を満足する解は n を整数として $w+|\phi| = \pi/2 + n\pi$ すなわち $w = \pi/2 + n\pi - |\phi|$ と無数に存在する．このうち図に示す積分経路近くに存在するのは，$w = \pi/2 - |\phi|$ である．極 w_p の位置についても同様に複素角度 w 平面内に無数存在する．

A.3 キルヒホッフ近似積分の漸近評価

$$\begin{aligned}
E_d^{po}(\rho,\phi) &= \frac{-jE_0 \sin\phi_0}{2\pi} \int_{\text{SDP}} \frac{e^{-jk\rho \sin(w+|\phi|)}}{\cos\phi_0 + \sin w} dw \\
&\sim \frac{-jE_0}{2\pi} \frac{\sin\phi_0}{\cos\phi_0 + \sin w_s} e^{-jk\rho} \int_{\text{SDP}} e^{jk\rho(w-w_s)^2/2} dw \\
&= \frac{-jE_0}{2\pi} \frac{\sin\phi_0}{\cos\phi_0 + \cos\phi} e^{-jk\rho} \sqrt{\frac{2\pi}{-jk\rho}} \\
&= E_0 \frac{2\sin\phi_0}{\cos\phi_0 + \cos\phi} \sqrt{\frac{1}{8\pi k\rho}} e^{-jk\rho - j\pi/4}
\end{aligned} \quad (A.47)$$

を得る．ここで角度 ϕ は $-\pi \le \phi \le \pi$ の範囲で考えれば，$\cos|\phi| = \cos\phi$ となることを利用している．こうして式 (4.26) を得る．

上記の積分評価に際し，積分経路 C を回折波を生じる鞍部点 w_s を通るように SDP へ経路変更するとき，観測角度に応じて鞍部点 $w_s = \pi/2 - |\phi|$ の位置が変化する．このとき被積分関数に含まれる極 $w_p = \phi_0 - \pi/2$ における留数評価が必要になる場合がある．もし $0 < |\phi| < \pi - \phi_0$ であれば，図 A.4(a) に示すように，経路変更に伴い極の寄与を加える必要があり，極 $w_p = \pi - \phi_0$ における留数評価から $\sin w_p = \sin(\phi_0 - \pi/2) = -\cos\phi_0, \cos w_p = \cos(\phi_0 - \pi/2) = \sin\phi_0$ を用いて

$$\begin{aligned}
E_p &= -2\pi j \frac{-jE_0 \sin\phi_0}{2\pi} \frac{e^{-jk\rho \sin(w_p+|\phi|)}}{\cos w_p} \\
&= -E_0 \frac{\sin\phi_0}{\sin\phi_0} e^{-jk\rho \cos|\phi|\sin w_p - jk\rho \sin|\phi|\cos w_p} \\
&= -E_0 e^{jk\rho \cos\phi \cos\phi_0 - jk\rho \sin|\phi|\sin\phi_0} \\
&= -E_0 e^{jkx\cos\phi_0 - jk|y|\sin\phi_0} = -E_0 e^{jkx\cos\phi_0 \mp jky\sin\phi_0}, \ (y \gtrless 0) \quad (A.48)
\end{aligned}$$

を得る[†]．これは幾何光学波の寄与 (4.28) である．また $\pi - \phi_0 < |\phi|$ であれば，図 (b) に示すように，経路変更に際しても極の寄与を加える必要がないので，鞍部点からの寄与のみでよい．以上をまとめて

$$\begin{aligned}
E_z^s &= E_0 \frac{2\sin\phi_0}{\cos\phi_0 + \cos\phi} \sqrt{\frac{1}{8\pi k\rho}} e^{-jk\rho - j\pi/4} \\
&\quad - E_0 e^{jkx\cos\phi_0 \mp jky\sin\phi_0} U(\pi - \phi_0 - |\phi|), \quad (y \gtrless 0)
\end{aligned} \quad (A.49)$$

となる．ここで $U(x)$ はステップ関数であり，$U(x) = \begin{cases} 1, & x>0 \\ 0, & x<0 \end{cases}$ である．

方法 B（直接積分評価） 式 (4.23) に含まれるハンケル関数について，波長 k が十分大きいことを仮定すると，第 2 章で導いた漸近解 (2.34)：

[†] 元の積分路 $\int_C$ と鞍部点を通る積分路 $\int_{\text{SDP}}$ を使って積分路を閉じると，右回り（時計回り）になるので，特異点（極）における留数評価の符号を変えたものが必要となる．$\int_C - \int_{\text{SDP}} = -2\pi j \operatorname*{Res}_{w=w_p}\{\cdot\} = E_p$，すなわち $\int_C = \int_{\text{SDP}} + E_p$ となる．

$$\mathrm{H}_0^{(2)}(k\sqrt{(x-x')^2+y^2}) = \sqrt{\frac{2}{\pi k\sqrt{(x-x')^2+y^2}}} e^{-jk\sqrt{(x-x')^2+y^2}+j\pi/4} \tag{A.50}$$

を用いて積分を漸近評価できる．この漸近解を代入すると

$$E_z = \frac{-kE_0 \sin\phi_0 e^{j\pi/4}}{\sqrt{2\pi k}} \int_0^\infty \frac{e^{jkx'\cos\phi_0 - jk\sqrt{(x-x')^2+y^2}}}{\{(x-x')^2+y^2\}^{1/4}} dx' \tag{A.51}$$

を得る．

波数 k が十分大きいと仮定して鞍部点法を用いる．この被積分関数の指数部から鞍部点 x_s' を求めると

$$\begin{aligned}&\frac{\partial}{\partial x'}\{jkx'\cos\phi_0 - jk\sqrt{(x-x')^2+y^2}\}\\ &= jk\cos\phi_0 + jk\frac{x-x'}{\sqrt{(x-x')^2+y^2}} = 0\end{aligned} \tag{A.52}$$

から，$x' = x_s'$ のとき

$$\cos\phi_0 = -\frac{x-x_s'}{\sqrt{(x-x_s')^2+y^2}} = -\cos\phi_s, \quad \text{すなわち } \phi_s = \pi - \phi_0 \tag{A.53}$$

を得る．ここで $\phi_s = \tan^{-1}\dfrac{|y|}{x-x_s'}$ とおいており，鞍部点 x_s' は

$$x_s' = x + |y|\cot\phi_0 \tag{A.54}$$

にあることがわかる．図 **A.5** に示すように，解析接続により積分を複素 x' 平面に拡張する．鞍部点 x_s' の位置は観測点に応じて複素 x' 平面の実軸上を移動する．鞍部点

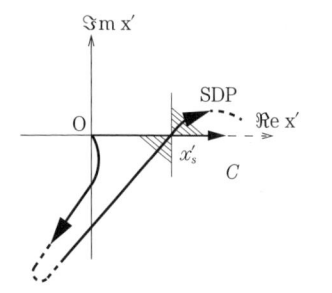

(a) $x_s' > 0$ のとき，積分経路 C 内に鞍部点があり，鞍部点 x_s' と端点 $x' = 0$ の寄与が必要

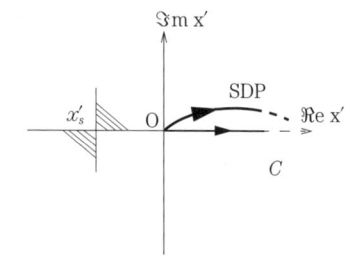

(b) $x_s' < 0$ のとき，積分経路 C 内に鞍部点がないので，端点の寄与だけが必要

図 **A.5** 式 (A.53) を漸近評価するための複素 x' 平面内の積分路 C と鞍部点 x_s' を通る SDP

A.3 キルヒホッフ近似積分の漸近評価

x'_s が積分範囲 $[0, \infty)$ にあるとき,すなわち $x + |y| \cot \phi_0 > 0$ のとき,積分路を鞍部点 x'_s を通るように変更して鞍部点評価し,これを E^p_d とすると,被積分関数中の指数部の二次微分は

$$\frac{\partial^2}{\partial x'^2}\{jkx'\cos\phi_0 - jk\sqrt{(x-x')^2 + y^2}\}\bigg|_{x'=x'_s}$$

$$= \frac{\partial}{\partial x'}\left\{jk\cos\phi_0 + jk\frac{x-x'}{\sqrt{(x-x')^2+y^2}}\right\}\bigg|_{x'=x'_s}$$

$$= \frac{-jky^2}{\{(x-x'_s)^2+y^2\}^{3/2}} = \frac{-jk\sin^2\phi_0}{\{(x-x'_s)^2+y^2\}^{1/2}} \tag{A.55}$$

となるので

$$E^p_z \sim \frac{-kE_0 \sin\phi_0 e^{j\pi/4}}{\sqrt{2\pi k}} \frac{e^{jkx'_s \cos\phi_0 - jk\sqrt{(x-x'_s)^2+y^2}}}{\{(x-x'_s)^2+y^2\}^{1/4}}$$

$$\cdot \int_{\text{SDP}} \exp\left\{\frac{-jk\sin^2\phi_0}{2\sqrt{(x-x'_s)^2+y^2}}(x'-x'_s)^2\right\} dx'$$

$$= \frac{-kE_0 \sin\phi_0 e^{j\pi/4}}{\sqrt{2\pi k}} \frac{e^{jkx\cos\phi_0 - jk|y|\sin\phi_0}}{\{(x-x'_s)^2+y^2\}^{1/4}} \sqrt{\frac{2\pi\sqrt{(x-x'_s)^2+y^2}}{jk\sin^2\phi_0}}$$

$$= -E_0 e^{jkx\cos\phi_0 - jk|y|\sin\phi_0} \tag{A.56}$$

を得る.これはちょうど,方法 A で述べた幾何光学波を生じる式 (4.28)(または (A.48))で与えた特異点の留数評価 E_p と同じ値を得る.

また $x' = 0$ における端点からの寄与は鞍部点の有無に関係なく存在し,第 2 章の 2.2 節で紹介した方法で漸近評価し,その漸近展開の初項による近似を E^e_z とすると

$$E^e_z = \frac{-kE_0 \sin\phi_0 e^{j\pi/4}}{\sqrt{2\pi k}} \int_0^\infty \frac{e^{jkx'\cos\phi_0 - jk\sqrt{(x-x')^2+y^2}}}{\{(x-x')^2+y^2\}^{1/4}} dx'$$

$$\sim \frac{E_0 \sin\phi_0 e^{-j\pi/4}}{\sqrt{2\pi k}} \left[\frac{e^{-jk\sqrt{x^2+y^2}}}{\left(\cos\phi_0 + \dfrac{x}{\sqrt{x^2+y^2}}\right)(x^2+y^2)^{1/4}}\right]$$

$$= E_0 \left(\frac{2\sin\phi_0}{\cos\phi_0 + \cos\phi}\right) \frac{1}{\sqrt{8\pi k\rho}} e^{-jk\rho - j\pi/4} \tag{A.57}$$

を得る.ここで $\rho = \sqrt{x^2+y^2}$, $x = \rho\cos\phi$ とおいた.この結果は方法 A によって鞍部点からの寄与として式 (A.47) で求めた回折波 E^{po}_d と同じである.

こうして方法 B によれば,鞍部点の寄与が方法 A の極の寄与に,そして方法 B の

端点の寄与が方法 A の鞍部点の寄与にそれぞれ対応しており，方法 A であっても方法 B であっても最終的な近似結果は，同じ式 (A.49) となる．

A.3.2 積分（式 (4.33)）の漸近評価

漸近評価したい式 (4.33) を再記すると

$$H_z^s = \frac{H_0}{2j} \int_0^\infty e^{jkx'\cos\phi_0} \left. \frac{\partial}{\partial y'} \mathrm{H}_0^{(2)}(k\sqrt{(x-x')^2 + (y-y')^2}) \right|_{y'=0} dx'$$

$$= -\frac{kH_0}{2j} \int_0^\infty \frac{y\, e^{jkx'\cos\phi_0}}{\sqrt{(x-x')^2 + y^2}} \mathrm{H}_0^{(2)\prime}(k\sqrt{(x-x')^2 + y^2})dx' \quad (\mathrm{A}.58)$$

である．ここで $\mathrm{H}_0^{(2)\prime}(\chi)$ は引数 χ に対する微分を表す．

E モードの場合と同様にして，方法 A もしくは方法 B によって漸近解を得ることができる．例えば方法 A によれば，ハンケル関数のスペクトル積分表示 (A.38) を用いて

$$\left. \frac{\partial}{\partial y'} \mathrm{H}_0^{(2)}(k\sqrt{(x-x')^2 + (y-y')^2}) \right|_{y'=0}$$
$$= \frac{\pm j}{\pi} \int_{-\infty}^\infty e^{-j\eta(x-x')-j\sqrt{k^2-\eta^2}|y|} d\eta, \quad (y \gtrless 0) \quad (\mathrm{A}.59)$$

となるから，これを式 (A.58) に代入して二重積分：

$$H_z^s = \frac{\pm H_0}{2\pi} \int_0^\infty \int_{-\infty}^\infty e^{jkx'\cos\phi_0 - j\eta(x-x') - j\sqrt{k^2-\eta^2}|y|} d\eta\, dx', (y \gtrless 0) \quad (\mathrm{A}.60)$$

を得る．この二重積分に対して，式 (A.39) と同様にして x' についての積分を最初に解析的に評価する．$\Im\mathrm{m}\,\eta > -\Im\mathrm{m}\,(k\cos\phi_0)$ に対して

$$H_z^s = \frac{\pm jH_0}{2\pi} \int_{-\infty}^\infty \frac{e^{-j\eta x - j\sqrt{k^2-\eta^2}|y|}}{k\cos\phi_0 + \eta} d\eta, \quad (y \gtrless 0) \quad (\mathrm{A}.61)$$

を得る．

残ったもう一つの積分については解析的に評価できないので，波数 k が十分大きいと仮定して鞍部点法を用いる．変数変換 $\eta = k\sin w$ を用いて複素角度 w 平面に変換し，観測点に対してもエッジを原点とする円筒座標 (ρ, ϕ) を使うと $x = \rho\cos\phi,\ y = \rho\sin\phi$ であるから

$$H_z^s = \frac{\pm jH_0}{2\pi} \int_C \frac{\cos w}{\cos\phi_0 + \sin w} e^{-jk\rho\sin(w+|\phi|)} dw, \quad (y \gtrless 0) \quad (\mathrm{A}.62)$$

を得る．ここで積分経路 C は図 A.4 に示したものである．上記の積分は E モードのときの積分の式 (A.42) とほとんど同じ形をしている．特に被積分関数の指数部は，式

(A.42) とまったく同じであるから、鞍部点 $w_s = \pi/2 - |\phi|$ も複素角度 w 平面内の極 $w_p = \phi_0 - \pi/2$ の位置も同じである。したがって E モードのときと同じように積分経路を鞍部点 w_s を通る SDP に変更して評価すると、鞍部点からの寄与 H_d^{po} として

$$H_d^{po}(\rho, \phi) \sim H_0 \frac{-2\sin\phi}{\cos\phi_0 + \cos\phi} \sqrt{\frac{1}{8\pi k\rho}} e^{-jk\rho - j\pi/4} \tag{A.63}$$

を得る。また鞍部点 w_s の位置が $w_p < w_s$、すなわち $|\phi| < \pi - \phi_0$ のとき、積分経路の変更に伴い、極の留数評価は

$$\begin{aligned} H_p^{po} &= -2\pi j \frac{\pm j H_0}{2\pi} \frac{\cos w_p}{\cos w_p} e^{-jk\rho \sin(w_p + |\phi|)} \\ &= \pm H_0 e^{jkx\cos\phi_0 \mp jky\sin\phi_0}, \qquad (y \gtrless 0) \end{aligned} \tag{A.64}$$

となる。E モードと同様に閉じた積分路が右回りであるので、上記の留数評価にはマイナス符号が付いている。この H_p^{po} は $y > 0$ $(0 < \phi < \pi)$ の照射側においては、幾何光学的な反射波の存在を、また $y < 0$ $(-\pi < \phi < 0)$ においては、入射平面波の存在を補うために必要な項であり、p.60 の図 4.6 (b) に示したそれぞれの領域 (I),(II),(III) で幾何光学的な解釈と一致した結果となる。

以上をまとめて

$$\begin{aligned} H_z^s &= H_0 \frac{-2\sin\phi}{\cos\phi_0 + \cos\phi} \sqrt{\frac{1}{8\pi k\rho}} e^{-jk\rho - j\pi/4} \\ &\pm H_0 e^{jkx\cos\phi_0 \mp jky\sin\phi_0} U(\pi - \phi_0 - |\phi|), \qquad (y \gtrless 0) \end{aligned} \tag{A.65}$$

となる。上記の結果は、方法 B による直接積分の結果も E モードと同じように求めることができる。

A.3.3 積分(式 (4.40))の漸近評価

漸近評価したい式 (4.40) を再記すると

$$\begin{aligned} E_z^s &= \pm E_0 \int_{-\infty}^{0} e^{jkx'\cos\phi_0} \frac{\partial}{\partial y'} \left\{ \frac{1}{2j} \mathrm{H}_0^{(2)}(k\sqrt{(x-x')^2 + (y-y')^2}) \right\} \bigg|_{y'=0} dx' \\ &= \frac{\mp E_0}{2j} \int_{-\infty}^{0} \frac{y \, e^{jkx'\cos\phi_0}}{\sqrt{(x-x')^2 + y^2}} \mathrm{H}_0^{(2)\prime}(k\sqrt{(x-x')^2 + y^2}) dx', \quad (y \gtrless 0) \end{aligned}$$
$$\tag{A.66}$$

である。ここで $\mathrm{H}_0^{(2)\prime}(\chi)$ は引数 χ に対する微分を表す。この積分は、式 (A.58) とほぼ同じ形をしているが、x' についての積分範囲が $(-\infty, 0]$ である。被積分表示のハ

ンケル関数に対してスペクトル積分表示 (A.59) を用いて二重積分：

$$E_z^s = \frac{E_0}{2\pi} \int_{-\infty}^{\infty} \left(\int_{-\infty}^{0} e^{j(k\cos\phi_0 + \eta)x'} dx' \right) e^{-j\eta x - j\sqrt{k^2 - \eta^2}|y|} d\eta \quad (A.67)$$

を得る．この二重積分に対して x' についての積分を最初に解析的に評価する．$x' \to -\infty$ においてこの積分が収束するためには，指数部分から $\Im\mathrm{m}\,(k\cos\phi_0 + \eta) < 0$，すなわち $\Im\mathrm{m}\,\eta < -\Im\mathrm{m}\,(k\cos\phi_0)$ でなければならない．この条件は式 (A.39) と異なり複素 η 平面において，極 $\eta_p = -k\cos\phi_0$ は，実軸上を $-\infty$ から ∞ へ走る積分経路よりも上半面にある．この条件を満たすとき，x' についての積分を評価して

$$E_z^s = \frac{E_0}{2\pi j} \int_{-\infty}^{\infty} \frac{e^{-j\eta x - j\sqrt{k^2 - \eta^2}|y|}}{k\cos\phi_0 + \eta} d\eta \quad (A.68)$$

を得る．

残ったもう一つの積分については解析的に評価できないので，波数 k が十分大きいと仮定して鞍部点法を用いる．変数変換 $\eta = k\sin w$ を用いて複素角度 w 平面に変換し，式 (A.61) と同様に評価すれば

$$E_z^s = \frac{-jE_0}{2\pi} \int_C \frac{\cos w}{\cos\phi_0 + \sin w} e^{-jk\rho\sin(w + |\phi|)} dw \quad (A.69)$$

を得る．ただし積分路 C は図 **A.6** に示す通りである．複素角度 w 平面には $w_p = \phi_0 - \pi/2$ に一位の極が存在するが，その位置は式 (A.42) と異なり積分路 C よりわずか上に位置する．この被積分関数の指数部から鞍部点 w_s を求めると，経路の変更可能な鞍部点として，$w_s = \pi/2 - |\phi|$ を得る．鞍部点 w_s に対する寄与を E_d^{po} として積

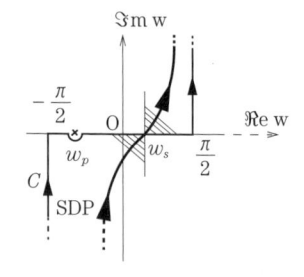

(a) $|\phi| < \pi - \phi_0$ のとき，経路変更に伴い極の留数を加える必要はない

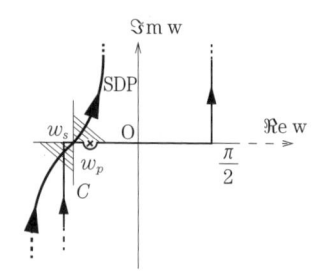

(b) $|\phi| > \pi - \phi_0$ のとき，極の留数を加える必要がある

図 **A.6** 式 (A.69) と式 (A.74) を漸近評価するための複素角度 w 平面内の積分路 C と鞍部点 $w_s = \pi/2 - |\phi|$ を通る SDP

分経路 C を SDP に変更して，極の位置に注意しながら鞍部点法を用いて評価すると

$$E_z^s = \pm E_0 \frac{2\sin\phi}{\cos\phi_0 + \cos\phi}\sqrt{\frac{1}{8\pi k\rho}}e^{-jk\rho-j\pi/4}$$
$$+ E_0 e^{jkx\cos\phi_0 \mp jky\sin\phi_0} U(|\phi| + \phi_0 - \pi), \quad (y \gtrless 0) \tag{A.70}$$

となる．

A.3.4 積分（式 (4.46)）の漸近評価

漸近評価したい式 (4.46) を再記すると

$$H_z^s = \mp \frac{kH_0 \sin\phi_0}{2}$$
$$\cdot \int_{-\infty}^{0} e^{jkx'\cos\phi_0} H_0^{(2)}(k\sqrt{(x-x')^2 + y^2})dx', \quad (y \gtrless 0) \tag{A.71}$$

である．この積分は，式 (A.37) とほぼ同じ形をしているが，x' についての積分範囲が $(-\infty, 0]$ である．被積分表示のハンケル関数に対してスペクトル積分表示 (A.38) を用いて二重積分:

$$H_z^s = \mp \frac{kH_0 \sin\phi_0}{2\pi}$$
$$\cdot \int_{-\infty}^{\infty} \left(\int_{-\infty}^{0} e^{j(k\cos\phi_0 + \eta)x'}dx'\right) \frac{e^{-j\eta x - j\sqrt{k^2-\eta^2}|y|}}{\sqrt{k^2-\eta^2}}d\eta, \quad (y \gtrless 0) \tag{A.72}$$

を得る．この二重積分に対して式 (A.67) と同様に $\Im m\, \eta < -\Im m\,(k\cos\phi_0)$ の下で x' についての積分を評価して

$$H_z^s = \mp \frac{kH_0 \sin\phi_0}{2\pi j} \int_{-\infty}^{\infty} \frac{e^{-j\eta x - j\sqrt{k^2-\eta^2}|y|}}{\sqrt{k^2-\eta^2}\,(k\cos\phi_0 + \eta)}d\eta, \quad (y \gtrless 0) \tag{A.73}$$

を得る．

残った η 変数の積分については解析的に評価できないので，波数 k が十分大きいと仮定して鞍部点法を用いる．変数変換 $\eta = k\sin w$ を用いて複素角度 w 平面に変換し，式 (A.42) と同様に評価すれば

$$H_z^s = \mp \frac{H_0 \sin\phi_0}{2\pi j} \int_C \frac{e^{-jk\rho\sin(w+|\phi|)}}{\cos\phi_0 + \sin w}dw, \quad (y \gtrless 0) \tag{A.74}$$

を得る．ただし積分路 C は図 A.6 に示す通りである．式 (A.69) から式 (A.70) を求めたのと同じ鞍部点法を適用することにより，式 (A.74) を評価すると

$$H_z^s = \mp H_0 \frac{2\sin\phi_0}{\cos\phi_0 + \cos\phi} \sqrt{\frac{1}{8\pi k\rho}} e^{-jk\rho - j\pi/4}$$
$$\mp H_0 e^{jkx\cos\phi_0 \mp jky\sin\phi_0} U(|\phi| + \phi_0 - \pi), \quad (y \gtrless 0) \tag{A.75}$$

となる．

A.4 ダイアド計算

あるベクトル量 A をスカラー (c) 倍して cA とすると，ベクトルの大きさは変化するが，方向は $c<0$ の場合に反対向きになるだけで変化しない．また別のベクトル B とのベクトル積 $A \times B$ を計算しても，その結果はそれぞれのベクトルと垂直な方向を向くだけで任意の方向を向くベクトルは作れない．そこでベクトルにある演算を施して異なる方向をもち，かつ大きさも変化できるような操作がほしいことがある．

電磁界の分野では媒質がその方向によって性質が変わる**異方性** (anisotropy) をもつことがある．例えば，地上から上空数十 km から数百 km のところには，太陽エネルギーによって気体原子や気体分子が電離して電子やイオンが混在する，いわゆるプラズマ状態となった電離層が存在する．その電離層の中での電磁界のふるまいを調べるとき，物質の分極に関連した誘電率 ε は少し変わった値を取ったりする．すなわち通常電界ベクトル E と電束密度ベクトル D は同じ向きをもっているのに，電離層中では両者は向きが異なる場合がある．こうした場合，通常用いる電界ベクトル E と電束密度ベクトル D の関係式：

$$D(r) = \varepsilon E(r) \tag{A.76}$$

では表現できない[†]．こうした問題を解消するためには別の表現法が必要になる．ベクトル量 $E(r)$ と $D(r)$ の間には当然関係があり，それぞれの成分との関連を考えれば，ベクトルの回転を表すときに行列を使ったことを思い出すかもしれない．各ベクトル量をその成分を使った列ベクトルで表現し，誘電率 ε を行列と考えれば

$$\begin{pmatrix} D_x \\ D_y \\ D_z \end{pmatrix} = \begin{pmatrix} \varepsilon_{xx} & \varepsilon_{xy} & \varepsilon_{xz} \\ \varepsilon_{yx} & \varepsilon_{yy} & \varepsilon_{yz} \\ \varepsilon_{zx} & \varepsilon_{zy} & \varepsilon_{zz} \end{pmatrix} \begin{pmatrix} E_x \\ E_y \\ E_z \end{pmatrix} = \begin{pmatrix} \varepsilon_{xx} E_x + \varepsilon_{xy} E_y + \varepsilon_{xz} E_z \\ \varepsilon_{yx} E_x + \varepsilon_{yy} E_y + \varepsilon_{yz} E_z \\ \varepsilon_{zx} E_x + \varepsilon_{zy} E_y + \varepsilon_{zz} E_z \end{pmatrix}$$
$$\tag{A.77}$$

[†] すべての物質はわずかながら異方性があるが，その性質はそれほど強くないので等方性と考えて式 (A.76) を使う．

と表すことが可能である．このように表せば，ベクトル $\boldsymbol{D}(\boldsymbol{r})$ の各成分は，ベクトル $\boldsymbol{E}(\boldsymbol{r})$ の異なる成分からも影響を受けることを明示することができる．また媒質が等方性であれば，単位行列 $\boldsymbol{I}$ を使って

$$\bar{\varepsilon} = \varepsilon \begin{pmatrix} 1 & 0 & 0 \\ 0 & 1 & 0 \\ 0 & 0 & 1 \end{pmatrix} \tag{A.78}$$

と表せば，式 (A.77) は式 (A.76) に帰着する．このような演算操作をベクトル形式で表すために，行列の各成分に二つの単位ベクトルを並べて表記して

$$\bar{\varepsilon} = \varepsilon_{xx}\hat{\boldsymbol{x}}\hat{\boldsymbol{x}} + \varepsilon_{xy}\hat{\boldsymbol{x}}\hat{\boldsymbol{y}} + \varepsilon_{xz}\hat{\boldsymbol{x}}\hat{\boldsymbol{z}} + \varepsilon_{yx}\hat{\boldsymbol{y}}\hat{\boldsymbol{x}} + \varepsilon_{yy}\hat{\boldsymbol{y}}\hat{\boldsymbol{y}} + \varepsilon_{yz}\hat{\boldsymbol{y}}\hat{\boldsymbol{z}}$$
$$+ \varepsilon_{zx}\hat{\boldsymbol{z}}\hat{\boldsymbol{x}} + \varepsilon_{zy}\hat{\boldsymbol{z}}\hat{\boldsymbol{y}} + \varepsilon_{zz}\hat{\boldsymbol{z}}\hat{\boldsymbol{z}} \tag{A.79}$$

と表す．こうした表記をダイアドという†．ダイアドは 2 階のテンソルであり，スカラー，ベクトルよりもさらに拡張された高度な数表現であり，二つのベクトルを並べて表す．

このダイアドを使って式 (A.76) に対応して

$$\boldsymbol{D}(\boldsymbol{r}) = \bar{\varepsilon} \cdot \boldsymbol{E}(\boldsymbol{r}) \tag{A.80}$$

と表す．ここでダイアド $\bar{\varepsilon}$ とベクトル $\boldsymbol{E}(\boldsymbol{r})$ の間の '$\cdot$' はベクトルの内積（スカラー積）で使う記号であり，内積計算を導入する．ダイアドに含まれる二つの単位ベクトルはその順番に意味があるので，勝手に順番を変えてはいけない．式 (A.80) に含まれるダイアド直前のベクトル量との内積を計算する際，内積記号の両側にある単位ベクトルを用いて内積をとり，最終的な計算結果は

$$\begin{aligned} \boldsymbol{D}(\boldsymbol{r}) &= \bar{\varepsilon} \cdot \boldsymbol{E}(\boldsymbol{r}) \\ &= (\varepsilon_{xx}\hat{\boldsymbol{x}}\hat{\boldsymbol{x}} + \varepsilon_{xy}\hat{\boldsymbol{x}}\hat{\boldsymbol{y}} + \varepsilon_{xz}\hat{\boldsymbol{x}}\hat{\boldsymbol{z}} + \varepsilon_{yx}\hat{\boldsymbol{y}}\hat{\boldsymbol{x}} + \varepsilon_{yy}\hat{\boldsymbol{y}}\hat{\boldsymbol{y}} + \varepsilon_{yz}\hat{\boldsymbol{y}}\hat{\boldsymbol{z}} \\ &\quad + \varepsilon_{zx}\hat{\boldsymbol{z}}\hat{\boldsymbol{x}} + \varepsilon_{zy}\hat{\boldsymbol{z}}\hat{\boldsymbol{y}} + \varepsilon_{zz}\hat{\boldsymbol{z}}\hat{\boldsymbol{z}}) \cdot (E_x\hat{\boldsymbol{x}} + E_y\hat{\boldsymbol{y}} + E_z\hat{\boldsymbol{z}}) \\ &= \varepsilon_{xx}\hat{\boldsymbol{x}}\hat{\boldsymbol{x}} \cdot E_x\hat{\boldsymbol{x}} + \varepsilon_{xy}\hat{\boldsymbol{x}}\hat{\boldsymbol{y}} \cdot E_x\hat{\boldsymbol{x}} + \varepsilon_{xz}\hat{\boldsymbol{x}}\hat{\boldsymbol{z}} \cdot E_x\hat{\boldsymbol{x}} \\ &\quad + \varepsilon_{yx}\hat{\boldsymbol{y}}\hat{\boldsymbol{x}} \cdot E_x\hat{\boldsymbol{x}} + \varepsilon_{yy}\hat{\boldsymbol{y}}\hat{\boldsymbol{y}} \cdot E_x\hat{\boldsymbol{x}} + \cdots \\ &= (\varepsilon_{xx}E_x + \varepsilon_{xy}E_y + \varepsilon_{xz}E_z)\hat{\boldsymbol{x}} + (\varepsilon_{yx}E_x + \varepsilon_{yy}E_y + \varepsilon_{yz}E_z)\hat{\boldsymbol{y}} \\ &\quad + (\varepsilon_{zx}E_x + \varepsilon_{zy}E_y + \varepsilon_{zz}E_z)\hat{\boldsymbol{z}} \end{aligned} \tag{A.81}$$

---

† ダイアディック (dyadic) とも呼ばれるが，dyadic は dyad の形容詞形である．ダイアドの表記は上線を付けて $\bar{\varepsilon}$ とか $\bar{\bar{\varepsilon}}$ とかで表すことが多い．

のように残った単位ベクトルをもつベクトルとなるから，結局式 (A.77) と同じとなる．

行列の単位行列に対応して，同じ単位ベクトルが重なる成分だけをもつダイアド：

$$\bar{I} = \hat{x}\hat{x} + \hat{y}\hat{y} + \hat{z}\hat{z} \tag{A.82}$$

を**単位ダイアド**という†．単位ダイアドとベクトル，あるいはダイアドとの内積は変化しない．すなわち $\bar{I} \cdot A = A$, $\bar{I} \cdot \bar{\varepsilon} = \bar{\varepsilon}$ である．

通常，ダイアド量の関係した内積計算においては，交換法則は成り立たない．また行列で表現したときに，各成分 a_{ij} が $a_{ij} = a_{ji}$ となる対称行列になる場合，対称ダイアドといい，この場合はダイアド間の内積は交換可能となる．ダイアドの外積等もベクトルと同様に定義して計算できるがここでは省略する．

---

† 単位ダイアドは idemfactor とも呼ばれる．

引用・参考文献

1) J. J. Bowman, T. B. A. Senior, and P. L. E. Uslenghi: *Electromagnetic and Acoustic Scattering by Simple Shapes*, North-Holland Publishing Co. (1969)
2) A. Rubinowicz: *Ann. Physik*, vol.53, pp.257–278 (1917), vol.73, pp.339–364 (1924)
3) N. G. Van Kampen: "An asymptotic treatment of diffraction problems," *Physica* vol.14, issue 9, pp.575–589 (1949)
4) A. J. W. Sommerfeld: *Optics*, Academic Press, NY (1954)
5) J. B. Keller: "The geometrical theory of diffraction," *Proc. Sympos. Microwave Optics*, Eaton Electronics Research Lab., McGill Univ., Montreal, Canada (1953) 後に編集されて次の論文として再出版された.
   B. S. Karasik and F. J. Zucker, eds.: "The geometric optics theory of diffraction," *The McGill Symposium on Microwave Optics*, vol.2, pp.207–210 Air Force Cambridge Research Center, Bedford, MA (1959)
6) J. B. Keller: "Diffraction by an aperture," *J. Appl. Physics*, vol.28, pp.426–444 (1957)
7) J. B. Keller: "One hundred years of diffraction theory," *IEEE Trans. on Antennas and Propagat.*, vol.AP-33, no.2, pp.123–126 (1985)
8) J. B. Keller: "Rays, waves and asymptotics," *Bulletin of American Mathematics Society*, vol.84, no.5, pp.727–750 (1978)
9) J. B. Keller, R. M. Lewis, and B. D. Seckler: "Diffraction by an aperture. II," *J. Appl. Phys.* vol.28, no.5, pp.570–579 (1957)
10) J. B. Keller: "Geometrical theory of diffraction," *J. Opt. Soc. Am.*, vol.52, no.2, pp.116–130 (1962)
11) 本郷 廣平:「Edge を持つ物体による回折の漸近解法」, 電子通信学会 会誌, vol.59, No. 5, pp.556–559 (1976)
12) P. Y. Ufimtsev: *Method of edge waves in the physical theory of diffraction*, Air Force System Command, Foreign Tech. Div. Document ID no.FTD-HC-23-259-71 (1971)

13) D. S. Ahluwalia, R. M. Lewis and J. Boersma: "Uniform asymptotic theory of diffraction by a plane screen," *SIAM J. Appl. Math.*, vol.16, pp.787–807 (1968)
14) R. M. Lewis and J. Boersma: "Uniform asymptotic theory of edge diffraction," *J. Math. Phys.*, vol.10, pp.2291–2305 (1969)
15) D. S. Ahluwalia: "Uniform asymptotic theory of diffraction, by the edge of a three dimensional body," *SIAM J. Appl. Math.*, vol.18, pp.287–301 (1970)
16) S. W. Lee and G. A. Deschamps: "A uniform asymptotic theory of electromagnetic diffraction by a curved wedge," *IEEE Trans. Antennas and Propagat.*, vol.AP-24, pp.25–34 (1976)
17) R. G. Kouyoumjian and P. H. Pathak: "A Uniform geometrical theory of diffraction for an edge in a perfectly conducting surface," *Proc. of IEEE*, vol.62, pp.1448–1461 (1974)
18) D. A. McNamara, C. W. I. Pistorious, and J. A. G. Malherbe: *Introduction to The Uniform Geometrical Theory of Diffraction*, Artech House (1990)
19) L. B. Felsen and G. A. Deschamps, eds.: "Special Issue on Rays & Beams," *Proc. of IEEE*, vol.62, no.11 (1974)
20) G. L. James: *Geometrical Theory of Diffraction for Electromagnetic Waves*, Peter Peregrinus Ltd (1976)
21) R. C. Hansen, ed.: *Geometry Theory of Diffraction*, IEEE Press, New York (1981)
22) 安藤 真：「幾何光学的回折理論」，山下 （監修），「電磁波問題の基礎解析法」第7章，電子情報通信学会 (1987)
23) 本郷 廣平，安藤 真，片木 孝至，伊藤精彦：「GTD（幾何光学的回折理論）とその応用〔I–V〕」，電子情報通信学会 会誌 vol.70, no.6–10, pp.607–612, 745–749, 839–845, 945–950, 1059–1065 (1987)
24) 石原 豊彦：「幾何光学的回折理論（GTD）」，平沢 （監修）「ワイヤレス通信を支えるアンテナと周辺技術」第一章，pp.1–58，ミマツコーポレーション (2003)
25) 本郷 廣平：「幾何光学近似法」，アンテナ工学ハンドブック（第2版），pp.784–785，電子情報通信学会 編，オーム社 (2008)
26) C. A. Balanis: *Advanced Engineering Electromagnetics*, 2nd ed. Wiley (2012)
27) 大久保 謙二郎，河野 實彦：「漸近展開」， 教育出版 (1976)
28) M. Abramowitz and I. Stegun, eds.: *Handbook of Mathematical Functions with Formulas, Graphs, and Mathematical Tables*, Dover Publications, NY

(1964)
29) L. B. Felsen and N. Marcuvitz: *Radiation and Scattering of Waves*, Prentice-Hall, NJ (1973) 絶版後に Wiley-IEEE Press から 1994 年に再発行
30) 本郷 廣平：「電波工学の基礎」，実教出版 (1983)
31) 橋本 正弘：「電磁導波論入門」，日刊工業新聞社 (1993)
32) 安藤 真：「物理光学近似」，アンテナ工学ハンドブック（第 2 版），pp.788–794, 電子情報通信学会 編，オーム社 (2008)
33) 白井 宏，本郷 廣平：「導体ウエッジの回りの電磁界の等振幅線」，電子情報通信学会 総合全国大会講演論文集，vol.3, p.11 (1981)
34) 石原 豊彦，佐山 周次，後藤 啓次，杉原 知裕：「円筒凸型導体の遷移領域及び影領域における散乱電磁界の修正 UTD による解析」，電子情報通信学会論文誌, vol.J83-C, no.7, pp.596–607 (2000)
35) J. B. Keller: "Diffraction by a convex cylinder," *IRE Trans. Antennas and Propagat.*, vol.AP-4, pp.312–321 (1976)
36) P. H. Pathak and R. G. Kouyoumjian: "An analysis of the radiation from apertures in curved surfaces by the geometrical theory of diffraction," *Proc. of IEEE*, vol.62, pp.1438–1447 (1974)
37) P. H. Pathak: "An asymptotic analysis of the scattering of plane waves by smooth convex cylinder," *Radio Science*, vol.14, no. 3, pp.419–435 (1979)
38) P. H. Pathak, W. D. Burnside, and R. J. Marhefka: "A uniform GTD analysis of the diffraction of electromagnetic waves by a smooth convex surface," *IEEE Trans. Antennas and Propagat.*, vol.AP-28, no.9, pp.631–642 (1980)
39) R. J. Luebbers: "Finite conductivity uniform UTD versus knife diffraction prediction of propagation path loss," *IEEE Trans. Antennas Propagat.*, vol.AP-32, no. 1, pp.70–76 (1984)
40) R. J. Luebbers: "A heuristic UTD slope diffraction coefficient for rough lossy wedges," *IEEE Trans. Antennas Propagat.*, vol.AP-37, no. 2, pp.206–211 (1989)
41) P. D. Holm: "A new heuristic UTD diffraction coefficient for nonperfectly conducting wedges," *IEEE Trans. Antennas Propagat.*, vol.AP-48, no. 8, pp.1211–1219 (2000)
42) M. Aidi and J. Lavergnat: "Comparison of Luebber's and Maliuzhinet's wedge diffraction coefficients in urban channel modeling," *Progress in Electromagnetics Research*, PIERS, vol.33, pp.1–28 (2001)

43) H. M. El-Sallabi: "Improvements to diffraction coefficient for dielectric wedges at normal incidence," *IEEE Trans. Antennas Propagat.*, vol.AP-53, no.9, pp.3105–3109 (2005)

44) D. N. Schettino, F. J. S. Moreira, K. L. Borges, and C. G. Rago: "Novel heuristic UTD coefficient for the characterization of radio channels," *IEEE Trans. Magnetics* vol.43, no.4, pp.1301–1304 (2006)

45) S. Y. Kim, J. W. Ra, and S. Y. Shin: "Diffraction by an arbitrary-angled dielectric wedge: Part I –Physical optics approximation–," *IEEE Trans. Antennas and Propagat.*, vol.AP-39, no.9, pp.1272–1281 (1991)

46) S. Y. Kim, J. W. Ra, and S. Y. Shin: "Diffraction by an arbitrary-angled dielectric wedge: Part II – Correction to physical optics solution –," *IEEE Trans. Antennas and Propagat.*, vol.AP-39, no.9, pp.1282–1292 (1991)

47) S. Y. Kim: "Hidden rays of diffraction," *IEEE Trans. Antennas and Propagat.*, vol.AP-55, no.3, pp.892–906 (2007)

48) G. D. Maliuzhinetes: "Excitation, reflection and emission of surface waves from a wedge with given face impedances," *Soviet Physics: Doklady*, vol.3, no.4, pp.752–755 (1958)

49) M. A. Lyalinov and N. Y. Zhu: "Exact solution to diffraction problem by wedges with a class of anisotropic impedance faces: Oblique incidence of a plane electromagnetic wave," *IEEE Trans. Antennas and Propagat.*, vol.AP-51, no.6, pp.1216–1220 (2003)

50) S. W. Lee and G. A. Deschamps: "A uniform asymptotic theory of electromagnetic diffraction by a curved wedge," *IEEE Trans. Antennas and Propagat.*, vol.AP-24, pp.25–34 (1976)

51) Y. Nomura: "On the diffraction of electric waves by a perfectly conducting wedge," Science Report of the Research Institute of Electrical Communication B, Vol. 1, 2, No.1, pp.1–23 (1950)

52) 本郷 廣平, 小林 弘一, 高橋 勝:「2次元多重乱理論の多角柱による散乱問題への応用」, 電子情報通信学会論文誌, vol.J64-B, no.9, pp.939–946 (1981)

53) C. E. Ryan, Jr. and L. Peters, Jr.: "Evaluation of edge diffracted fields including equivalent currents for the caustic region," *IEEE Trans. Antennas and Propagat.*, vol.AP-17, no.3, pp.292–299 (1969)

54) C. E. Ryan, Jr. and L. Peters, Jr.: "Correction to evaluation of edge-diffracted fields including equivalent currents for the caustic region," *IEEE*

Trans. Antennas and Propagat., vol.AP-18, no.2, p.275 (1970)

55) 砂原 米彦：「GTDを応用したアンテナ解析技術」, 三菱電機技報, vol.66, no.4, pp.439–443 (1992)

56) Y. Sunahara, H. Ohmine, H. Aoki, T. Katagi, and T. Hashimoto: "Separated equivalent edge current method for calculating scattering cross sections of polyhedron structures," *IEICE Trans. Communication*, vol.E76-B, no.11, pp.1439–1444 (1993)

57) S. N. Karp and J. B. Keller: "Multiple diffraction by an aperture in a hard screen," *Optica Acta*, vol.8, pp.61–72 (1961)

58) K. Hongo and E. Nakajima: "High-frequency diffraction of 2-D scatterers by an incident anisotropic cylindrical wave," *Journal of Applied Physics*, vol.51, no.7, pp.3524–3530 (1980)

59) H. Shirai and L. B. Felsen: "Modified GTD for generating complex resonances for flat strips and disks," *IEEE Trans. Antennas and Propagat.*, vol.AP-34, no.6, pp.779–790 (1986)

60) H. Shirai and L. B. Felsen: "High frequency multiple diffraction by a flat strip: Higher order diffraction," *IEEE Trans. Antennas and Propagat.*, vol.AP-34, no.9, pp.1106-1112 (1986)

61) 小林 弘一：「複数の角を持つ物体による電磁波の回折」, 修士論文, 静岡大学大学院 (1980)

62) 白井 宏：「回折における高周波近似」, 修士論文, 静岡大学大学院 (1982)

63) H. Shirai, K. Hongo, and H. Kobayashi: "Diffraction of cylindrical wave by smooth and polygonal cylinders," *IECE Trans.* vol.E66, pp.116–123 (1986)

64) S. W. Lee and J. Boersma: "Ray-optical analysis of fields on shadow boundaries of two parallel plates," *J. Math. Phys*, vol.16, pp.1746–1764 (1975)

65) S. N. Karp and A. Russek: "Diffraction by a wide slit," *Journal of Applied Physics*, vol.27, no.8, pp.886–894 (1956)

66) J. S. Yu and R. C. Rudduck: "On higher-order diffraction concepts applied to a conducting strip," *IEEE Trans. Antennas and Propagat.*, vol.AP-15, pp.662–668 (1967)

67) H. Shirai and L. B. Felsen: "Wavefront and resonance analysis of scattering by a perfectly conducting flat strip," *IEEE Trans. Antennas and Propagat.*, vol.AP-34, pp.1196–1207 (1986)

68) H. Shirai and L B. Felsen: "Spectral method for multiple edge diffraction by

a flat strip," *Wave Motion*, vol.8, pp.449–524 (1986)
69) K. Kobayashi: "Plane wave diffraction by a strip: Exact and asymptotic solutions," *J. Phys. Soc. Japan*, vol.60, pp.1891–1905 (1991)
70) 白井 宏, 宮 憲一:「GTDによるストリップ回折界の精度評価」, 電気学会論文誌 A, Vol.113, No.3, pp.147–156 (1993)
71) R. C. Menendez and S. W. Lee: "On the role of the geometrical optics field in aperture diffraction," *IEEE Trans. Antennas and Propagat.*, vol.AP-25, pp.688–695 (1977)
72) 稲沢 良夫, 佐藤 当秀, 安藤 真:「修正エッジ法に基づく二次回折の簡易計算法」, 電気学会 電磁界理論研究会 資料, EMT-91-106, pp.111–116 (1991)
73) E. V. Jull: *Aperture Antennas and Diffraction Theory*, Peter Peregrinus Ltd, London (1981)
74) S. Skavlem: "On the diffraction of scalar plane wave by a slit of infinite length," *Arch. Math. Naturv.*, vol.B-51, pp.61–82 (1951)
75) 藤原 芳久:「多角柱による電磁波の回折」, 卒業論文, 静岡大学工学部 (1981)
76) J. R. Mautz and R. F. Harrington: "Radiation and scattering from large polygonal cylinders: transverse electric fields," *IEEE Trans. Antennas and Propagat.*, vol.AP-24, pp.469–477 (1976)
77) N. Wang: "Self-consistent GTD formulation for conducting cylinders with arbitrary convex cross section," *IEEE Trans. Antennas and Propagat.*, vol.AP-24, pp.463–468 (1976)
78) F. A. Sikta, W. D. Burnside, T. T. Chu, and L. Peters, Jr.: "First-order equivalent current and corner diffraction scattering from flat plate structures," *IEEE Trans. Antennas and Propagat.*, vol.AP-31, no.4, pp.584–589 (1983)
79) T. Ishihara, L. B. Felsen, and A. Green: "High frequency fields excited by a line source located on a perfectly conducting concave cylindrical surface," *IEEE Trans. on Antennas and Propagat.*, vol.AP-26, pp.757–767 (1978)
80) L. B. Felsen and A. H. Kamel: "Hybrid ray-mode formulation of parallel plane waveguide Green's functions," *IEEE Trans. on Antennas and Propagat.*, vol.AP-29, pp.637–649 (1981)
81) L. B. Felsen: "Progressing and oscillatory waves for hybrid synthesis of source excited propagation and diffraction," *IEEE Trans. on Antennas and Propagat.*, vol.AP-32, no.8, pp.775–796 (1984)

82) H. Y. Yee, L. B. Felsen, and J. B. Keller: "Ray theory of reflection from the open end of a waveguide," *SIAM J. Appl. Math.*, vol.16, pp.268–300 (1968)

83) H. Shirai and L. B. Felsen: "Rays, modes and beams for plane wave coupling into a wide open-ended parallel plane waveguide," *Wave Motion*, vol.9, issue 4, pp.301–317 (1987)

84) H. Shirai and L. B. Felsen: "Rays and modes for plane wave coupling into a large open-ended circular waveguide," *Wave Motion*, vol.9, pp.461–482 (1987)

85) H. Shirai and K. Hirayama: "Ray mode coupling analysis of plane wave scattering by a trough," *IEICE Trans. on Commun.*, vol.E76-B, no.12, pp.1558–1563 (1993)

86) R. Sato and H. Shirai: "Electromagnetic plane wave scattering by a loaded trough on a ground plane," *IEICE Trans. on Electron.*, vol.E77-C, no.12, pp.1983–1989 (1994)

87) H. Shirai: "Ray mode coupling analysis of EM wave scattering by a partially filled trough," *Journal of Electromagnetic Waves and Applications*, vol.8, no.11, pp.1443–1464 (1994)

88) T. M. Wang and H. Ling: "A connection algorithm on the problem of EM scattering from arbitrary cavities," *Journal of Electromagnetic Waves and Applications*, vol.5, pp.301–314 (1991)

89) T. J. Park, H. J. Eom, and K. Yoshitomi: "An analysis of TE-scattering from a rectangular channel in a conducting plane," *Radio Science*, vol.28, no.5, pp.663–673 (1993)

90) 佐藤 亮一, 白井 宏:「導体平板上の損失誘電体を装荷した方形溝による平面電磁波の散乱 – Weber-Schfheitlin の不連続積分を利用した解析 –」, 電気学会 電磁界理論研究会 資料, vol.EMT-93-63 (1993)

91) 白井 宏, 渡邊 健一朗, 長谷川 尚也, 関口 秀紀:「有限長平行平板導波管キャビティによる平面電磁波の多重散乱解析」, 電子情報通信学会 和文論文誌 C–I, vol.J82–C–I(11), no.11, pp.652–632 (1999)

92) S. Koshikawa, T. Momose, and K. Kobayashi: "RCS of a parallel-plate waveguide cavity with three-layer material loading," *IEICE Trans. on Electron.*, vol.E77-C, no.9, pp.1514–1521 (1994)

93) A. Amornthipparat, H. Shirai, K. Yonezawa, T. Inoue, and M. Hatori: "Street-cell NLOS path loss estimation using SBR method," *Proc. of 2007*

Asia-Pacific Microwave Conference, CDROM, Bangkok, Thailand (2007)
94) A. Amornthipparat, H. Shirai, K. Yonezawa, and T. Inoue: "NLOS path loss evaluation for street-cell environment," *Proc. of 2008 IEEE Radio and Wireless Symposium*, CDROM, FL, USA (2008)
95) A. Amornthipparat, H. Shirai, K. Yonezawa, T. Inoue, and Y. Nakamura: "Estimation of high frequency NLOS path loss in street-cell environment," *Proc. of 2008 ICCE*, CDROM, Vietnam (2008)
96) H. Ling, and R. Chou, and S. W. Lee: "Shooting and bouncing rays: calculating the RCS of an arbitrary shaped cavity," *IEEE Trans. on Antennas and Propagat.*, vol.AP-37, no.2, pp.194–205 (1989)
97) K. Otoi, H. Wakabayashi, T. Ohono, A. Yamamoto, H. Shirai, and K. Ogawa: "EM wave indoor propagation analysis by 3-D adaptive SBR method," Proc. of KJJC–AP/EMCJ/EMT'06, pp.273–276 (2006)
98) Recommendation International Telecommunication Union Radiocommunication, "Propagation data and prediction methods for the planning of short-range outdoor radiocommunication systems and radio local area networks in the frequency range 300 MHz to 100 GHz," Rec. ITU–R P.1411–7 (2013)
99) M. J. Lighthill: *An Introduction to Fourier Analysis and Generalized Function*, Cambridge University Press (1958) 訳本として高見 穎郎 (訳)「フーリエ解析と超関数」, ダイヤモンド社 (1975)
100) 白井 宏:「応用解析学入門」, コロナ社 (1993)

索引

【あ】

アイコナール　　31
アルハゼン　　2
アルワリア　　6, 111
鞍部点　　14, 17
　　──法　　14

【い】

イブン・アル=ハイサム　　2
異方性　　184

【う】

ウィーナホッフ法　　126, 161
ウィスパリングギャラリ
　　モード　　88, 106
ウフィムツェフ　　5, 58

【え】

エアリー関数
　　　　23, 98, 100, 103
エッジ電流　　58
円筒波　　27

【お】

オームの法則　　27

【か】

回　折
　　──係数　　74
　　スロープ──　　121
　　フレネルの──公式　　51
影境界　　5
関　数

【き】

エアリ──
　　　　23, 98, 100, 103
ガンマ (Γ) ──　　11
急減少──　　168
グリーン──　　26, 29, 49
誤差──　　11
ステップ──　　58
相補誤差──　　11
超──　　167
調和──　　15
デルタ──
　　　　25, 50, 167, 169
ハンケル──
　　　　19, 26, 59, 91, 175
ベッセル──　　19
マシュー──　　125
ガンマ (Γ) 関数　　11
幾何光学　　1, 24
　　──的回折理論　　5
規範問題　　69
基本列　　168
逆べき級数展開　　10
急減少関数　　168
級　数
　　発散──　　10
球面波　　29
境界条件
　　ディリクレ──　　83
　　ノイマン──　　83
境界積分法　　158
曲　率　　172
　　──半径　　172

【く】

キルヒホッフ　　3
　　──近似　　4, 55
　　──・ホイヘンスの
　　　積分表示　　50
近　似
　　キルヒホッフ──　　4, 55
　　近軸──　　32
　　物理光学──　　4, 55
　　PO──　　55
近軸近似　　32

クユムジャン　　6, 112
クライン　　30
クリーピング波　　88, 101
グリーン　　49
　　──関数　　49

【け】

係　数
　　発散──　　45, 47
　　回折──　　74
ケラー　　4
原　理
　　最小作用の──　　36
　　最小時間の──　　36
　　フェルマーの──　　36

【こ】

光　学
　　幾何──　　1
　　波動──　　2
　　物理──　　2
コーシー・リーマン　　15

索引

公式
ヘルムホルツの ―― 50
ポアソンの和 ―― 155
高周波漸近展開 13
光線 1, 30
誤差関数 11

【さ】
最急上昇路 16
最急降下路 16
最小作用の原理 36
最小時間の原理 36
三角関数
　―― のフーリエ変換 172

【し】
指向性 30
指数関数
　―― のフーリエ変換 172
シュワルツ 167
焦線 33

【す】
スカラーグリーン関数 26, 29
ステップ関数 58
スネル
　―― の透過則 40
　―― の反射則 38
スロープ回折 121

【せ】
正則 9
積分
　フレネル ―― 108, 112, 114
積分表示
　キルヒホッフ・ホイヘンスの 50
漸近 9, 10
　―― 解 13
　―― 展開 9, 10

【そ】
相対屈折率 39
相反性 67, 115
相補誤差関数 11
ゾンマーフェルト 4, 69, 127

【た】
ダイアド 82
単位ダイアド 186

【ち】
超関数 167
　―― のフーリエ変換 170
調和関数 15

【て】
ディラック 167
　―― のデルタ関数 25, 50
テイラー展開 9
ディリクレ境界条件 83
停留点 14
　―― 法 14
デカルト 36
デシャン 6, 111
デルタ関数 167, 169
　―― のフーリエ変換 171
展開
　逆べき級数 ―― 10
　漸近 ―― 9, 10
　テイラー ―― 9
　べき級数 ―― 9
　マクローリン ―― 9
テンソル 82, 185
電離層 184
電流
　エッジ ―― 58
　フリンジ ―― 58

【と】
等価端部電磁流法 116, 152
等価波源法 116
同等 168

特異点 9

【の】
ノイマン境界条件 83

【は】
波
　円筒 ―― 27
　球面 ―― 29
　クリーピング ―― 88, 101
パサック 6, 112
発散
　―― 級数 10
　―― 係数 45, 47
波動
　―― アドミッタンス 27
　―― インピーダンス 27
　―― 光学 2
波面 31
ハンケル関数 19, 26, 91, 175

【ひ】
微分幾何 2

【ふ】
ファストフェージング 164
フェルマー 2, 36
物理光学 2
　―― 近似 4, 55
　―― 的回折理論 5, 58
プトレマイオス 1
プラトン 1
フーリエ
　―― 変換 76, 170
　三角関数の ―― 172
　指数関数の ―― 172
　超関数の ―― 170
　デルタ関数の ―― 171
　超関数1の ―― 170
フリンジ電流 58
フレネル 3
　―― の回折公式 51

索　引　197

——積分	108, 112, 114	輸送——	33	【ら】	
【へ】		ラプラスの——	49	ラプラスの方程式	49
		ボーズマ	6, 111	ランダウの記号	10
べき級数展開	9	【ま】			
ベッセル関数	19	マクスウェル	1	【り】	
ヘルムホルツ	3	マクローリン展開	9	リ　—	6, 111
——の公式	50	マシュー関数	125	【る】	
変　換		マリウズィネッツ	86		
フーリエ——	170	【も】		ルーネベルグ	5, 30
ワトソン——	90	モード		【れ】	
【ほ】		ウィスパリングギャラ		レ　イ	30
ポアソン		リ——	88, 106	——チューブ	34
——の方程式	49	モーペルテュイ	36	レイリー卿	3
——の和公式	155	【ゆ】		【わ】	
ホイヘンス	2	ユークリッド	1	ワトソン	3, 90
法　則		輸送方程式	33	——変換	3, 90
オームの——	27				
方程式					
ポアソンの——	49				

【A】		complementary error function	11	delta function	167, 169
Ahluwalia, D. S.	6, 111	creeping wave	88	【E】	
Airy function	23	curvature	172	E 偏波	70
Alhazen	2	radius of ——	172	E モード	70
anisotropy	184	cylindrical wave	27	EEC	116, 152
approximation		【D】		eikonal	31
paraxial ——	32	$\delta(x)$	167, 169	equation	
asymptotic expansion	9	Descartes, R.	36	eikonal ——	31
【B】		Deschamps, G. A.	6, 111	transport ——	33
Bessel function	19	diffraction		equivalent	
BIM 法	158	slope ——	121	——edge current method	116
Boersma, J.	6, 111	diffraction formula		——source method	116
【C】		Fresnel's ——	51	error function	11
canonical problem	69	Dirac, P. A. M.		ESM 法	116
caustic	33	——'s delta function	25, 50, 167	Euclid	1
coefficient		distribution	167	expansion	
divergence ——	45, 47	divergence coefficient	45	asymptotic ——	9
				Mclaurin ——	9

索引

Taylor —— 9

[F]

fast fading 164
Fermat, P. 2
Fourier, J. B. J.
—— transform 170
Fresnel, A. J. 3
——'s diffraction formula 51
—— integral 108
function
Airy —— 23
Bessel —— 19
delta —— 167, 169
error —— 11
Γ —— 11
generalized —— 167
good —— 168
Green —— 26, 29
Hankel —— 19
hyper —— 167

[G]

Γ(ガンマ) 11
generalized function 167
geometric(al)
—— optics 1, 24
—— theory of diffraction 4
GO 24
good function 168
Green, G. 49
GTD 4

[H]

H 偏波 70
H モード 70
Hankel function 19
hard boundary 83
harmonic function 15
Helmholtz, H. L. F. 3
Huygens, C. 3

hyper function 167

[I]

idemfactor 186
integral
Fresnel —— 108

[K]

Keller, J. B. 4
Kirchhoff, G. 3
Kouyoumjian, R. G. 6

[L]

Landau 10
Laplace, P. S. 49
least action 36
least time 36
Lee, S. W. 6, 111
Luneburg 5
Luneburg-Kline 30

[M]

Maliuzhinets, G. D. 86
Mathieu 関数 125
Maupertuis, P. L. M. 36
Maxwell, J. C. 1
Maclaurin expansion 9
mode
whispering gallery —— 88

[O]

optics
geometric(al) —— 1, 24
physical —— 2, 55
wave —— 2

[P]

paraxial approximation 32
Pathak, P. H. 6
physical
—— optics 2, 55

—— theory of diffraction 5, 58
Plato 1
PO
—— 近似 55
point
saddle —— 14
singular —— 9
stationary —— 14
problem
canonical —— 69
PTD 5, 58
Ptolemy 1

[R]

radius of curvature 172
ray 30
—— tube 34
Rayleigh 3
regular 9
—— sequence 168

[S]

saddle point 14
SAP 16
SB 5
SBR 法 162
Schwartz, L. 167
SDP 16
SEECM 153
shadow boundary, SB 5
Shooting and Bouncing Rays 162
singular point 9
slope diffraction 121
Snell 38
soft boundary 83
Sommerfeld, A. J. W. 4
spherical wave 29
stationary point 14

[T]

Taylor expansion 9

TE	70	
TEM 波	27, 36	
TM	70	
transform		
—— Fourier ——	170	
transport equation	33	
transverse		
—— electric (TE)	70	
—— magnetic (TM)	70	

【U】

UAT	6, 111
Ufimtsev, P.Y.	5, 58
UTD	6, 112

【W】

Watson, G. N.	
—— 変換	3

wave		
—— creeping ——	88	
—— cylindrical ——	27	
—— —— optics	2	
—— spherical ——	29	
wavefront	31	
whispering		
—— gallery mode	88	
Wiener-Hopf	126	

―― 著者略歴 ――

- 1980 年　静岡大学工学部電気工学科卒業
- 1986 年　アメリカ合衆国ポリテクニック大学大学院博士課程修了（電気工学専攻），Ph. D.
- 1986 年　ポリテクニック大学研究員
- 1987 年　中央大学専任講師
- 1988 年　中央大学助教授
- 1998 年　中央大学教授
　　　　　現在に至る

幾何光学的回折理論
Geometrical Theory of Diffraction　　　　　ⓒ Hiroshi Shirai　2015

2015 年 4 月 30 日　初版第 1 刷発行

検印省略	著　者	白　井　　　宏
	発行者	株式会社　コロナ社
	代表者	牛来真也
	印刷所	三美印刷株式会社

112-0011　東京都文京区千石 4-46-10

発行所　株式会社　コロナ社
CORONA PUBLISHING CO., LTD.
Tokyo Japan

振替 00140-8-14844・電話(03)3941-3131(代)

ホームページ http://www.coronasha.co.jp

ISBN 978-4-339-00877-7　　（高橋）　　（製本：SBC）

Printed in Japan

本書のコピー，スキャン，デジタル化等の無断複製・転載は著作権法上での例外を除き禁じられております。購入者以外の第三者による本書の電子データ化及び電子書籍化は，いかなる場合も認めておりません。

落丁・乱丁本はお取替えいたします